给水排水新规范精辟解读

土木在线　组织编写

中国建筑工业出版社

图书在版编目(CIP)数据

给水排水新规范精辟解读/土木在线组织编写. —北京：中国建筑工业出版社，2016.12
ISBN 978-7-112-19999-0

Ⅰ.①给… Ⅱ.①土… Ⅲ.①给水工程-规范②排水工程-规范 Ⅳ.①TU991-65

中国版本图书馆 CIP 数据核字(2016)第 247633 号

本书汇集了给水排水工程分区网友发布的经典热帖，包括《消防给水及消火栓系统技术规范》热帖、《建筑设计防火规范》热帖、强制性条文热帖、《室外排水设计规范》热帖、《建筑给水排水设计规范》热帖、其他重要规范热帖等一系列针对新规范的解读，以及如何依据规范做好验收等内容。

本书理论性和实践性兼备，适合从事给水排水设计、施工、监理等相关专业人员使用以及各大专院校相关专业的师生参考。

责任编辑：于 莉 田启铭
责任设计：李志立
责任校对：陈晶晶 李美娜

给水排水新规范精辟解读
土木在线 组织编写
*
中国建筑工业出版社出版、发行（北京海淀三里河路 9 号）
各地新华书店、建筑书店经销
北京科地亚盟排版公司制版
北京富生印刷厂印刷
*
开本：787×1092 毫米 1/16 印张：12¾ 字数：314 千字
2017 年 2 月第一版 2017 年 2 月第一次印刷
定价：**45.00** 元
ISBN 978 - 7 - 112 - 19999 - 0
(29364)

参 编 人 员

李小丽　王　军　李子奇　邓毅丰　于兆山　蔡志宏

刘彦萍　张志贵　孙银青　刘　杰　李四磊　肖冠军

孙　盼　王　勇　安　平　王佳平　马禾午　谢永亮

黄　肖　陈　云　胡　军　王　伟　陈　锋

前　言

土木在线给水排水工程分区属于土木在线论坛给水排水工程专业论坛，原名网易给水排水论坛。给水排水工程分区主要供广大给水排水工程师进行给水排水工程专业相关的专业交流及资源共享，主要内容包括：建筑给水排水工程、消防给水排水工程、市政给水排水工程、给水排水工程施工及给水排水工程施工图、给水排水工程论文以及众多网友上传分享的给水排水工程专业经验交流、给水排水工程专业相关软件的使用技巧等，是国内交流讨论给水排水工程专业内容最专业、人气最旺的平台。

为满足广大给水排水工作者的需求，为大家提供一个良好的交流平台，把优秀的给水排水热帖传递给更多的人，土木在线组织编写了这本《给水排水新规范精辟解读》。本书是自土木在线论坛创办以来，给水排水论坛中关于规范解读的精华讨论帖汇编，积聚了近百万名通过土木在线论坛进行沟通、学习、交流的网友的心血。

本书汇集了给水排水工程分区网友发布的经典热帖，包括《消防给水及消火栓系统技术规范》、《建筑设计防火规范》、《建筑给水排水设计规范》等一系列新规范的解读，这些帖子都是从网站上近期的热点内容中经过反复筛选，精选出来的具有一定代表性的作品，并经过了专业人员后期的整理，使其具有更好的规范性与可参考性。

给水排水行业大多都是以规范作为标准，所有设计和施工都有章可依，所以规范的正确解读就显得尤为重要。本书以论坛出现的高频规范的解读为基本内容，重点分享了《消防给水及消火栓系统技术规范》、《建筑设计防火规范》和消防验收的解读，以通俗易懂的语言和生动的插图，简明扼要、深入浅出地提供给读者一个内容丰富的参考学习资料。

本书理论性和实践性兼备，适合从事给水排水设计、施工、监理等工作的相关专业人员使用以及供各大专院校相关专业的师生参考。

目　录

第1章 《消防给水及消火栓系统技术规范》热帖

《消防给水及消火栓系统技术规范》GB 50974—2014（简称《新消规》）于2014年10月1日起已正式实施，对于新规范中的部分条文，各位同行提出了一些疑问及见解，本章对此进行了整理，供大家学习、讨论。

1.1 【给水排水探讨时间】《新消规》中的疑问探讨与解答

1. 宿舍按公共建筑进行消防设计，这里具体参照哪类公共建筑？办公楼、商业还是旅馆？

这是指第3.3.3条或是第3.5.4条？如果是指第3.3.3条或第3.5.4条，那么这里是否指宿舍室外消火栓设计流量按表里的公共建筑的室外消火栓设计流量确定。

根据对《新消规》的理解，宿舍按照宾馆类的公共建筑设计。所以大于3000m^{2}的宿舍都需要设置喷淋。不知道天津消防审查理解是否合理？

回复：第3.3.3条提到的是室外消火栓设计流量，在第3.3.2条中公共建筑没有分类。第3.5.4条指的是室内消火栓设计流量，第3.5.2条中多层建筑有宿舍和公寓的规定，高层建筑按一类、二类选用。各地消防具有解释权和执法权，最好按照当地要求设计。

2. 《新消规》第3.5.2条关于室内消火栓设计流量的规定，对于附建的地下室，如地下车库及设备用房等，是按主体建筑的性质决定消防用水量还是按地下建筑？

《新消规》第3.5.3条关于室内消火栓设计流量减少的规定，是否适用上述的附建地下室？

回复：第3.3.2条和第3.5.2条中的地下建筑为独立建设的建筑，不含地下车库，地下车库另执行《汽车库、修车库、停车场设计防火规范》GB 50067—2014。

3. 《新消规》条文解释第3.6.1条规定“一个防护对象或防护区的自动灭火系统的用水量按其中用水量最大的一个系统确定”。

原《高层民用建筑设计防火规范》GB 50045—1995（2005年版）中规定同时使用的灭火系统应叠加，现在是否仅考虑用水量最大的一个系统，而不考虑是否同时使用？

回复：按《新消规》中条文正文执行。

4. 《新消规》第4.3.7条储存室外消防用水的消防水池或供消防车取水的消防水池，应符合下列规定：消防水池应设置取水口（井），且吸水高度不应大于6.0m。那么当在泵房内采用专用室外消防泵给室外消防管网供水时，也要设取水口吗？

回复：只要储存了室外消火栓用水的消防水池，均应设置取水口（井）。此取水口（井）不执行150m的保护半径的要求，只要求设置。

5. 《新消规》4.3.9-3中的排水设施针对的是水池放空，还是溢流呢？这里的排水设施一般指哪些呢？

回复：消防水池的溢流和放空一般是都设置的。放空可以采用泄水管和泄水阀门。

1.2 【给水排水探讨时间】《新消规》出台啦！看天津的8个住宅核心筒！

一、剪刀梯交通核构成要素

剪刀梯交通核构成要素主要有：楼梯、电梯、楼/电梯前室、公共走道、候梯厅、设备管井、加压送风井等。对于这些交通核构成要素，《建筑设计防火规范》GB 50016—2014、《住宅建筑规范》GB 50368—2005等都做了较为明确的尺寸规定。然而《新消规》实施之后，随着个别条文的改动和新要求的出现，交通核的布置也产生了一些调整和变化。

那么问题来了：规则改变后，我们应该选择哪种交通核布置方式，以便获得一个较省的交通空间，从而得到一个较高的出房率呢？

下面以天津市为例，对剪刀梯交通核典型布置案例进行详细讨论。

二、相关规范

除了改版之前的《建筑设计防火规范》GB 50016—2006（在此不再赘述）对剪刀梯交通核各类规定之外，新版《建筑设计防火规范》GB 50016—2014增加的设计要求有：

合用前室：《建筑设计防火规范》GB 50016—2014第5.5.28条规定，楼梯间的共用前室与消防电梯合用时，短边尺寸≥2.4m；前室使用面积≥12m²。

此规定使传统剪刀梯交通核“三合一”前室的面积增加较多，下面通过案例比较，以相关规范规定最小尺寸、相同户型条件为前提，以54m以上剪刀梯交通核（两梯四户）为研究对象做详细对比说明。

注：以下统计面积均为同等条件下交通核部分的轴线面积。

三、案例比较

1. 传统三合一前室扩大

传统三合一前室扩大，如图1-1所示。

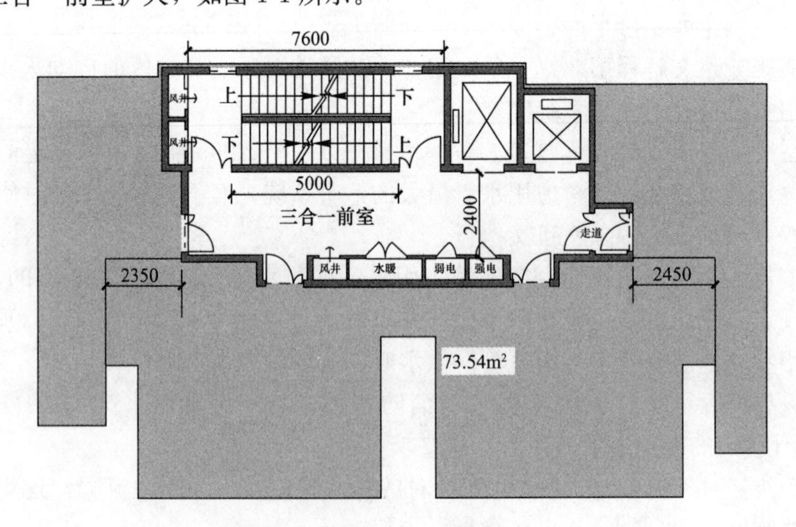

图1-1 传统三合一前室扩大

解析：传统三合一前室候梯厅，进深尺寸满足无障碍尺度（1.8m），其他走道尺寸满足规范（1.2m）即可。《建筑设计防火规范》GB 50016—2014 实施后，短边尺寸≥2.4m，根据三合一前室的特殊性，两部楼梯间及前室应分别设置独立的加压系统（风井）。综上所述，单纯扩大短边尺寸导致交通面积骤增，统计上图 1-1 轴线面积为 73.54m²（此处按照天津市规范设计，其他区域请自行修改）。

2. 两部电梯单独置于一侧

两部电梯单独置于一侧，如图 1-2 所示。

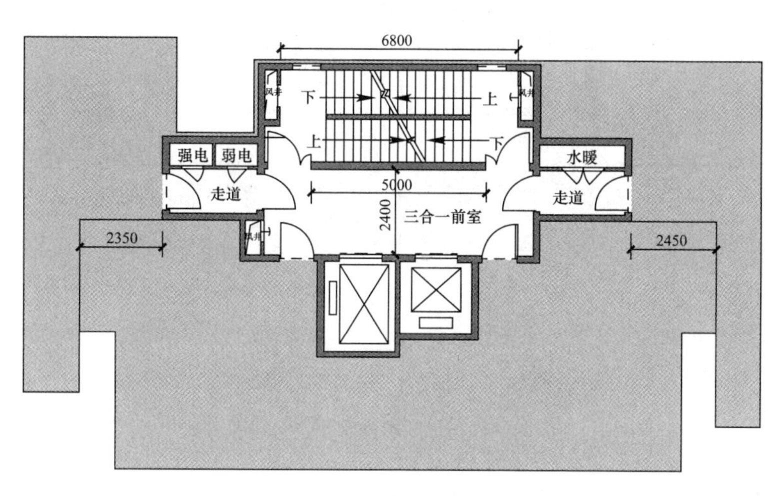

图 1-2 两部电梯单独置于一侧

解析：两部电梯置于走道一侧的做法，使得候梯厅与楼梯前室部分走道重合，从而减少了部分交通面积，与此同时，优化管井的布置可实现候梯厅的采光等舒适性要求。然而此种交通核仍然属于三合一前室类型，即加压送风需分别设置（天津市规范要求）。统计上图 1-2 轴线面积为 65.41m²。

3. 横向楼梯与纵向电梯水平组合布置方式一

横向楼梯与纵向电梯水平组合布置方式一，如图 1-3 所示。

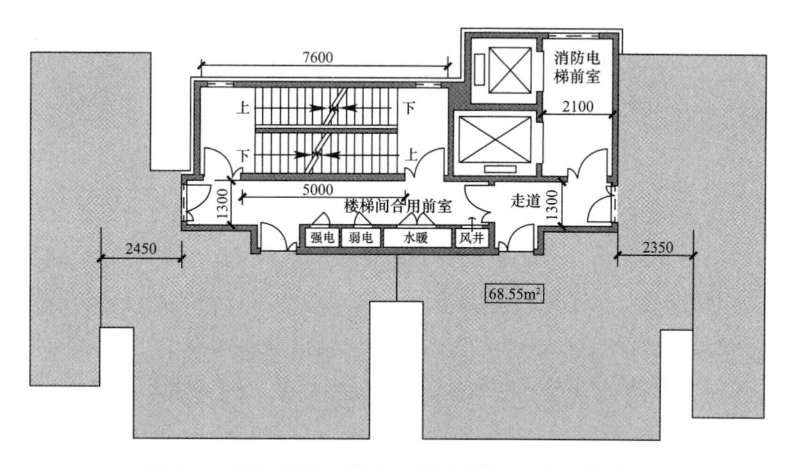

图 1-3 横向楼梯与纵向电梯水平组合布置方式一

解析：此种交通核布置方式的特点是不再属于三合一前室，因此只需设置楼梯前室风井，其他走道满足基本尺寸需求即可。同时消防前室空间相对独立，且满足自然采光通风等需求，舒适度尚可。统计上图 1-3 轴线面积为 68.55m²。

4. 横向楼梯与纵向电梯水平组合布置方式二

横向楼梯与纵向电梯水平组合布置方式二，如图 1-4 所示。

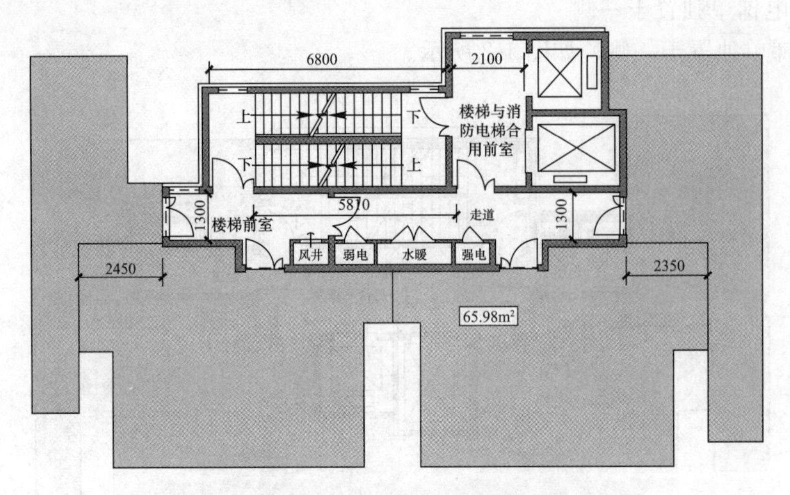

图 1-4 横向楼梯与纵向电梯水平组合布置方式二

解析：此种交通核布置方式是相对于方式一而言，区别是电梯与之为镜像关系。它的特点是一部疏散楼梯与一部消防电梯合用一个前室，摆脱了楼梯两个疏散口之间 5m 间距的限制，从而使楼梯面宽得以缩减至最小值。统计上图 1-4 轴线面积为 65.98m²。

5. 横向楼/电梯垂直组合布置方式

横向楼/电梯垂直组合布置方式，如图 1-5 所示。

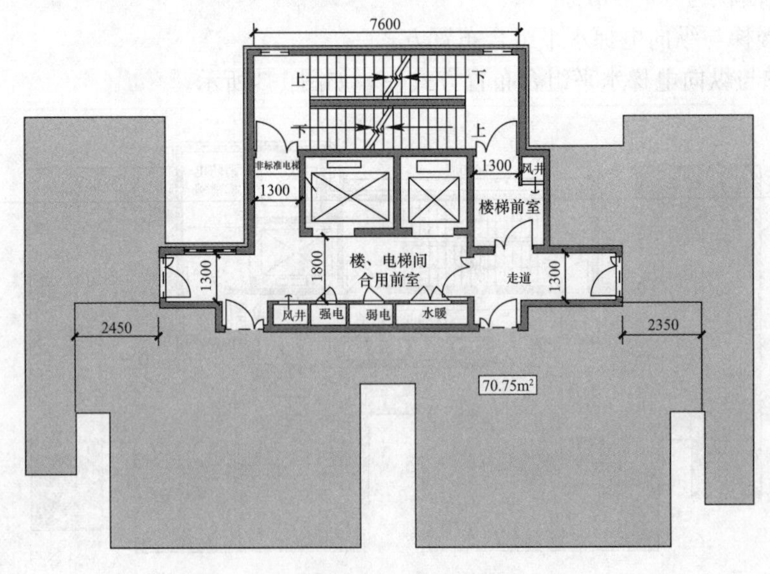

图 1-5 横向楼/电梯垂直组合布置方式

解析：此类交通核的特点是所占面宽小、进深大，分楼梯前室和楼电梯合用前室，有良好的采光通风条件。缺点是同等条件下走道占用面积较多。统计上图 1-5 轴线面积为 70.75m²。

6. 纵向楼/电梯水平组合布置方式

纵向楼/电梯水平组合布置方式，如图 1-6 所示。

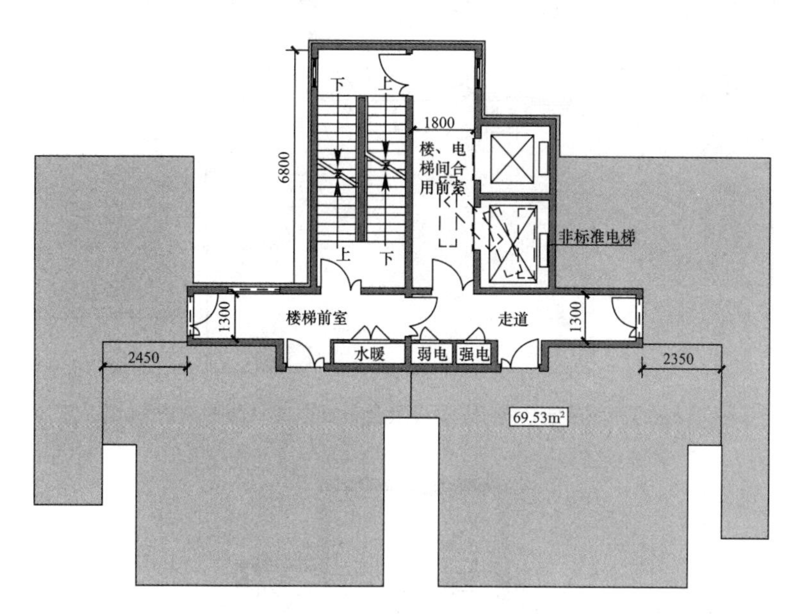

图 1-6 纵向楼/电梯水平组合布置方式

解析：楼/电梯合用前室纵向布置，有较好的采光通风条件，同时面宽较小的条件下，也为户型设计带来了较大的灵活性，走道可实现自然通风条件而省略所有的加压送风管井，舒适性佳。缺点是同等条件下走道占用面积较多。统计上图 1-6 轴线面积为 69.53m²。

从以上分析可以看出，在两梯四户前提条件下，交通核 2、4 在统计面积中优势明显，那么其他交通核是否该一票否决呢？

以下将前提条件改为两梯三户，相对占据面宽较小的 5、6 两类剪刀梯交通核的面积统计如下：

7. 横向楼/电梯垂直组合布置方式（两梯三户）

横向楼/电梯垂直组合布置方式（两梯三户），如图 1-7 所示。

8. 纵向楼/电梯水平组合布置方式（两梯三户）

纵向楼/电梯水平组合布置方式（两梯三户），如图 1-8 所示。

总结：以上列举各类典型剪刀梯交通核案例及分析，旨在说明在新规范条件下，须转变一定的设计思路，对比而非机械性地照搬设计要求，方可找到解题答案。在该研究中，“哪种交通核最省”仅是一道命题，而非一道是非题，本节提供的设计案例实为参考，此外还需考虑户型条件、舒适度、实用性、条件转换等各类因素，灵活变通，找出最优解，才能找出专属于你的“最省交通核”！

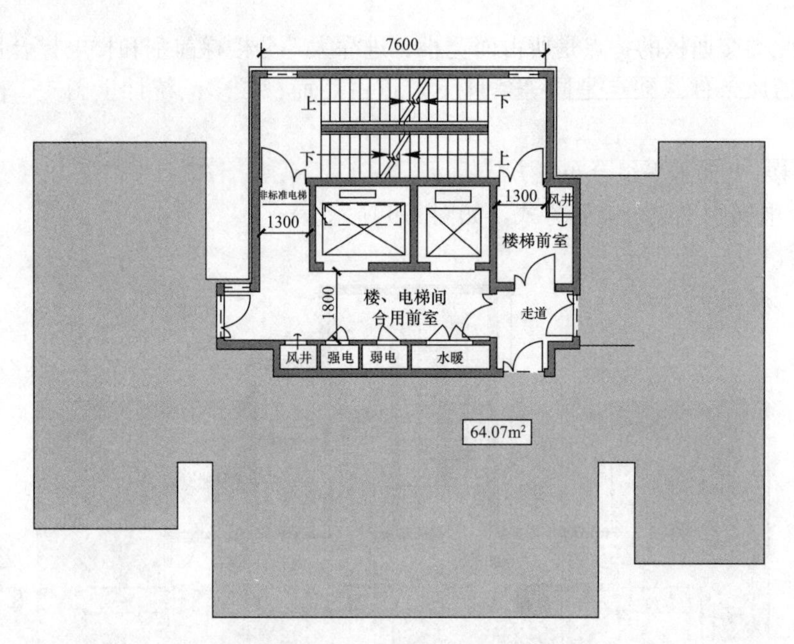

图 1-7　横向楼/电梯垂直组合布置方式（两梯三户）

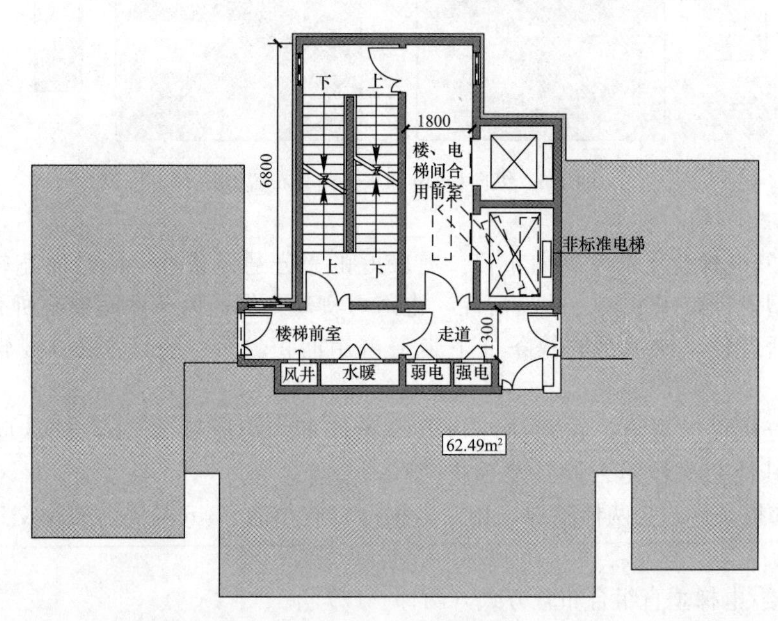

图 1-8　纵向楼/电梯水平组合布置方式（两梯三户）

1.3　规范组答疑《新消规》

1.《新消规》第 4.4.5 条提到地表水源作为室外消防水源，未提到作为室内消防水源的情况，是否室内消防不能采用地表水源？

回复：室内消防用水也可以采用地表水源。本条第 1 款指的是作为室外消防水源时的情况。室外消防水源应当满足消防车取水的条件，无论是地表水源、取水口（井）和室外消火栓，消防车取水时都有几条相关的要求。

2.《新消规》第5.1.11条规定的消火栓水泵出水管的压力开关如何设定压力？高位消防水箱出水管上的流量开关又如何设定流量呢？

（相应规范：第11.0.4条规定消防水泵出水干管上设置的压力开关、高位消防水箱出水管上的流量开关，或报警阀压力开关等开关信号应能直接自动启动消防水泵。消防水泵房内的压力开关宜引入消防水泵控制柜内）。

回复：出水干管上的压力开关设定值按照第5.3.3条的要求计算求得。如不设置稳压泵时，可按出水干管上压力开关处的静水压力值设定压力输出信号。流量开关的设定值参照第5.3.2条执行，要大于系统的泄漏量，并且不小于1L/s；最好按照一只消火栓或喷头的流量确定。

3.《新消规》第11.0.4条关于消防水泵启动控制，应由压力开关、流量开关启动。这几种启动方式（消火栓系统两种，喷淋系统三种）是应全部设置还是只采用其中一种即可？当高位消防水箱无稳压泵时，水泵出水管上的压力值相当于高位水箱的水位，如何设定开关值？当高位消防水箱有稳压泵时，稳压泵启停是否容易引起流量开关误动作？

回复：都应设置，各种开关信号的关系是“或”，任何一个动作输出信号都能启动消防水泵。如不设置稳压泵时，可按出水干管上压力开关处的静水压力值设定压力输出信号，对于不设置稳压泵的消火栓系统，消防水泵由流量开关启动。流量开关的设定值参照第5.3.2条执行，要大于系统的泄漏量，并且不小于1L/s；最好按照一只消火栓或喷头的流量确定。

4.《新消规》规定的屋顶消防水箱容积是否包括喷淋呢？如果小区全是普通住宅，地下车库设喷淋，屋顶消防水箱该如何确定呢？

回复：第5.2.1条规定了屋顶消防水箱的最小容量，任何系统对应的高位消防水箱容积都不应小于第5.2.1条的规定。第5.2.1条对单独建设的地下车库没有提及，但对于附设于民用建筑里面的地下车库，按建筑主体性质确定高位消防水箱的容积。

5.《新消规》第5.1.12条第1款“消防水泵应采取自灌式吸水”为强制性条文，160页第二行起解释了消防水泵自灌式吸水的要求，即消防水池最低水位应高于离心水泵出水管中心线。当采用多级离心泵时，这样会造成消防水池下部很大一部分无效容积。正常情况下消防水池一直保持满水位，且消防泵启动后不得自动停止，这样的要求是否有必要？

回复：由于种种原因自动切换至备用消防水泵运行时，消防水池的水位恰恰在出水管中心线以下，不能满足自灌式吸水的要求。最低水位应当高于消防水泵的出气孔。

6.《新消规》条文解释第6.1.13条规定，高度超过100m的民用建筑，消防给水可靠性应经可靠度计算分析比较确定。这种可靠度计算的依据是什么？怎样进行？

回复：由当地消防部门发起的专家论证会进行计算。

7. 关于消火栓计算和选泵。例如，厂房要求充实水柱13m，栓口压力为0.25MPa，考虑其他因素采用0.35MPa的栓口压力（上述为解释条文），那么计算的时候是按照5.4L/s，还是按照0.35MPa栓口水压计算（大于5.4L/s）呢？比如一个丁类厂房设置消火栓，按规范最小值选泵 10L/s 即可，按照充实水柱 13m 计算，2 个枪应该为 10.8L/s，如果按照栓口压力 0.35MPa 计算，水量要大很多。管路计算和选泵，应该按照哪种？

回复：第 3.3 节～第 3.5 节规定了系统的最低流量，消防水泵的流量满足第 3.3 节～第 3.5 节的要求即可。

8.《新消规》第 7.4.3 条：设置室内消火栓的建筑，包括设备层在内的各层均应设置消火栓。那设备层需要保证两股水柱吗？以前都是在设备层只放一个实验消火栓。

回复：本条继承了现行《建筑设计防火规范》GB 50016—2014 的要求。每层均应满足 2 股充实水柱到达任何部位的要求。

9. 建筑高度 180m 的公共建筑，按照《新消规》第 5.2.1 条的规定，高位消防水箱需要 $100m^3$，如果是在中间避难层 90m 位置设置转输水箱，转输水箱需要 $60m^3$，该转输水箱同时作为低区（假设供 1～75m 范围）的高位消防水箱，那么其大小是应该取 $160m^3$，还是取两者中的大值？

回复：建议分开设置。

10.（1）地下汽车库是否需要按《新消规》内的地下建筑选择消防用水量？还是按《汽车库、修车库、停车场设计防火规范》执行呢？

回复：按《汽车库、修车库、停车场设计防火规范》执行。

（2）现在几栋高层建筑一层二层连成一片商场的情况很多，那这样的建筑是按这几栋建筑的总体积来选择消防用水量，还是按最大的两栋？貌似底层连成一片的建筑体积不好划分到具体的楼。

回复：此种情况最好按总体积计算。按防火间距的要求，这是一栋楼。

（3）消火栓的布置现在强调按同一平面布置，那是否可以不考虑防火分区来布置呢？

回复：不可以跨越防火分区。

11.《新消规》第 7.4.12 条第 1 款关于消火栓口动压的规定，前一句不应大于 0.50MPa，后一句 0.70MPa 是否多余？如何理解？

回复：0.70MPa 在某些场所是需要的，例如地下隧道（第 7.4.16 条）。

12. 对于 50m 点式住宅（一梯 3 户），按第 7.4.6 条规定仅设 1 根立管，但这不满足第 8.1.5 的规定，是否违反强制性规定？

8.1.5　室内消防给水管网应符合下列规定：

室内消火栓系统管网应布置成环状，当室外消火栓设计流量不大于 20L/s，且室内消火栓不超过 10 个时，除本规范第 8.1.2 条外，可布置成枝状。

7.4.6　室内消火栓的布置应满足同一平面有 2 支消防水枪的 2 股充实水柱同时到达任何部位的要求，但建筑高度小于或等于 24.0m 且体积小于或等于 $5000m^3$ 的多层仓库、建筑高度小于或等于 54m 且每单元设置一部疏散楼梯的住宅，以及本规范表 3.5.2 中规定可采用 1 支消防水枪的场所，可采用 1 支消防水枪的 1 股充实水柱到达室内任何部位。

回复：第 7.4.6 条指的是消火栓的布置，第 8.1.5 条指的是管网形式，两者不能混同。

13. 按 7.4.7-1 及条文说明：非住宅的楼梯间不布置消火栓，这是否违反强制性规定？非住宅室内消火栓应设置在楼梯间及其休息平台和前室、走道等明显易于取用以及便于火灾扑救的位置；说明：消防队的火灾扑灭工艺是在一个相对较安全的地点设立水枪阵，向火灾发生地喷水灭火，为了便于补给和消防队员的轮换及安全，消火栓应首先设置在楼梯间或其休息平台。其次消火栓可以设置在走道等便于消防队员接近的地点。

疑问1：明显易于取用以及便于火灾扑救的位置等等该如何正确解读？

疑问2：1～3层楼梯直达3层非封闭楼梯间，那么：1）只在3层使用空间布置消火挂栓，1～3层楼梯间均不布置；2）在3层使用空间布置消火栓，另在1层楼梯间布置；3）在3层使用空间布置消火栓，另在1层的扩大前室布置（有扩大前室时），1～3层楼梯间均不布置。哪个正确？

回复：楼梯间内最好都有一只消火栓，第7.4.7条第1款是针对非住宅类的建筑。这类建筑在设计时，消火栓根据建筑平面布置显得杂乱，不容易寻找。有些设计用两根立管，在平面成大环，这样设计非常不合理的。第7.4.3条和第7.4.6条布置消火栓时，指的是同一平面，每层均应布置。

14. 问：室外无市政压力时，高低层建筑室外消防系统设置的自启泵压力值是多少？

（1）室外低压消防系统的市政平常压力为0.14MPa、运行时压力为0.1MPa。

7.2.8 当市政给水管网设有市政消火栓时，其平时运行工作压力不应小于0.14MPa，火灾时最不利点市政消火栓的出流量不应小于15L/s，但供水压力从地面算起不应小于0.10MPa。

（2）《新消规》推荐内外合用的消防管网。

6.1.6 当室外采用高压或临时高压消防给水系统时，宜与室内消防给水系统合用。

7.4.12-2 高层建筑、厂房、库房和室内净空高度超过8m的民用建筑等场所，消火栓栓口动压不应小于0.35MPa，且消防水枪充实水柱应按13m计算；其他场所，消火栓栓口动压不应小于0.25MPa，且消防水枪充实水柱应按10m计算。

（3）既然室外为临时高压，不设稳压用水箱（需要时减压）行吗？若行需要注意什么？

回复：按第6.1.7条的要求，不再采用高位消防水箱和市政压力稳压。

15.《新消规》第8.1.2条关于环状给水管网的规定与第8.1.4条第1款相矛盾，当一路室外消防管网向两栋以上建筑供水时，应采用环状还是枝状？是否第8.1.2条仅针对室内给水管网？

回复：第8.1.2条指的是室内消防给水管网，第8.1.4条说明中已经指出是低压制室外消火栓给水管网。

16. 第10.1.2条沿程水头损失计算中，消防给水管道或室外塑料管沿程阻力损失计算时，沿程阻力损失系数λ是否通过试算确定？

回复：此公式确实难以通过人工计算求解，可通过excel迭代法计算。

17.《新消规》中第11.0.15条"不宜大于"就是小于等于嘛，表格是小于30和小于55，是否不严谨？对于等于的情况如何处理呢？

11.0.15 当工频启动消防水泵时，从接通电路到水泵达到额定转速的时间不宜大于表11.0.15（见表1-1）的规定值。

工频泵启动时间 **表1-1**

配用电机功率（kW）	$N \leqslant 132$	$N > 132$
消防水泵直接启动时间（s）	$T < 30$	$T < 55$

回复：按表中规定执行。

1.4 江苏省建筑总院《新消规》解读

1.4.1 《消防给水及消火栓系统技术规范》问题讨论（一）

1. 如何理解《新消规》表 3.3.2 和表 3.5.2 中的地下建筑和人防工程?

答：(1) 该地下建筑系指单独建造、无地面建筑的地下建筑，不包括附建在地面主体建筑的地下室。

(2) 该人防工程系指单独建造的人防工程，不包括附建在民用建筑地下室的人防地下室。

2.《新消规》表 3.3.2 和表 3.5.2 是否包括汽车库?

答：汽车库按《汽车库、修车库、停车场设计防火规范》GB 50067—2014 执行。

3. 一栋公共建筑内有多种功能，如商业、办公楼、商店等，如何确定其消防用水量?

答：(1) 室外消火栓设计流量：根据建筑总体积（除汽车库以外的建筑围护结构所包容的体积）和建筑耐火等级，查表 3.3.2，对应单层及多层一栏或高层一栏选取相应的设计流量。

(2) 室内消火栓设计流量：1) 当为单层及多层建筑时：根据建筑总体积（除汽车库以外的建筑围护结构所包容的体积）和各类功能，对应单层及多层一栏，分别得到各类功能的设计流量，取各类功能中最大的设计流量作为该建筑的设计流量。2) 当为高层建筑时：根据一类公共建筑或二类公共建筑，查表 3.5.2，选取相应的设计流量。

4. 某建筑，地下二层为二类汽车库（汽车库与上部不连通），地下一层为商业（面积 $1200m^2$，层高 5m，体积 $6000m^3$），1～3 层为商业（每层面积 $1200m^2$，层高 4.5m，体积 $16200m^3$），4～27 层为住宅（层高 2.9m，屋面标高 83.1m），建筑耐火等级为一级，该建筑消防用水量如何确定?

答：根据《建筑设计防火规范》GB 50016—2014 第 5.4.10 条第 3 款，按汽车库、住宅、商业分别计算室外和室内消火栓设计流量，取最大值作为该建筑室外和室内消火栓设计流量。

(1) 汽车库消火栓设计流量：根据《汽车库、修车库、停车场设计防火规范》GB 50067—2014 第 7.1.5 条和第 7.1.8 条，室外为 20L/s，室内为 10L/s。

(2) 住宅消火栓设计流量：查《新消规》表 3.3.2，室外为 15L/s；查《新消规》表 3.5.2，室内为 20L/s。

(3) 商业消火栓设计流量：商业 3 层顶标高小于 24m，体积为 6000 + 16200 = $22200m^3$，查《新消规》表 3.3.2（耐火等级一、二级→民用建筑→公共建筑→单层及多层→建筑体积），室外为 30L/s；查《新消规》表 3.5.2（民用建筑→单层及多层→商店→体积），室内初定为 40L/s，又根据《新消规》第 3.5.3 条“当建筑物室内设有自动喷水灭火系统、水喷雾灭火系统、泡沫灭火系统或固定消防炮等一种或两种以上自动水灭火系统全保护时，高层建筑当高度不超过 50m 且室内消火栓设计流量超过 20L/s 时，其室内消火栓设计流量可按表3.5.2减少5L/s；多层建筑室内消火栓设计流量可减少50%，但不应少于10L/s”，商业设有自喷，室内消火栓设计水量可减少50%，室内最终为20L/s。

(4) 最终该建筑消火栓设计流量：室外为30L/s；室内为20L/s。

5. 某建筑，地下二层为二类汽车库（汽车库与上部不连通），地下一层为商业（面积1200m²，层高5m，体积6000m³），1～6层为商业（每层面积1200m²，层高4.5m，体积32400m³，6层顶标高为27.00m），7～27层为住宅（层高2.9m，屋面标高87.9m），建筑耐火等级为一级，该建筑消防用水量如何确定？

答：按汽车库、住宅、商业分别计算室外和室内消火栓设计流量，取最大值作为该建筑室外和室内消火栓设计流量。

(1) 汽车库消火栓设计流量：根据《汽车库、修车库、停车场设计防火规范》GB 50067－2014第7.1.5条和第7.1.8条，室外为20L/s，室内为10L/s。

(2) 住宅消火栓设计流量：查《新消规》表3.3.2，室外为15L/s；查《新消规》表3.5.2，室内为20L/s。

(3) 商业消火栓设计流量：商业体积为6000＋32400＝38400m³，商业6层顶标高为27m，每层面积1200m²，为一类商业建筑，查《新消规》表3.3.2（耐火等级一、二级→民用建筑→公共建筑→高层→建筑体积），室外为30L/s；查《新消规》表3.5.2（民用建筑→高层→一类公共建筑→高度），室内初定为30L/s，又根据《新消规》3.5.3条，商业设有自喷，室内消火栓设计水量可减少5L/s，室内最终为25L/s。

(4) 最终该建筑消火栓设计流量：室外为30L/s；室内为25L/s。

6. 某项目消防、冷却水合用水池550m³，其中消防贮水450m³、冷却水蓄水100m³。合用水池是否分为两格？

答：合用水池中消防贮水量不大于500m³，可以不分为两格。

7. 如何确定消火栓稳压泵扬程？如何确定消火栓压力开关开启消火栓泵的压力值？

答：稳压泵的设计压力应满足系统自动启动和管网充满水的要求。

(1) 稳压泵启泵压力P_1(MPa)＞$(15-h_1+h_2)\times0.01$，其中h_1为消防水箱最低水位与最不利点消火栓的静高差（m）；h_2为消防水箱最低水位与气压罐电接点压力表的静高差（m）。

(2) 稳压泵停泵压力P_2(MPa)＝P_1(MPa)＋(0.05～0.07)(MPa)。

综合考虑稳压泵启泵次数的经验值，按150L调节容积复核稳压泵启泵次数不大于15次/h。

(3) 稳压泵扬程H(m)≥$(P_2-h_2)\times100$。

(4) 消火栓泵出口压力开关启泵压力P_3(MPa)＝P_1+h_3－(0.07～0.10)(m)，其中h_3为气压罐电接点压力表与消火栓泵压力开关的静高差（m）。

8. 仅设消防水箱稳压、未设稳压装置的临时高压给水系统，压力开关的启泵压力如何设定？考虑消防水箱水位降低一半是否可行？

答：可以按消防水箱常水位下降0.5m或降低一半考虑。

9. 如何理解《新消规》第5.4.6条“竖向分区时，在消防车供水压力范围内的分区，应分别设置消防水泵接合器”？如果采用减压阀分区的系统，是否考虑低区消防车供水时的超压？

答：(1) 当采用可调式减压阀分区，且可调式减压阀设置在下环管处时，可以仅在高区设置消防水泵接合器；当采用比例式减压阀或其他方式分区时，在消防车供水压力范围内的分区应分别设置消防水泵接合器。(2) 系统设计不考虑低区在消防车供水时的超压，消防水泵接合器铭牌上标明所处的分区。

10. 如何理解《新消规》第6.1.5条“供消防车吸水的室外消防水池的每个取水口宜按一个室外消火栓计算，其保护半径不应大于150m”？(每个取水口的尺寸有何要求？每个取水口的间距有何要求？如果区域内有多个室外消防水池，是否每个水池水量也应按一个消火栓供水量设置？)

答：(1) 供消防车吸水的室外消防水池，每格（座）至少应设1个取水口，并设在消防车道旁，每个取水口宜按1个室外消火栓（停放1辆消防车）计算，当取水口需供多台消防车吸水时，取水口周围应能停放相应数量的消防车，且消防车数量与取水口尺寸宜符合表1-2的要求。

消防车数量与取水口尺寸对应关系　　表1-2

消防车数量（台）	取水口尺寸（mm）
1	≥1000×1000
2	≥1500×1500
3	≥1000×2500

(2) 消防水池取水口保护半径不应大于150m，当保护半径大于150m时，还需增设室外消火栓泵、室外消防管网及室外消火栓，取水口与室外消火栓联合使用。使建筑均在室外消火栓150m保护半径内。

(3) 取水口的间距应考虑消防车停放及保护半径等因素。

(4) 当取水口处设置水位控制阀时，不应影响消防车吸水。

11. 如何理解《新消规》第6.2.4条第3款“每一供水分区应设不少于两组减压阀组，每组减压阀组宜设置备用减压阀”，环状管网供水需设4组减压阀组？

答：枝状管网减压阀组应设备用，环状管网每根供水管上可各设一组减压阀组，不设备用。

12. 消防水池是否一定要设呼吸管？设一个通气管，保证消防时的空气补充，平时与溢流管形成空气流通可不可以？(让室外空气不断在水池内流通有两个缺点：一是进气的通气管口容易被灰尘堵塞，影响消防时的补气；二是消防水池容易被室外空气中的微生物及细菌污染，产生固体物质，影响喷淋系统工作。消防用水在水质方面并没有要求新鲜水质，特别是室外地下水池很难设置。)

答：为保证消防水池内部气压平衡以及排除水池中溢出的氯气，通常情况下采用设置呼吸管、通气管措施。呼吸管有进气管和出气管，通气效果好，宜优先设呼吸管，有困难时也可设通气管，但应保证通气量。当由于梁的原因使消防水池产生局部隔绝空间时，可采用连通管、梁上预留洞等方法解决。

13.《新消规》第5.2.6条第6款规定：消防水箱进水管应在溢流水位以上接入，进水管口的最低点高出溢流边缘的高度应等于进水管管径，但最小不应小于100mm，最大不应大于150mm。与《建筑给水排水设计规范》GB 50015—2003（2009年版）第3.2.4C条相矛盾。

答：当消防水箱补水管接自市政自来水或生活饮用水系统时，按《建筑给水排水设计规范》GB 50015—2003（2009年版）第3.2.4C条执行，进水管管底高于溢流喇叭口顶150mm；当消防水箱补水管接自非生活饮用水源时，按《新消规》第5.2.6条第6款执行。

14.《新消规》第5.3.2条第2款规定：室内消火栓临时高压系统稳压泵流量不宜小于1L/s。气压罐容积按150L取值是否就满足规范要求？该条与原《高层民用建筑设计防火规范》GB 50045—1995（2005年版）规定出入较大。

答：稳压泵流量取1L/s即符合规范要求。当气压罐放在屋顶时，有效容积取150L即满足规范要求；若气压罐放在地下室消防泵房时，其调节容积应根据稳压泵启泵次数不大于15次/h计算确定，但有效容积不宜小于150L。

15.《新消规》第7.4.12条第1款，如果栓口压力0.5MPa<P<0.7MPa，是否要设减压设施？

答：一般情况下当栓口压力大于0.5MPa时，要设减压设施；特殊建筑（如高大净空场所）需要栓口压力大于0.5MPa，压力在0.5～0.7MPa之间时可不减压，但当压力大于0.7MPa时，仍应减压。

16.《新消规》第4.3.6条，两座水池相邻池壁间距有何要求？消防泵共用吸水总管分别从两水池吸水，是否能认为消防水池设置了独立的出水管？

答：(1) 两座相邻水池，外壁间距应不小于0.3m。

(2) 消防泵共用吸水总管分别从两水池吸水，可以认为消防水池设置了独立的出水管，但阀门设置应保证任何管段吸水管检修时仍能保证各系统正常供水。

17. 消防水池最低水位是否以水泵出水管中心线为准？

答：消防水池最低水位应不低于消防水泵排气孔标高。

18.《新消规》第7.4.13条：可采用干式消防竖管，该条本省可行吗？

答：本省住宅设湿式系统没有困难，不采用干式消火栓系统。

19. 屋顶消防水箱放置的位置（高度）是否还有要求？

答：屋顶消防水箱的位置应高于其服务的水灭火设施（最不利点消火栓口、最不利点喷头等），最低有效水位应满足最不利点水灭火设施的静水压力，符合表1-3的规定。

最不利点静水压力 **表1-3**

建筑类别	最不利点静水压力
建筑高度不超过100m的一类公共建筑	≥0.1MPa
建筑高度大于100m的一类公共建筑	≥0.15MPa
高层住宅、二类高层公共建筑、多层公共建筑	≥0.7MPa，多层住宅不宜<0.07MPa
建筑体积≥20000m³的建筑	不宜<0.07MPa，自喷喷头≥0.1MPa

当高位消防水箱不能满足表1-3的要求时，应设稳压泵。

20. 屋顶消防水箱出水管上的流量开关是否需要和消防水泵出水管上的压力开关同时

设置？流量开关的启动值如何确定？

答：流量开关和压力开关需同时设置。流量开关暂无国产产品，暂时无相关数据，可在图中引出标注“流量开关启泵流量值根据购买产品的性能参数确定”。

21. 室外的消防用水是否有最小管网压力要求？

答：低压制室外消火栓系统，平时管网压力不低于 0.14MPa，火灾时最不利点室外消火栓栓口压力从地面算起不低于 0.1MPa，临时高压或常高压室外消火栓系统应满足建筑物最不利点灭火要求。

22. 地下车库消防排水泵流量是否要和消防流量匹配？其电源是否必须为消防电源？

答：地下车库消防排水泵流量可按火灾延续时间内排水泵排水，且保证地下室积水高度不大于 300mm 确定。用于消防排水的排水泵应采用消防电源。

23. 消防泵房内集水坑排水能力应不小于贮水池进水管流量，是否还需要按消防系统试验排水流量校核？

答：不需要。消防系统试验排水应接回消防水池，不应排入消防泵房集水坑。

24.《新消规》第 8.3.5 条关于倒流防止器的设置如何执行？

答：压力型倒流防止器应设在卫生清洁的地方，且宜设在室内，地面应有排水设施，倒流防止器排水口末端高于地面不小于 200mm。

25. 利用消防水池加压供水的室外消防给水系统，消防部门要求有一路与市政给水管连接，但《城镇给水排水技术规范》GB 50788—2012 第 3.4.7 条规定：供水管网严禁擅自与自建供水设施连接，应如何执行？

答：当消防部门有上述要求时，市政自来水管网单独成环，消防水池加压消防管也单独成环，各自分别接出室外消火栓，两套管网相互不连通。

26.《新消规》第 11、12 章中的强制性条文是否必须在设计说明中叙述？

答：第 11 章与设计有关，设计说明中选择需要的内容列出，或给电气专业提条件在电气图纸中明确和设计。第 12 章是施工内容，应由施工单位实施。

27. 消防增压设备宜设在水泵房内，以便于操作，但其从屋顶消防水箱接至增压泵的给水管是否消防和喷淋可合用或分别设置？

答：当稳压泵设在消防水泵房与主泵放在一起时，自喷稳压泵和消火栓稳压泵可分别从消防水池直接吸水，吸水管不需要从消防水箱接出。

28.《建筑设计防火规范》GB 50016—2006 第 8.4.3 条第 7 款规定：室内消火栓的布置应保证每一个防火分区同层有两支水枪的充实水柱同时到达任何部位；《新消规》第 7.4.6 条规定：室内消火栓的布置应满足同一平面有 2 支消防水枪的 2 股充实水柱同时到达任何部位的要求。是否认为室内消火栓可以跨防火分区使用？

答：消火栓可以跨防火分区使用。

29.《新消规》第 8.1.6 条对消防管道检修作出了规定，对于单层和二层建筑的消火栓布置未作出规定，应如何布置？

答：二层建筑消火栓应设置竖管，竖管上、下端接水平环管，阀门设置按第 8.1.6 条执行。单层建筑消火栓应设置水平环管，水平环管上两个阀门间连接的消火栓数不应大于 5 个。

30. 住房和城乡建设部编制的《建筑工程施工图设计文件技术审查要点》除强制性条文均属审查范围外，其余按审查要点进行审查，但《新消规》中室内外消防用水量等均不属于强制性条文，审查时如何把握？

答：《新消规》是在《建筑工程施工图设计文件技术审查要点》修编之后发布实施的，《建筑工程施工图设计文件技术审查要点》内容未包括《新消规》。《新消规》中的强制性条文和《建筑工程施工图设计文件技术审查要点》中与《新消规》相对应的内容均属审查范围，此外《新消规》中重要的“应”执行条款也要作为审查对象，室内外消防用水量属于重要的“应”执行条款，应在审查范围内。

31. 独立建造的体积刚超过5000m³的单层/二层厂房、仓库（不需喷淋）或体积刚超过10000m³的办公楼、教学楼和宿舍，室内消火栓流量分别为20L/s、25L/s、15L/s，室外消火栓流量为25L/s，在只有一路市政供水的情况下，按照《新消规》的要求，必须设置消防水池和水泵房（是否可以不设屋顶水箱?）。其水池容量将达到486m³、540m³或288m³，水池和泵房的造价将与主体建筑不相上下，是否合理，有无变通办法？

答：应按规范执行，应设屋顶消防水箱、消防水池和消防泵房。

32.《新消规》第7.4.12条第2款：“高层建筑、厂房、库房……消火栓栓口动压不应小于0.35MPa”，厂房是指所有厂房，还是高层厂房？如果是所有厂房，现在市政压力一般不超过0.25MPa，是否意味着以后的单层厂房基本上都要设置水池泵房？

答：“高层建筑”是指民用高层建筑，“厂房、库房”是指全部的厂房、库房。若市政自来水引入管不能满足室内消火栓水量、水压要求，则应设消防水池和消火栓泵（江苏地区自来水公司一般不允许消防泵从市政自来水管网上直接吸水）。

33.《新消规》第4.3.7条规定了消防取水口与建筑物的距离不宜超过15m，执行困难时可否引用《建筑设计防火规范》GB 50016—2014第7.1.8条第4款的规定（消防车道靠建筑外墙一侧的边缘距离建筑外墙不宜小于5m)?

答：当有困难时，取水口距建筑物距离尽可能大。

34. 对于住宅，《新消规》第7.4.7条第2款提出消火栓宜设置在楼梯间及平台，那么防烟楼梯间及带合用前室的楼梯间，消火栓使用要跨过两个防火门，是否合理、可行？设置两股充实水柱的情况，前室计入，楼梯间内消火栓使用要经过前室的消火栓，是否合理？

答：消火栓可以设置在楼梯间及平台，消火栓可穿防火门使用。

35. 消防水池（箱）最低报警水位是否为消防水池最低水位？该报警水位功能是否为水池没水时提示人工关闭泵？

答：《新消规》第11.0.7条第3款：“消防控制柜或控制盘应能显示消防水池、高位消防水箱等水源的高水位、低水位报警信号，以及常水位”，高水位即溢流水位，低水位即有效最低水位，常水位即水面标高。

36. 住宅已无双阀双出口消火栓概念，单栓最小间距是否参照以前标准<5m?

答：《新消规》第7.4.7条“建筑室内消火栓的设置位置应满足火灾扑救要求”，两个消火栓间距不宜小于5m。

37.《新消规》第8.2.9条“管径>DN50的管道需要采用沟槽式连接”，对室内消火栓支管影响比较大，是否可以放宽到>DN70?

答：连接单个消火栓的DN70支管可以采用丝扣连接，其他架空敷设管径>DN50的管道需采用沟槽式连接。

1.4.2 《消防给水及消火栓系统技术规范》问题讨论（二）

1. 消火栓箱内是否还需要设置不直接启泵的按钮？

答：《新消规》第 11.0.19 条：本规范对临时高压消防给水系统的定义是能自动启动消防水泵，因此消火栓箱报警按钮启动消防水泵的必要性降低，另外消火栓箱报警按钮启泵投资大。目前我国居住小区、工厂企业等消防水泵是向多栋建筑给水，消火栓箱报警按钮的报警系统经常因弱电信号的损耗而影响系统的可靠性。因此本条如此规定。

《火灾自动报警系统设计规范》GB 50116—2013 第 4.3.1 条"当设消火栓按钮时，应作为报警及启动消火栓泵联动触发信号"，条文解释"无消防火灾报警系统时，消火栓按钮用导线直接引至消防泵控制箱，启动消防泵"。

单栋建筑临时高压消火栓系统消火栓按钮要设；区域临时高压消火栓系统且无消防火灾报警系统时，消火栓按钮可不设，或提高直接启泵的电压等级（24V、36V 等）。

2. 高位消防水箱的出水管是否可从水箱底部接出而不加喇叭口或防止旋流器？

答：高位消防水箱满足初期火灾消防用水量要求，出水管管径不小于 *DN*100。若出水管不接喇叭口或防止旋流器，则入口流速较大，防吸气水深加大，消防水箱最低有效水位会抬高，消防水箱必须抬高或增加消防水箱容积，不是十分经济。

3. 单体电梯机房层是否须设置室内消火栓且保证有 2 股水柱？

答：根据《民用建筑设计通则》GB 50352—2005 第 4.3.2 条，电梯机房等机房占屋面平面面积大于 1/4 时，电梯机房等机房按设备层确定，须设置室内消火栓且保证有 2 股水柱。

4. 《新消规》第 3.5.2 条及第 3.3.2 条：地上是住宅，地下是单纯汽车库，室内外消防水量如何取值？地下与地上连体的建筑体积如何计算（分别计算）？地下建筑内有储藏、非机动车库等综合功能，消防水量如何取值？

答：建筑体积为建筑围护结构所包容的体积。《新消规》第 3.3.2 条：单座建筑的总建筑面积大于 500000m² 时，室外消火栓设计流量为最大值的一倍。此处总建筑面积包含地下层面积。《新消规》第 5.4.10 条：住宅部分和非住宅部分的室内消防设施配置，可根据各自的建筑高度分别按照本规范有关住宅建筑和公共建筑的规定执行，该建筑的其他防火设计应根据建筑总高度和建筑规模按本规范有关公共建筑的规定执行。汽车库单独计算室内外消火栓水量。

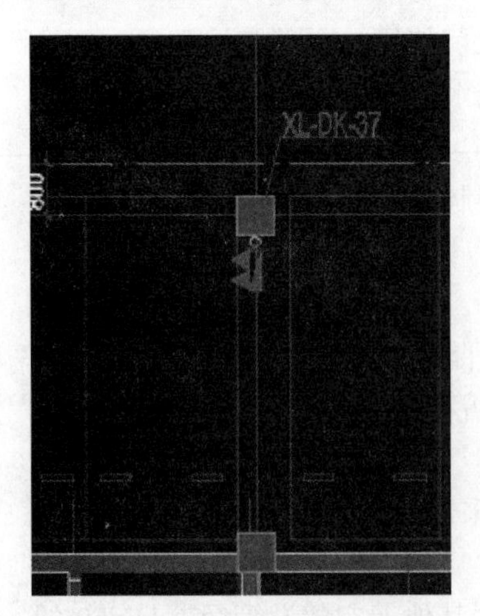

图 1-9　汽车库消火栓布置示意图

南京地区住宅地下室按丙二类库房设计。不大于 5000m³，取 15L/s；大于 5000m³，取 25L/s。

5. 《新消规》第 7.4.7 条：消火栓应设在楼梯间及其休息平台、前室、走道等处。住宅宜设在楼梯间及其休息平台。

(1) 汽车库消火栓布置是否可行（如图 1-9 所示）？

(2) 楼梯间、前室是否必须设置消火栓，两处均设还是只设一处？设在楼梯间、前室的消火栓计入消火栓总数吗？前室需要两股水柱同时到达吗（有的前室做得很大）？

（3）第5.5.1条，消防水泵的质量是否包含电机的质量？质量3t以下，可否不设起重设施？手动起重设施的定义？可否参照电气专业设吊钩+手动葫芦（或电动葫芦）？

答：（1）汽车库内消火栓的设置不应影响汽车的通行和车位的设置，并应确保消火栓的开启。消火栓宜靠近柱、边墙设置，便于门能打开，开启消火栓。

（2）楼梯间、前室是设置消火栓的首选位置，确保上下层位置一致。建筑平面的消火栓都可计入消火栓总数，前室需要两股水柱同时到达。

（3）消防水泵的质量包含电机的质量。质量3t以下设手动起重设施（吊钩或支架+手动葫芦或电动葫芦）。

6.《新消规》对消防水泵的性能曲线（如零流量的压力要求、出流量150%时的压力要求）提出了要求，是否需要在图纸上注明规范要求？

答：目前消防水泵的性能曲线不全，需要在图纸上注明规范要求。

7. 水泵的其他要求，如规范第5.1.6条第6款要求的泵轴密封方式和材质、第5.1.7条第1款和第2款要求的水泵外壳和叶轮材质等是不是要在图纸上注明？

答：需要在图纸上注明规范要求。

8. 消防水箱保温：露天设置时，冬季冰冻<5℃的地区需采取防冻隔热措施，除保温外，是否可不设电加热等措施？（《新消规》第5.2.4条第2款）。

答：最冷月平均温度在-10～0℃之间为寒冷地区；最冷月平均温度≤-10℃为严寒地区。江苏中北部属于寒冷地区，消防水箱应设在室内；设在室外时，应有防冻隔热措施。

9. 室外消火栓，具体如何考虑：①间距120m、服务半径150m；②满足室外水量；③建筑扑救面一侧不少于2个；④人防地下室入口附近；⑤距小泵接合器15～40m。

答：按规范和消防实战要求执行。

10.《新消规》第8.2.5条埋地消防管连接：卡箍接口并未要求放于井内，设计可否不执行水暖施工规范的放于井内的要求？

答：埋地消防钢管及卡箍接口连接按《新消规》第8.2.13条要求，管外壁采取防腐措施，建议卡箍接口连接螺栓采用球墨铸铁或不锈钢螺栓。

11. 消防水泵泄压阀是否可以作为防止水泵低流量空转过热的技术措施？（《新消规》第5.1.16条）

答：不可以，可采用定量流量开关或自动流量旁路阀、施罗德阀防止水泵低流量空转过热。

12. 减压稳压消火栓新图集出来前是否可继续采用？

答：注明减压稳压消火栓栓口压力不小于0.35MPa。

13. 2014年10月29日消防视频会议上说建议把稳压泵放在水泵房，江苏以前的做法是放在屋顶，以后采用哪种做法、怎么做比较好？

答：《新消规》没有规定稳压泵设置的具体位置。两种方法各有利弊，都可以。从消防的角度，稳压泵设在消防泵房内便于管理和实战使用。从设计的角度，稳压泵设在屋面水泵扬程可以小一点，尤其是高层建筑。

14.《新消规》第5.5.12条：独立建造的消防水泵房耐火等级不应低于二级，设计中采用箱泵一体式消防水池和泵房在地面上或屋顶上设置，是否违反规定？

答：箱泵一体式消防水池和消防泵房在室外设置不属于独立建造的消防水泵房，不违反该条文。

15. 屋顶消防箱泵形式是否参照消防水泵（电机需要干式安装）不允许再使用？

答：消防水泵电机需要干式安装，原有省标准图《消防箱泵》正在修编。

16.《新消规》第 4.3.1 条第 2 款，不满足此条可不设消防水池，但假设有一丙类多层厂房，建筑占地面积大于 $300m^3$ 需做室内消火栓，建筑体积 $4000m^3$，室内消火栓设计流量 10L/s；室外消火栓设计流量 20L/s，只有一路市政进水，那么这种情况下室外消防用水可为枝状，不做水池，但室内消防给水要做水池、泵房；也就是说规范里此条所说的消防水池是指只储存室外消防用水的消防水池。还是都可以不做？

答：《新消规》第 4.3.1 条第 2 款：当采用一路消防供水或只有一条引入管，且室外消火栓设计流量大于 20L/s 或建筑高度大于 50m 时，应设置消防水池。

《新消规》第 8.1.1 条和第 8.1.5 条生活消防合用管在满足生活（70%）和消防水量水压时，不设消防水池；在不满足生活（70%）和消防水量水压时，设消防水池。

17.《新消规》第 7.4.7 条关于室内消火栓的设置要求，对于工业或公共建筑，是否楼梯间内一定要设消火栓，个人看法是尽量优先布置在楼梯间前室或楼梯间旁的公共走道。对于建筑高度大于 54m 的住宅，公共走道内是否还要布置双立管双栓？对于建筑高度不大于 54m 的住宅，是否仅在电梯前室布置消火栓即可（因为可一股水柱保护）？

答：消火栓优先布置在楼梯间前室或楼梯间旁的公共走道。

建筑高度大于 54m 的住宅，电梯前室布置两支消火栓，双立管双栓是改进做法。

建筑高度不大于 54m 的住宅，仅在电梯前室布置一支消火栓即可。

《新消规》第 7.4.6 条中单元式住宅消火栓用水量与第 3.5.2 条有不同的要求。

18.《建筑设计防火规范》GB 50016—2014 第 5.4.10 条第 3 款："住宅部分和非住宅部分的安全疏散、防火分区和室内消防设施配置，可根据各自的建筑高度分别按照本规范住宅建筑和公共建筑的规定执行。"根据此条，是否可以这样理解：如果有一建筑高度不超过 100m 的高层商住楼，那么只需在下部商业部分设喷淋，住宅的公共部位不必再设喷头保护？（目前住宅的公共部位需要设置）

答：《新消规》和《建筑设计防火规范》GB 50016—2014 没有商住楼的概念。商业与住宅合建建筑室内消防设施配置，应分别按照本规范住宅建筑和公共建筑的规定执行，商业部分设喷淋，住宅的公共部位不必再设喷头保护。

19. 针对《新消规》第 6.1.9 条第 1 款"……总建筑面积大于 $10000m^2$ 且层数超过 2 层的公共建筑和其他重要建筑，必须设置高位水箱"。建议：有些造型特别的建筑，面积和层数均超过规范要求，但确实无法设置高位水箱，比如球形建筑、屋顶为滑雪场等。建议按第 6.1.9 条第 2 款，不设高位水箱，采用地下气压罐供水系统。

答：按《新消规》执行。当消防水箱设置位置不高于其所服务的水灭火设施时，应与消防部门商定，如采用顶升气压消防供水设备。

20. 民用建筑的消防泵房是否可采用轴流深井泵，以满足《新消规》第 5.5.12 条的要求？

答：民用建筑的消防泵房应满足《新消规》第 5.5.12 条的要求。消防泵可采用轴流深井泵。

21. 第 8.1.2 条下列消防给水应采用环状给水管网：

第1款“向两栋或两座及以上建筑供水时”。

第8.1.4条室外消防给水管网应符合下列规定：

第1款“室外消防给水采用两路消防供水时应采用环状管网，但当采用一路消防供水时，可采用枝状管网”。

第6.1.3条建筑物室外宜采用低压消防给水系统，当采用市政给水管网时，应符合下列规定：

第1款“应采用两路消防供水，除建筑高度超过54m的住宅外，室外消火栓设计流量小于等于20L/s时可采用一路消防给水”。

综合以上三条，建筑高度54m以下的住宅建筑，室外采用市政低压给水消防系统，是否理解为一栋可以采用枝状管网供水，两栋及以上应采用环状管网供水，如没有满足2路进水的条件时应设置消防水池。（消防水池设置要求第4.3.1条第2款：当采用一路消防供水或只有一条入户引入管，且室外消火栓设计流量大于20L/s或建筑高度大于50m时，应设置消防水池。）

答：按照《新消规》编制内容，设计流程应是：设计参数-消防水源-供水设施-给水形式-消火栓系统-管网-控制与操作。因此，先看市政水源情况，确定是否要设消防水池。若市政给水管网能满足《新消规》第4.3.1条的所有规定，则不设消防水池。建筑只能是50m以下的住宅和体积不大于5000m^{3}的单、多层建筑，室外消火栓管网由市政给水管网一路供给。满足《新消规》第8.1.2条的规定时，消防给水管网应是环状管网。

22.《新消规》第8.1.5条第1款：“室内消火栓系统管网应布置成环状，当室外消火栓设计流量不大于20L/s，且室内消火栓不超过10个时，除本规范第8.1.2条外，可布置成枝状。”第5.1.10条：“消防水泵应设置备用泵，其性能应与工作泵性能一致，下列建筑除外：建筑高度小于54m的住宅和室外消防给水设计流量小于等于25L/s的建筑（第1款）。”该条是否可以理解为：建筑高度54m以下的住宅建筑，室内消防水泵可以不设置备用泵，但是因为室内消火栓的数量超过10个，室内管网仍需要布置成环状。同时该消防泵向两栋或两座及以上建筑供水时，供水管网应为环状，泵可以采用单台泵。

答：建筑高度54m以下的住宅建筑，室内消防水泵可以不设置备用泵。

23.《新消规》第7.4.3条：“设置室内消火栓的建筑，包括设备层在内的各层均应设置消火栓。”屋顶电梯机房和屋顶水箱间是否按设备层要求设置消火栓？

答：屋顶电梯机房和屋顶水箱间等满足占屋面平面面积大于1/4时，按设备层确定。

24.《新消规》第7.4.14条：“住宅户内宜在生活给水管道上预留一个接DN15消防软管或轻便水龙的接口。”在审图的时候，是否需要提出词条？提出词条设计人员没有修改，是否可以通过？

答：住宅户内在生活给水管道上预留一个DN15接口，并设置阀门。

25.《新消规》第10.3.3条减压孔板的水头损失，应按下列公式计算：

$$H_k = 0.01\xi_1 \frac{V_k^2}{2g} \tag{1-1}$$

$$\xi_1 = \left[1.75\frac{d_j^2}{d_k^2} \cdot \frac{1.1-\frac{d_k^2}{d_j^2}}{1.175-\frac{d_k^2}{d_j^2}} - 1\right]^2 \tag{1-2}$$

式中　H_k——减压孔板的水头损失，MPa；

V_k——减压孔板后管道的平均流速，m/s；

g——重力加速度，m/s^2；

ξ_1——减压孔板的局部阻力系数，也可按表 10.3.3（见表 1-4）取值；

d_k——减压孔板孔口的计算内径；取值应按减压孔板孔口直径减 1mm 确定，m；

d_j——管道的内径，m。

减压孔板局部阻力系数 ξ_1　　　　**表 1-4**

d_k/d_j	0.3	0.4	0.5	0.6	0.7	0.8
ξ_1	292	83.3	29.5	11.7	4.75	1.83

公式计算和表格的 ξ_1 二者的值不同。

答：《新消规》表 10.3.3 经复核无误。减压孔板孔径取值比计算值少 1mm。

26.《新消规》第 5.2.6 条第 9 款中高位水箱出水管管径应满足消防给水设计流量的出水要求，此处消防给水设计流量是否即为整个系统的设计流量（消防主泵设计流量）？

答：《新消规》第 5.2.1 条规定：临时高压消防给水系统的高位消防水箱满足初期火灾消防用水量的要求，管径不小于 $DN100$，建议不同的消防系统消防水箱出水管分开设置。高位消防水池出水管应满足消防给水设计流量的出水要求。

27.《新消规》第 7.4.9 条第 1 款要求建筑屋顶设置试验消火栓，《建筑设计防火规范》GB 50016—2006 第 8.4.3 条第 10 款规定平屋顶设置试验消火栓，坡屋面如何考虑？

答：按《新消规》执行。坡屋面在水箱间设置试验消火栓，排水可排入消防水箱。

28.《新消规》第 8.3.3 条，供水高度超过 24m 时，是否必须采用水锤消除器？可否仍采用带水锤消除功能的止回阀？

答：按《新消规》执行。

29.《新消规》第 5.1.9 条使用轴流深井泵时最低有效水位不低于水位线以上 3.2m？

答：轴流深井泵安装于水井时，由于水文条件的限制，水井补水有个漏斗曲线，因此规范作出这样的规定；轴流深井泵安装在消防水池等消防水源上时，就没有这样的限制。

30.《新消规》第 5.1.9 条第 2 款和第 5.1.13 条最低有效水位是从泵的第一级叶轮底部算起还是从第一级叶轮顶部算起或者从水泵出气口算起？

答：《新消规》第 5.1.13 说的是吸水管喇叭口的安装要求。消防水池最低有效水位参考《新消规》第 4.3.9 条第 1 款确定，即最低有效水位应不低于水泵排气口。这两条同时满足。

31. 泵吸水管路上采用防止旋流器时，防止旋流器是否可以垂直安装？

答：防止旋流器不能垂直安装。

32. 任一楼层建筑面积大于 $1000m^2$ 的高层商店，是否算一类高层？（还是任一楼层建筑面积大于 $1000m^2$ 的高层商店和其他多种功能组合的高层商店算一类高层？）

答：参照《建筑设计防火规范》GB 50016—2014 第 5.1.1 条。首先按建筑高度判定高层和单、多层，在高层建筑中再判定是一类高层还是二类高层。

33. 建筑高度是指室外地面到屋面板还是女儿墙的高度？

答：参照《建筑设计防火规范》GB 50016—2014 附录 A。

34.《新消规》第 7.2.5 条和第 7.3.2 条“市政消火栓的保护半径不应超过 150m，间距不应大于120m”，这里的150m和120m是按半径画圆还是按实际的行走路线长度？

答：保护半径就是150m半径画圆，已考虑消防水龙带的折减，间距就是直线距离。

35.《新消规》第7.4.7条第6款“冷库的室内消火栓应设置在常温穿堂或楼梯间内”，如果库房面积过大，保护距离不够，是否可以设置在库房内，做干式系统？

答：按《新消规》执行，如果库房面积过大，保护距离过长，由消防队员从常温穿堂或楼梯间内，驳接水带进行火灾扑救。

1.5 对《新消规》的疑问及建议汇总帖

表1-5摘录了部分发帖人的主帖内容及网友回复，供大家学习、讨论。

对《新消规》的疑问及建议汇总 表1-5

序号	发帖人	主帖内容摘要	网友回复节选
1	shifang_zhang	《新消规》中消防用水量如何确定？ 依据第7.4.12条，栓口压力不小于0.35MPa，反算每只消火栓的流量为7L/s，室内消火栓用水量则大于56L/s。明显大于规范第3.5.2条消火栓流量40L/s的要求，那应该如何确定消防用水量？	cysd118：第3.5.2条只是给出了一个最小设计流量
2	likai1018	关于《新消规》中厂房消火栓用水量的讨论 经常碰到某类厂房定性为甲类，但是甲类生产区域仅占整个厂房的小部分，其余区域仍为丙类。这样的厂房应该如何确定室内消火栓用水量？	造杯水：按《建筑设计防火规范》GB 50016—2014第3.1.2条，根据各类火灾危险性面积所占本层或本防火分区的面积比例综合确定
3	造杯水	流量开关的流量值设为多少？只设高位消防水箱的低压压力开关的压力值设为多少？	bbssjjj：根据第5.3.3条第2款，准工作压力大于启动压力0.07～0.10MPa。准工作压力根据第5.2.2条确定，也就是准工作压力减0.07～0.10MPa为启动压力。这个只是根据条文内容硬推。 流量的话，我觉得定为最不利点的一个消火栓流量，根据第5.3.2条，稳压泵是能保证这个流量的，但是我觉得按照稳压泵坏了，水箱自流是不是更保险（类似于只设水箱，不设稳压泵的情况） xavi6：低压压力开关和高位消防水箱的流量开关，可以认为是双保险。 1. 低压压力开关感受到的是管道系统内来自高位消防水箱的水位静压。高位消防水箱最先启用，水位下降，低压压力开关感受的静压降低，转换成电信号，启动消防主泵。 低压压力开关的初始值（也即调试时，压力开关的压力传感器自动感应到的），就是压力开关的标高和高位消防水箱最高水位标高的高差。 2. 高位消防水箱水位下降，也即水箱出水管上流量开关感受到水的流动，转换成电信号，启动消防主泵。 流量开关的初始值应该是零，至于流量达到多少就报警、启动消防主泵，个人感觉应在防止误报警和5L/s之间选择一个合适的值

续表

序号	发帖人	主帖内容摘要	网友回复节选
4	bing _ mr	消火栓按实际行走距离还是按直线距离布置？ 7.4.10 室内消火栓宜按直线距离计算其布置间距。条文上又说本规范要求按行走距离计算	nlp125：直线行走距离，就是消防队员实际操作的时候，走的距离 云飘飘：按照实际行走的距离，按照直线距离有时候拉不到
5	tlm15678388250	《新消规》栓口压力最低 0.35MPa，充实水柱 13m 按照 13m 的充实水柱计算出来的压力最大就 20 多 m，栓口压力最低要达到 35m，如何做到？	nlp125：（必须）满足栓口压力即可，不需考虑充实水柱长度 zhanghaijun7602：一般城市水压都很低，不会超过 0.35MPa，一层都要设置消防水池了
6	tlm15678388250	消火栓最高压力值不应大于 0.50MPa，但当大于 0.70MPa 时应设置减压装置；如何解释？	nlp125：学习的时候，只是说国外的规范都是 0.7MPa，个人觉得，在小空间的住宅，不需要或者无法续接水龙带来接消火栓灭火的话，可以按 0.5MPa；在大空间，比如商场等，实战灭火时，一点失火，除了设计时的两股水柱（两股消火栓）可以到达，消防队员会通过续接消防带（水损增大）从别处引水，故这类空间消火栓栓口压力不超过 0.7MPa 是合适的
7	glx117	《新消规》第 7.4.12 条第 2 款，高层建筑、厂房、库房等的消火栓栓口动压不小于 0.35MPa，其中厂房是指所有厂房还是高层厂房？如果是指所有厂房，是否意味着以后的单层厂房消火栓都要用泵加压？对于有两路进水不设消防水池的情况，是否还要额外做水池？	huhu84：我认为这条规范写得不严谨，这条是从《建筑设计防火规范》GB 50016—2006 第 8.4.3 条第 7 款来的，那个写得很清楚："高层厂房（仓库）、高架仓库和体积大于 25000……不应小于 13m"，这条新规范的条文解释是："高层建筑、高架库房、厂房和净空高度超过 8m 的民用建筑"，而正文又写成"高层建筑、厂房、库房和室内净空高度超过 8m 的民用建筑"。几个条文对照起来看，本意应该就是《建筑设计防火规范》规定的高层、高大净空场所这类危险性高的建筑要按高标准，此处的厂房和仓库应该都是高层建筑范畴，对《建筑设计防火规范》条文没有本质修改，所以条文说明没有对此解释。 至少条文说明和正文用词都彼此矛盾，足见规范编制多马虎！ 同样的问题出现在第 3.5.3 条和第 3.5.4 条，此处多层建筑是否涵盖单层建筑，建筑专业上多层和单层的定义是不同的。其实也是直接从《建筑设计防火规范》直接摘抄整合的，但是单层建筑的做法去哪儿了？
8	莫名	《新消规》几点疑问 1. 室外消防用水量的计算：现在高层建筑都是按体积来确定室外消防用水量了，那么几栋楼一层或二层连成一片商城的建筑，要怎么算体积呢？ 2. 地下汽车库是否也要按地下建筑来设计呢？是否按地下建筑来确定消防用水量呢？ 3. 第 7.4.6 条消火栓的布置强调按同一个平面来布置，那是否意味着可以不按防火分区来考虑消火栓的布置呢？ 4. 新规范没有对双阀双出口作出规定，那以后这种消火栓是否不可以设计了？	hefanrong： 1. 按建筑专业分的楼号计算体积，相邻 2 座建筑物消火栓流量最大的之和 2. 地下建筑包括地下汽车库 3. 必须按防火分区来考虑消火栓的布置 4. 双阀双出口消火栓在没有新规范出来之前仍然执行老的规范 shuiliu _ 7189： 1. 当两栋或多栋建筑连成一体时，如相互满足防火要求（如当较高一面墙为防火墙时，防火间距不限），按最大的一栋计算，如不满足防火间距要求，则按体积叠加计算，成组布置才按体积最大的两栋计算（成组布置是指多层的住宅和办公，占地面积不大于 2500m² 时，防火间距可减少为 4m） 2. 新规范覆盖面比较广，包括所有的消防给水及消火栓系统，是众多规范的综合，从规范角度来说，地下车库在地下建筑的范围内，仅代表个人意见，以主管部门意见为准 3. 消火栓应该按防火分区布置，应该注意防火分区与防火门的差别，防火门不一定是防火分区的分隔 4. 新规范规定：不大于 54m 且设一座疏散楼梯的住宅可一股水柱到达任何部位，不需要双阀双出口消火栓，再说其他部位也不能设双阀双出口消火栓，不必再规定双阀双出口消火栓设置位置

续表

序号	发帖人	主帖内容摘要	网友回复节选
9	zhanghaijun7602	《新消规》第5.2.6条第6、7款与《建筑给水排水设计规范》第3.2.4C条相矛盾，《建筑给水排水设计规范》第3.2.4C条要求不得小于150mm，而且是强制性条文，大家设计时还是要按照《建筑给水排水设计规范》第3.2.4C条执行？	也不行：补水水源是生活饮用水，哪本规范间距要求大就按哪本规范执行；其余的按相应规范执行 老谭：《新消规》的确存在一些问题。按原理，应该按《建筑给水排水设计规范》第3.2.4C条执行，因为这条是强制性条文。在《新消规》没作出修订前，找个折中的方法，就是按等于150mm来
10	huhu84	《新消规》编制水平吐槽！ 1.《新消规》第3.5.3条说"多层建筑"室内消火栓流量可减少50%，但不应小于10L/s，那单层建筑呢，按建筑专业的定义，多层是多层，单层是单层，因为防火面积、距离等都不一样，而且规范中室内消防水量表里还有"单层及多层"的表述呢！第3.5.4条亦如此。 那这个"多层"是否包括"单层"呢，如果不包括，那危险性高的多层消防用水可以比单层还低，岂不是笑话，规范怎么这么不严谨呢！ 2.《新消规》第7.4.12条，规范正文写"高层建筑、厂房、库房"，规范条文说明写"高层建筑、高架仓库、厂房"，要求充实水柱按13m计算，那单层或多层的厂房和仓库，是否要按这条消火栓动压不小于0.35MPa？按《建筑设计防火规范》的意思应该是各种高层厂房、仓库等大体量危险性建筑要按13m计算，但是《新消规》正文这条这么写，让人怎么做啊，这难道就是"第一本"由"设计院"主编的规范的水平么？ 3.《新消规》第7.4.12条，消火栓出口动压都到0.35MPa了，而且第7.4.2条已经限定了消火栓内配件的形式了，怎么可能还会出现"且消防水枪充实水柱应按13m计算"的情况？都已经到18.5m了，流量也7L/s了，按这个用法，根据前面每枪5L/s计算水池容积，哪能用到3（2）个小时？	zhanghaijun7602：多层建筑应该包括单层，规范里有很多都是用多层来表达的，比如第3.5.2条注3也是用多层建筑表达的（难道单层建筑就不可以有不同的功能了吗），可能毕竟不是建筑专业方面的，用词欠考虑

续表

序号	发帖人	主帖内容摘要	网友回复节选
11	ragnorok	《新消规》地下建筑取值 《新消规》将地下建筑的消防用水量单独列了出来，住宅小区的地下车库是否就按照新规范来定义为地下建筑，按新规范取值，就不按《汽车库、修车库、停车场设计防火规范》GB 50067—2014 来取值了？	shifang-zhang： 地下车库消防用水量按照《汽车库规范》取值，若遇到人防车库，需要按照《消规》取值
12	sh99899	《新消规》尴尬的 0.35MPa 按照《新消规》高层建筑要达到最不利栓口压力 0.35MPa。 1. 按照最不利栓口压力 0.35MPa 计算，消火栓流量至少为 6.94L/s，充实水柱为 18.4m，出流量比标准大了近 40% 2. S202 的减压稳压消火栓出口压力为 0.25MPa 左右，制造标准要调整，否则很多场合不能用 3. 减压阀分区的楼层要减少 4. 市政管网直供的消火栓系统基本绝迹	版主攻：这个 0.35MPa，应该是经过实际调研的 queerice：个人认为本次规范的很多条款，充分考虑了国情，作为技术部门编写的规范，已经将设计人员的风险适当降低
13	zhanghaijun7602	《新消规》第 3.5.2 条（消防用水量）之商榷 商店、图书馆、档案馆等多层建筑消防用水量比 50m 以下的高层建筑用水量都大，一个多层商业建筑最大用水量 40L/s，但是高层商业建筑（50m 以下）用水量反而最大是 30L/s，这就带来很大不合理性	老谭：按照第 3.5.2 条的条文解释，考虑到商店、丙类厂房和仓库等场所实战灭火救援用水量较大，故加大了其室内消火栓设计流量。 对于第 3.5.2 条表格中的每根竖管最小流量是如何定出来的，一直存在疑问，请教楼主。 像室内消火栓流量同为 20L/s，多层旅馆（$V>25000m^3$）的每根竖管最小流量为 15L/s，而二类高层公共建筑（$h\leqslant 50m$）的每根竖管最小流量却为 10L/s，流量具体怎么分配？
14	老谭	《新消规》第 8.2.3 条第 4 款如何理解？ 8.2.3-4 采用稳压泵稳压的临时高压消防给水系统的工作压力，应取消防水泵零流量时的压力、消防水泵吸水口最大静压二者之和与稳压泵维持系统压力时两者其中的较大值	zhanghaijun7602：如果消防系统有稳压设施稳压，发生火灾时（一个喷头动作，一个消火栓在使用）水流动的压力来自于稳压泵（此时消防主泵还没有启动，只有压力降到某一个压力值时，消防主泵才启动），换句话说此时水泵出口最大动压（最大工作压力）应按稳压泵维持系统的最大工作压力；当系统主泵启动时（稳压泵应连锁停止），水流动的压力来自于消防主泵出口压力（此时水泵刚启动流量为零，水泵出口压力最大），同时还要加上消防水池最高水位到消防水泵出水口的静压（高度）；这两个工作压力取最大值作为系统的最大工作压力
15	灬天蝎メ	对《新消规》水池最低水位的理解 第 5.1.13 条第 4 款，最低水位是消防水池的最低水位还是消防用水的最低有效水位？	raoysh：只要有效容积最低水位高于泵轴，满足自灌式吸水，肯定也就满足有效容积全部被利用。 没有有效容积，就没有最高、最低水位的说法。个人理解规范的本意是规定最低水位不能太低，太低满足不了安全运行要求，低于 600mm 发生汽蚀，太低满足不了有效容积全部利用即自灌吸水要求。那最低水位设高了可以吗？可以，淹没深度不小于 600mm 啊。只是死水区变多，不节地，条文解释的说法并没有违反正文“保证有效容积能被全部利用”，其实最高水位上还有很大空间没被利用，特别是侧面检修孔的情况

续表

序号	发帖人	主帖内容摘要	网友回复节选
16	老谭	《新消规》第11.0.4条存在语法问题 第11.0.4条语法不通，建议： （1）应该将“应能”两字去掉才通顺； （2）最后一句加上“信号”两字，变成“消防水泵房内的压力开关信号宜引入消防水泵控制柜内”	
17	老谭	《新消规》并没有说明消防软卷盘在哪类建筑或场所需设置，以前非正式版的第7.4.11条有说明，但正式版却没有了，让人摸不着北。 难道全部都要配消防软卷盘？	zhanghaijun7602：按《建筑设计防火规范》GB 50016—2014相关规定执行

1.6 消防主泵启泵方式探讨（《新消规》第11.0.1条）

《新消规》第11.0.1条，我认为应该这样理解和操作：

（1）喷淋系统启泵方式与以前一致，采用报警阀的压力开关启动喷淋泵，规范新多出来的流量开关和压力开关启泵方式，应该指的是消火栓系统，因为规范中有逗号分隔（干式消火栓系统除外）。

（2）消火栓系统启泵方式与以前相比有变化，由全手动系统改为半自动系统，即启泵自动、水枪连接手动，防止非专业人员开栓发现有水但可能是水箱存水，而不知道要按启泵按钮，造成后期断水，从而增加系统可靠性。

1）当屋顶消防水箱高度满足不设稳压泵时，优先由消防水箱出水管上的流量开关发出自动启泵信号，可以第一时间启动消防主泵，正常应当如此设计；或者待水箱基本出流完毕，消防干管泄压，由消防主泵出水干管上的低压压力开关发出自动启泵信号，通常不应当这样设计，消防主泵启动存在滞后性，对于大型管网可能造成断水。

2）当屋顶消防水箱高度不满足要求而设置稳压泵时，由于稳压泵补压时也从水箱抽水，且其启闭方式为自设压力开关，此时消防主泵如果采用流量开关启动方式则消防主泵和稳压泵可能同时启动，不符合稳压泵和主泵依序启动的要求，因此应选择由消防主泵出水管上的低压压力开关发出自动启泵信号，压力值应和稳压泵压力形成递减阶梯，依据规范要求为0.07～0.1MPa。

消火栓系统的设计越来越接近发达国家的方式了，这条应该就是参照他们来的。根据我接触和参与的美国和日本项目的消防设计比较，他们的消火栓泵的启动都是自动的，一般都是在消防泵房里设计一台消防主泵和一台消防稳压泵，通常不设备用，消防主泵为柴油机泵（这点和我们有很大不同：我们认为市电是安全的，他们认为自备柴油发电才是靠谱的，市电只是备用，由ATS切换，相应地就会增加柴油储罐、蓄电池等），稳压泵长期工作，管网泄压过大时柴油主泵迅速启动，为稳定高压系统，不设消防水箱，因为消防水箱多此一举，而且系统路线越复杂越不安全。消防一般都是和保险相关的，如果消防工程偷工减料或管理不当造成损失，保险公司是不赔的，消防如果高标准设计，保费就会下降，所以消防都是建设单位自己要求，而且只高不低，不像国内单位都是能省则省，能糊弄则糊弄，消防规范就是最高要求，国外违反消防、安全标准的代价是很大的。

1.7 《刘可写给土木网友的第三封信》——《新消规》中需要注意的问题解析

1.0.1 条中增加了规范验收和维护管理，以前的口号是“预防为主，防消结合”，本条重点强调了维护，这跟我国目前的情况也是相符的，重设计而轻维护，中国的建筑问题会有一个集中的爆发期间，这一点一定要重视起来。

1.0.4 条强调设计所用设备组件应符合相关要求和国家标准，提出了准入制度的概念。

2.1.3 条大家需要注意出现了移动式消防水泵和车载消防水泵等新的消防产品。

2.1.6 条取消了原来大家常说的常高压消防系统，提出了低压消防给水系统的概念。

2.1.7 条提出了移动消防水池的概念。

2.1.8 条是高位消防水池的概念。

2.1.9 条定义了高位消防水箱的概念，但这次规范编写不太严谨，后面我还会说到初期与 10min 的概念。

2.1.0 条是消火栓系统的概念。

2.1.13 条及 2.1.14 条明确了静水压力和动水压力的概念。

2.2 节的符号大家注意以下几个名词会在后续的计算中用到，最大船宽度、着火油船冷却面积、充实水柱投影长度、第 i 种水灭火系统的火灾延续时间，还有一些系数等，记下来会对后续的计算有帮助。

3.1.2 条第 3 款大家注意一下，当消防给水与生活给水合用时，合用系统的给水设计流量应为消防给水设计流量与生活给水最大时流量之和，不是叠加，也不是按消防时校核，而是相加；另外，计算生活最大小时用水流量时，淋浴用水量宜按 15%计算，火灾时能停用的用水量可不计，淋浴等不是 24h 的，因此取了折减，火灾时能停用的有浇洒等水量。

3.2.2 条规定了城镇的火灾起数和一次灭火设计流量，更加细化了，可以对照看一下。注意小于 1.0 万人 $<N\leqslant$ 2.5 万人时的一次灭火设计流量增加了 5L/s。

3.3.2 条规定了建筑物的室外消火栓用水量，民用建筑改动还是比较大的。民用建筑，只要定义成住宅且耐火等级为一、二级的，那么室外消火栓用水量就是 15/s，民用建筑的分类更加细化，补充了公共建筑的室外消火栓用水量，这个可以根据建筑物的体积进行选择。

3.3.3 条比较重要，对宿舍、公寓等非住宅类建筑进行了定性，明确规定此类建筑的室外消火栓设计流量按公共建筑确定。

3.4 节主要讲构筑物的消防给水设计流量，可以对照看一下，更加细化了。

3.4.8 条规定了空分站、可燃液体、变电站等构筑物的室外消火栓用水量，当室外变压器采用水喷雾灭火系统保护时，其室外消火栓用水量可按表3.4.8中数值的50%来计算，但不应小于15L/s。

3.4.9条规定装卸油品码头的消防给水设计流量应按着火油船泡沫灭火设计流量、冷却水系统设计流量、隔离水幕系统设计流量和码头室外消火栓设计流量之和确定。这条有一个着火油船泡沫灭火设计流量的计算，根据范围、供给强度及连续供给时间来计算设计流量。

3.4.12条是一个易燃材料露天堆场以及可燃气体罐区的室外消火栓设计流量表，这个和原规范完全一样。

3.4.13条补充了城市交通隧道洞口的室外消火栓设计流量。

3.5.2条把工业建筑、民用建筑和人防工程的室内消火栓用水量合并了起来，有几个点大家注意一下，厂房的室内消火栓用水量除了用高度和体积来限制外，增加了厂房的分类；旅馆和商店分开，商店相类似地增加了图书馆、档案馆等，进行区分，说明旅馆的火灾危险级别要低于商店类；办公楼和住宅等不以层数来界定，换为高度，更加准确；对地下建筑水量也进行了规定，这里的地下建筑我理解应该是指地下商场等，不包含地下车库。这点下次规范修订应更加明确一些。

3.6.1条补充了消防给水 起火灾灭火用水量的计算公式。

3.6.2条为不同场所的火灾延续时间，需要注意的是甲、乙、丙类厂房和仓库的火灾延续时间为3h，住宅一律为2h，这里还要注意商住楼的概念，商住楼可以按2h来考虑。

4.1.3条需要特别注意，一是市政给水可以作为消防水源，且宜采用市政给水，因为市政给水较为安全可靠；二是雨水清水池、中水清水池、水景和游泳池宜作为备用消防水源。

4.2.2条对双路水源作了规定，一是水厂的两条输水干管向市政给水管网供水，二是市政给水管网应为环状，三是应有两条不同的市政给水干管分别向消防给水系统供水。

4.3.1条注意当采用一路消防供水（一条入户引入管）+室外水量大于20L/s（建筑高度大于50m）时应设置消防水池。

4.3.3条规定了消防水池给水管的管径应经计算确定，且不应小于*DN*50。

4.3.4条对消防水池的最小有效容积进行了规定，不应小于100m^3，仅有消火栓系统时，不应小于50m^3。

4.3.5条给出了消防水池补水流量的计算公式，如果满足两路供水，可依此来减去火灾时连续补充的水量。

4.3.9条主要是消防水池的四个水位，需要和电气专业配合，在消防控制室内要设置显示消防水池水位的装置。

4.3.10条注意要设置消防水池的通气管和呼吸管，呼吸管这个概念也是第一次出现，要着重注意一下。相关的图集估计很快也会印刷出来。

4.3.11条是高位消防水池的概念，就是重力消防，大家可以了解一下，在超高层和一些特殊高层建筑中都会存在。

4.4.1条注明了井水可以作为消防水源，对于一些没有市政供水的地区，可以采用这种消防供水方式，节省了土建成本，节约了用地。

5.1.4条规定了单台消防水泵的最小额定流量不应小于10L/s，最大额定流量不宜大于320L/s。可以采用离心泵。

5.1.6 条规定了消防水泵的选择和应用，这条是强制性条文，需要格外注意。

5.1.8 条规定了柴油机消防水泵的点火类型、试验运行时间、蓄电池等。

5.1.9 条给出了轴流深井泵的使用场合及相关规定，这种泵主要用于天然水源上面。

5.1.10 条是影响成本的一条，消防水泵应设置备用泵，其性能应与工作泵性能一致，但下列建筑可只设置一台消防泵，不用设置备用泵：一是建筑高度小于 50m 的住宅和室外消火栓用水量小于等于 25L/s 的建筑；二是室内消防水量小于等于 10L/s 的建筑。

5.1.11 条规定消防水泵应在消防水泵房设置流量和压力测试装置，且应符合一些规定。

5.1.13 条注意一下，消防水泵吸水管管径大于 *DN*300 时，宜设置电动阀门。

5.1.16 条规定了临时高压消防给水系统应采取防止消防水泵低流量空转过热的措施。

5.2.1 条是屋顶消防水箱的容积，适当做了加大，要特别注意，前面说到初期的消防水量，而此条数据的得出仍然是按 10min 的消防水量来计算的，6＋6.4＝12.4m³，6＋9.6＝15.6m³，6＋12.8＝18.8m³，6＋31.2＝37.2m³，6＋41.6＝47.6m³ 等，这条总体来说还是不太严谨。比较合理的计算应该是到火场时间 X（消火栓水量＋喷淋水量＋其他灭火系统水量)/60。特别需要注意的是一类高层公共建筑不应小于 36m³，大于 100m 时不应小于 50m³，大于 150m 时不应小于 100m³。

5.2.2 条讲的高位消防水箱的静水压力，一类公共建筑不低于 0.10MPa，其他多层、高层还是 0.07MPa 未改变。

5.2.6 条屋顶水箱进水管应满足 8h 充满水的要求，但管径不应小于 *DN*32，进水管宜设置液位阀或浮球阀。

另外明确了高位消防水箱出水管管径应满足出水流量要求，但不应小于 *DN*100，这条要特别注意，当接出喷淋系统时，*DN*80 能满足出水要求，但此时应扩大至 *DN*100，一些审图的朋友经常提这个问题也该改改了。

5.3.2 条稳压泵的设计流量不应小于消防给水系统管网的正常泄漏量和系统自动启动流量；稳压泵的设计流量宜按消防给水设计流量的 1%～3%计，且不宜小于 1L/s。

5.3.6 条规定了稳压泵应设置备用泵。

5.4.4 条明确了每个建筑都需要设置水泵接合器，原文是“临时高压消防给水系统向多栋建筑供水时，消防水泵接合器宜在每栋单体附近就近设置”。

5.4.6 条，以前大家设置超高层，高区一般消防车供水高度达不到，就不再设置了，本次规定当建筑高度超过消防车供水高度时，消防给水应在设备层等方便操作的地点设置手抬泵或移动泵接力供水的吸水和加压接口。

5.5.1 条规定了消防水泵房应设置起重设施，这条原来在室外的规范上有，这次添加上了，大家设计时应给建筑和结构提相关的条件，在自己的设计说明中也应表示出来。

5.5.10 条也是审图的一个要点，消防水泵不宜设在有防振或有安静要求房间的上一层、下一层和毗邻位置，当必须时，可采用降噪减振措施。也就是说这条并不强制要求，你采取了规范中规定的措施，那么是可行的。

5.5.11 条规定了消防水泵出水管应进行停泵水锤压力计算，也是一个要点，在进行设计时顺便写入自己的工程计算书中。

5.5.12 条规定附设在建筑物内的消防水泵房，应采用耐火极限不低于 2.0h 的隔墙和 1.5h 的楼板与其他部位隔开，其疏散门应靠近安全出口，并应设甲级防火门；附设在建筑物内的消防水泵房，当设在首层时，其出口应直通室外；当设在地下室或其他楼层时，其出口应直通安全出口。

6.1.2 条规定了城市避难场所宜设置独立的城市消防水池，且每座容量不宜小于 $200m^3$。

6.1.3 条规定了一路消防供水的条件，除建筑物高度超过 50m 的住宅外，室外消火栓设计流量小于等于 20L/s 时可采用一路消防供水。

6.1.6 条明确了当室外采用高压或临时高压消防给水系统时，宜与室内消防给水系统合用。

6.1.8 条当采用自动喷水灭火系统局部应用系统和仅设有消防软管卷盘的室内消防给水系统时，可与生产生活给水系统合用。

6.1.9 条及 6.1.10 条提出了不设屋顶消防水箱而设置稳压泵的条件及规定。

6.2.1 条给出了消防给水系统分区供水的三个条件，一是消火栓栓口处最大工作压力大于 1.20MPa 时；二是自动喷水灭火系统报警阀处的工作压力大于 1.60MPa 或喷头处的工作压力大于 1.20MPa 时；三是系统最高压力大于 2.40MPa 时。

7.1.2 条规定了湿式室内消火栓系统的适用温度。

7.1.3 条规定了干式消火栓系统的适用温度。

7.3 节主要讲室外消火栓，这个和平时没什么区别，注意一下，建筑消防扑救面一侧的室外消火栓数量不宜少于 2 个。

7.3.10 条是一个强制性条文，在减压型倒流防止器前应增设一个室外消火栓，当采用低阻力倒流防止器时可不用理会。

7.4.3 条规定了设置室内消火栓的建筑，包括设备层在内的各层均应设置室内消火栓。

7.4.5 条明确了消防电梯前室的消火栓应计入消火栓使用数量。

7.4.6 条特别要注意规范中几类可以一股水柱到达的情况，建筑高度小于等于 24m 且体积小于等于 $5000m^3$ 的多层仓库，可仅一支消防水枪的一股充实水柱到达室内的任何部位。

7.4.7 条注意消火栓在有条件时尽量布置在楼梯间及其休息平台，因为这是进入火场的主要通道，不需要考虑什么防火门的关闭与开启。

7.4.10 条有一个消火栓最大距离的规定，一个 30m、一个 50m，遗憾的是未对室内消火栓最小间距进行规定，也没有取消双栓在建筑物中的设置。希望下次修订时能加入室内消火栓最小间距的规定，如果不对最小间距进行规定，会大大降低火场灭火的效率和安全。

7.4.12 条消火栓栓口动压力不应大于 0.50MPa，当大于 0.70MPa 时必须进行减压，规范只规定了动压力不大于 0.50MPa，那么静压力就可以大于 0.50MPa 而不应大于 0.70MPa。

高层建筑、厂房等场所的消火栓栓口动压不应小于 0.35MPa，充实水柱按 13m 来考虑，其他场所的消火栓栓口动压不应小于 0.25MPa，这样大家在设计时如果采用市政管网直供消防时就要好好校核一下自己的栓口压力了。

7.4.14 条住宅户内宜在生活给水管道上预留一个接 *DN*20 消防软管的接口或阀门，这条也是为了便于灭火，注意一下，审图可能会提。

7.4.15 条这次改得非常好，跃层住宅和商业网点的室内消火栓应至少满足一股充实水柱到达室内任何部位，并宜设置在户门附近。这样大家以后做商业网点时，一层和二层各设置一个单栓消火栓就行了。

8.1.1 条规定了室外消火栓是否布置成环状、供水管径等。当城镇人口规模小于 2.5 万人时，可为枝状管网。

8.1.2 条特别要注意一下，消防给水应该采用环状供水的几个条件，一是向两栋或两座及以上建筑供水，二是向两路及以上灭火系统供水，三是采用设有高位消防水箱的临时高压消防给水系统，四是向两个及以上报警阀控制的自动喷水灭火系统供水。

8.1.6 条室内消火栓竖管应保证检修管道时关闭停用的竖管不超过 1 根，当竖管超过 4 根时，可关闭不相邻的 2 根；每根竖管上下两端与供水干管相接处应设置阀门。

8.1.7 条室内消火栓给水管网宜与自动喷水等其他灭火系统的管网分开设置；当合用消防泵时，供水管路沿水流方向应在报警阀前分开设置。

8.1.8 条规定了消防给水管道的设计流速不宜大于 2.5m/s，任何消防管道的给水流速不应大于 7m/s。

8.2.2 条规定了低压消防给水系统的最小工作压力，低压消防给水系统的系统工作压力应根据市政给水管网和其他给水管网等的系统工作压力确定，且不应小于 0.60MPa。

8.2.3 条注意一下高压和临时高压消防给水系统的系统工作压力的计算方法。

8.2.5 条给出了各种压力下管材的适用范围，注意一下金属管道埋地可以采用沟槽连接。

8.2.7 条给了埋地管道采用钢丝网骨架塑料复合管时的一些技术规定。

8.3.3 条有一个知识点，消防水泵出水管上的止回阀宜采用水锤消除止回阀，应该是审图以后会提的一个点。

9.1.1 条比较重要，设有消防给水系统的建设工程宜采取消防排水设施。

9.2.1 条规定了必须采取消防排水措施的场所，有消防水泵房、设有消防给水系统的地下室、消防电梯的井底、仓库。

9.2.3 条规定了消防电梯排水泵集水井的有效容量不应小于 2m^3，排水泵的排水量不应小于 10L/s。这个跟以前规范没有什么大变化。

9.2.4 条对于室内消防排水出单体应该排入雨水管网还是污水管网进行了规定，宜排入室外雨水管道；当有少量可燃液体时，排水管道应设置水封，并宜间接排入室外污水管道；地下室的消防排水设施宜与地下室其他地面废水排水设施共用；室内消防排水设施应采取防止倒灌的技术措施。

9.3.1 条是强制性条文，有毒有害危险场所应采取消防排水收集、储存措施。

10.1.2 条～10.1.5 条是不同管材的沿程水头损失计算方法。

10.1.6 条管道局部水头损失当资料不全时，消防给水干管和室内消火栓可按 10%～20%计，自动喷水等支管较多时可按 30%计。

10.1.7 条是一个比较重要的公式，消防水泵或消防给水所需要的设计扬程或设计压力，引入了一个安全系数 k_2，可取 1.05～1.15。

10.2.1 条是室内消火栓保护半径的一个计算公式。

10.3 节是减压计算，增加了节流管的水头损失计算公式。

11.0.1 条消防水泵控制柜在平时应使消防水泵处于自动启泵状态。

11.0.3 条消防水泵应保证从接到启泵信号到水泵正常运转的自动启动时间不大于 2min。

11.0.5 条消防水泵应能手动启停和自动启动。

11.0.7 条消防控制柜或控制盘应能显示消防水池、高位消防水箱等水源的高水位、低水位报警信号以及正常水位。这一章还增加了自动巡检的相关内容，可以了解一下。

12.1.1 条消防给水及消火栓系统的施工必须由具有相应等级资质的施工队伍承担，这一条是强制性条文，这一章主要是施工的相关规定。

第 13 章主要是消防系统的系统调试与验收。

第 14 章主要是消防系统的后期维护管理。这两章的内容有条件的情况下，可以在设计说明中示意出来。

1.8 【每周一议】关于《新消规》我们不得不说的问题

1.《新消规》学习之——消防水池最低水位（自灌吸水）

对于消防水池最低水位的理解或许有许多不同的看法，经过本人在设计院的学习，以及收集整理资料总结出消防水池最低水位的正确理解，以打消新入行的朋友的困惑，以及纠正有设计经验的朋友的错误看法。一般大众对最低水位的理解有 3 个观点：

第一种观点：最低水位就是淹没消防泵的放气孔的那个水位；

第二种观点：最低水位就是淹没泵轴的那个水位；

第三种观点：最低水位就是喇叭口以上 600mm 的那个水位。

第一种观点出自消防水泵图集 04204，大多数人认为自灌式吸水的最低水位就是淹没放气孔的水位，其实淹没放气孔的那个水位是水泵首次启动时要求的最低水位，只要大于那个水位就可以启动，低于那个水位就不能启动（这是首次启动的条件），启动后水位低于放气孔了也是可以继续吸水的。

第二种观点出自《高层民用建筑设计防火规范》GB 50045—1995（2005 年版）第 7.5.4 条的条文解释，“由于近年来自灌式吸水种类增多，而消防水泵又很少使用，因此规范推荐消防水池或消防水箱的工作水位高于消防水泵轴线标高的自灌式吸水方式”。自己看看就明白了，不多解释。

第三种观点出自《全国民用建筑工程设计技术措施　给水排水》（2009）第 268 页，“消防水池（箱）的有效水深是设计最高水位至消防水池（箱）最低有效水位之间的距离。消防水池（箱）最低有效水位是消防水泵吸水喇叭口或出水管喇叭口以上 0.6m 水位，当消防水泵吸水管或消防水箱出水管上设置防止旋流器时，最低有效水位为防止旋流器顶部以上 0.15m。”

看了这些肯定还会有人认为，水位低于泵轴了，水泵就不能继续运作了，这一点在设计手册中有明确解释。黄晓家认为能否满足自灌式吸水这个条件，关键在于吸水管是否处于充水状态，由于初期水位很高，那么水泵（备用的）吸水管里面是满水的，只要不漏气，就算水位低于泵轴了，里面的水也不会流出来，大家可以参考毛里托里的大气压试验，只要在 10m 以下，水是不会流出来的，这就满足自灌式吸水的条件了。

综合考虑，以喇叭口以上 600mm 来确定最低水位最为经济可行。

2.《新消规》第 8.2.3 条第 3、4 款中的工作压力是动压还是静压？

解释一：这个问题除了涉及消防给水系统工作压力问题，还涉及消火栓的静压力不超过1.0MPa问题。按《新消规》第5.1.6条第4款“零流量时的压力不应超过设计压力的140%，且不宜小于设计额定压力的120%”。这样有可能超过消火栓静压力的要求，系统分区更多。

解释二：“工作压力是动压力，即消防给水系统工作时的压力”，不正确，你可以看一下，动压的定义。动压中不包括流速压头。

3. 关于《新消规》中“地下建筑”是怎么定义的，有规范组的解释吗？

解释一：按规范的意思，地下车库算地下建筑，那么消火栓设计流量40L/s、自喷30L/s，不装水池室外消防水量应该不大于400m³，如果是城区建筑可尽量设置2套室外消火栓满足30L/s室外消防水量，那么如果水池储存10L/s的室外消防用水量也可以控制水池不大于500m³。现在每个工程设计人员都要签设计终身责任书，规范不明确设计人员也只能按保守点设计啊！

解释二：地下建筑是否为独立和附属性质，目前很难分清，如多栋住宅下面是一个大车库。本人认为住宅的建筑体积应为地上体积与地下筒体部分的体积之和。车库独立计算且扣除地上建筑的筒体体积。如果是单栋建筑的独立地下室，应为地上和地下之和。

4.《新消规》学习之——地下建筑与建筑体积

综合两位专家意见：

(1)《新消规》中的地下建筑非建筑物的地下室，而是独立的地下建筑；

(2) 汽车库单列，汽车库有专门的防火设计规范，汽车库的防火设计按照《汽车库、修车库、停车场设计防火规范》；

(3) 建筑物的体积计算：原则上地上、地下应分开，取大的室外消防用水量；当地下室和地上部分使用功能一致（比如商场），功能上不是那么分开的话（楼上楼下一个商场?）就一起计算。

5.《新消规》第5.2.1条第1款临时高压消防给水系统的高位消防水箱的有效容积应满足初期火灾消防用水量的要求，并应符合下列规定：火灾初期用水量怎么确定？火灾初期的时长是多少？我没看到规范中有明确规定。是否规范规定的高位消防水箱容积都能满足初期火灾消防用水量的要求？如果是，第5.2.1条第1款开头那句话（就是我贴出来的那句话）是什么意思？

(1) 火灾初期，是否是指开启消火栓灭火到消防主泵开启这段时间？对于每个消火栓系统（或对于不同的火灾情况），这段时间的长度是不同的，但有一个是相同的，就是在消防水箱的水用完之前，最迟在水箱的水用完的那一刻，消火栓系统的流量开关、压力开关必须给出启泵信号，启动消防主泵。按照这样理解的话，规范给出的消防水箱容积应该是按照最不利（开启最不利点消火栓来灭初期火灾）条件给出的。也就是说，我们设计出来的消火栓系统，在调试的时候，开启最不利点消火栓，在高位消防水箱水用完之前必须能够启动消防主泵。

(2)《新消规》的稳压设施，感觉是取消了98S205图集里面讲到的气压罐里的消防水容积。也就是说气压罐和稳压泵主要作用是维持消火栓系统的静压。火灾初期，稳压泵也供给一部分初期灭火时所需的水量。150L，感觉是参照自喷系统的稳压罐定的。

(3) *DN*65，是否可以近似理解为一支消火栓？例如，在系统做水压试验时，最低点和最高点都要安装压力表。同理，消火栓系统最高点有屋面试验消火栓，这个*DN*65就是指最低点的“试验消火栓”。

6.《新消规》第4.3.1条第2款与第6.1.3条第1款的矛盾？

两条规范讲的是不同的事，第6.1.3条讲建筑室外用水用市政供水时采用从市政或市政接入是一路还是两路供水的问题，而第4.3.1条讲的是什么情况设消防水池的问题，符合第6.1.3条时水池存水可不包含室外用水。

7.《新消规》水箱高度之讨论。

对于距离规范其实有两个要求：

（1）跃层的住宅室内任何部位至少有一个消火栓水柱能到；

（2）消防水箱的高度要满足最不利点消火栓静水压力不小于0.07MPa的要求，这个和设置在跃层住宅的哪一层无关，只是强调是最不利点。

1.9 【消规解读】《消防给水及消火栓系统技术规范》GB 50974—2014解读

经住房和城乡建设部批准，《消防给水及消火栓系统技术规范》GB 50974—2014于2014年10月1日起正式实施。

因为是新规范，很多专业设计人员还不熟悉，因此有必要对本规范进行解读，特别是强制性条文部分，这有助于避免各专业设计人员违反强制性条文和造成大的设计返工修改。

《新消规》对消防给水及消火栓系统的设计、安装、施工、调试、验收和维护管理作出了全面的规定，是消防给水及消火栓系统完整的技术规范。《建筑设计防火规范》GB 50016—2014只对消防给水和消火栓的设置场所作出了规定，不再规定系统的设计要求。所以，《新消规》将是给排水专业人员进行消防设计的原则性规范，其他专业人员也有必要研究一下本规范跟本专业相关的部分，避免因为不熟悉新规范而出现原则性错误。

《新消规》第4.3.9条：

消防水池的出水、排水和水位应符合下列要求：

1 消防水池的出水管应保证消防水池的有效容积能被全部利用；

2 消防水池应设置就地水位显示装置，并应在消防控制中心或值班室等地点设置显示消防水池水位的装置，同时应有最高和最低报警水位；

3 消防水池应设置溢流水管和排水设施，并应采用间接排水。

这条强制性条文从内容来说不是新的内容，但是旧版《高层民用建筑设计防火规范》和《建筑设计防火规范》中都没有具体要求，只是在《全国民用建筑工程设计技术措施 给水排水》(2009)、《建筑给水排水设计规范》里面有提到。《新消规》把这些要求作为强制性条文要求，这需要设计人员更加严格执行消防水池的水位控制要求，避免不小心违反强制性条文。

《新消规》还有很多更新、更细的要求，由于篇幅所限不再一一细述。大家还要认真研读一下《新消规》，特别是有很多新要求，对于这些要求设计人员从不熟悉到熟悉要有一个过程，消防安全关系重大，大家一定要严格遵守。

1.10 【规范解析】《消防给水及消火栓系统技术规范》GB 50974—2014的特点解析

《新消规》已于2014年10月1日实施。对于给水排水专业这是一本十分重要的规范。通过学习，将《新消规》的特点初步小结一下，以便于能更好地理解和掌握，仅供参考。

一、第一本消火栓专用标准

规范体系表将规范分为通用标准和专用标准。《建筑设计防火规范》等属于通用标准，其覆盖面广，对技术问题作出原则规定。《自动喷水灭火系统设计规范》、《水喷雾灭火系统技术规范》、《泡沫灭火系统设计规范》、《气体灭火系统设计规范》等属于专用标准，对技术问题作详细、具体的规定。每种灭火系统都有相应的专用标准，但在这之前就消火栓系统没有专用标准。其原因是：有关消火栓系统的内容在旧版《建筑设计防火规范》、《高层民用建筑设计防火规范》中已有规定，但旧版《建筑设计防火规范》、《高层民用建筑设计防火规范》属于综合性标准，涉及较多专业，有的问题并不能在规范中充分展开。如《高层民用建筑设计防火规范》仅对稳压泵的流量有规定，但对稳定泵的扬程、稳压泵的设置等没有规定；《建筑设计防火规范》则连稳压泵的流量也没有规定。有了《新消规》就填补了消火栓系统没有专用标准的空白。

按规定，专用标准的条文不规定灭火设施的设置场所，灭火设施的设置场所应在通用标准中规定。但《新消规》在条文中也规定了消防软管卷盘、室外固定消防炮的设置场所，这会与《建筑设计防火规范》的灭火设施设置场所的条文发生矛盾。

示例：消防软管卷盘的设置

7.4.11 消防软管卷盘应在下列场所设置，但其水量可不计入消防用水总量：

1 高层民用建筑；

2 多层建筑中的高级旅馆、重要的办公楼、设有空气调节系统的旅馆和办公楼；

3 人员密集的公共建筑、公共娱乐场所、幼儿园、老年公寓等场所；

4 大于200m^2商业网点；

5 超过1500个座位的剧院、会堂其闷顶内安装有面灯部位的马道处等场所。

示例：室外固定消防炮的设置

7.3.8 当工艺装置区、罐区、可燃气体和液体码头等构筑物的面积较大或高度较高，室外消火栓的充实水柱无法完全覆盖时，宜在适当部位设置室外固定消防炮。

二、第一本消防给水规范

以前的水灭火系统，消防给水只限于某一种水灭火系统的消防给水，如《自动喷水灭火系统设计规范》、《水喷雾灭火系统技术规范》、《固定消防炮灭火系统设计规范》、《细水雾灭火系统技术规范》等消防规范，其消防给水为自动喷水灭火系统、水喷雾灭火系统、固定消防炮灭火系统、细水雾灭火系统的消防给水。《新消规》的消防给水则是所有水灭火系统的消防给水，不单是消火栓系统的消防给水。

《新消规》的消防给水在条文中明确规定包括以下系统：消火栓系统（室外、室内）、自动喷水灭火系统（含水幕）、水喷雾灭火系统、固定消防炮灭火系统、泡沫灭火系统、固定冷却水系统。

示例：设计流量组成

3.1.2 消防给水一起火灾灭火设计流量应由建筑的室外消火栓系统、室内消火栓系统、自动喷水灭火系统、泡沫灭火系统、水喷雾灭火系统、固定消防炮灭火系统、固定冷却水系统等需要同时作用的各种水灭火系统的设计流量组成，并应符合下列规定：

……

但应该包括而在《新消规》条文中未予涉及的水灭火系统有：细水雾灭火系统、大空间智能型主动喷水灭火系统、合成型泡沫喷雾灭火系统、自动消防炮灭火系统、蒸汽灭火系统等。

这些系统尽管规范没有规定，但在设计时还应予以考虑。还有一个问题是：尽管《新消规》包括了所有水灭火系统的消防给水，但实际上并不尽然，有的还要看相关规范。

以细水雾灭火系统为例，细水雾灭火系统的加压泵为柱塞泵（立式9柱塞泵、卧式3柱塞泵）；管材为无缝不锈钢管（高压细水雾灭火系统用管）和焊接不锈钢管（中压细水雾灭火系统用管）；水质标准为生活饮用水（高压细水雾灭火系统水质要求）和饮用净水（中压细水雾灭火系统水质要求），这些要求都未在《新消规》条文中体现，还是要看《细水雾灭火系统技术规范》。

三、较早出台的消防技术规范

用于指导设计的规范叫设计规范，如《自动喷水灭火系统设计规范》；用于指导施工、验收的规范叫施工及验收规范，如《自动喷水灭火系统施工及验收规范》。用于指导设计、施工及验收的规范叫技术规范，如《细水雾灭火系统技术规范》GB 50898—2013（简称《细规》），《细规》是第一本消防技术规范。在早些日子，曾经就消防规范的体系问题召开过专题研讨会，结论之一是消防设计规范要与消防施工、验收规范合并，以便使用。《新消规》从设计规范衍变成技术规范符合这一原则，从《新消规》的目次可以看出这一特点。从排序来看，《新消规》是第二本出台的消防技术规范，但《细规》至今未见正式文本，《新消规》也有可能成为事实上的第一本消防技术规范。

示例：《新消规》目次（施工及验收章节）

12 施工

12.1 一般规定

12.2 进场检验

12.3 施工

12.4 试压和冲洗

13 系统调试与验收

13.1 系统调试

13.2 系统验收

14 维护管理

四、第一本由设计院主编的消防国家规范

消防国家规范的主编单位一般是消防局或消防研究所，如：旧版《建筑设计防火规范》由公安部天津消防研究所主编；旧版《高层民用建筑设计防火规范》由公安部四川消防科学研究所主编；新版《建筑设计防火规范》由公安部天津消防研究所和公安部四川消防科学研究所共同主编。而《新消规》由中国中元国际工程公司，即设计院任主编单位，因此，其特点是条文可操作性较强，因为设计院亲历设计锻炼；但也较为强调计算，如：规定了水锤压力计算等。

我们期望有更多的消防规范能由设计院担任主编单位，因为工程建设的主体是设计，特别是单一专业的专用标准更是如此。

五、编制组力量雄厚

《新消规》编制组共有28位专家，其中有消防主管部门、国内主要消防研究所、主要消防总队的代表；有设计院的代表；有著名生产企业的代表。各单位选派的技术人员很多是国内著名专家，如四川省建筑设计院的方汝清设计大师等。缺点是裁判员最好不兼任运动员，但我国的技术职称考核制度又造成这种情况往往很难避免。

六、属于两次下达计划的标准

2006年第一次下达计划，2007年第二次下达计划。

第二次计划下达，与第一次相比较，有三个重大变动：

(1) 将消防给水从消火栓系统的消防给水扩大至水灭火系统的消防给水；

(2) 将设计规范扩大为技术规范，规范内容包括设计、施工及验收三个方面；

(3) 不由建设部下文，改由住房和城乡建设部标准定额司下文。

示例：原建设部以建标［2006］77号文《关于印发〈2006年工程建设标准规范制订、修订计划（第一批）〉的通知》，标准名称为《消火栓系统设计规范》。

住房和城乡建设部标准定额司建标标函［2007］58号文《关于同意调整有关消防规范内容和名称的复函》，标准名称为《消防水及消火栓系统技术规范》。

七、有较多的篇幅和较充实的内容

《新消规》是单为消防给水及消火栓而编制的，主要涉及给水排水专业，因此内容可以充分展开，有较多的篇幅和较多的内容，整个规范共有14章，条文368条。与《建筑设计防火规范》、《高层民用建筑设计防火规范》、《自动喷水灭火系统设计规范》等相比，新增加的内容主要有：建筑消防给水系统的组成、固定冷却系统的火灾延续时间、两路供水、建筑高度超过250m的技术措施、高位消防水池、消防备用水源、消防水泵的选择、消防水泵停泵规定、消防水泵吸水管、出水管和阀门设置、流量和压力测试装置、稳压泵功能要求、稳压泵设计压力、稳压泵备用泵、共用系统的范围、转输水箱有效储水容积、消防水泵接合器的就近设置、停泵水锤压力计算、干式消防竖管具体要求、干式系统充水时间、直升机停机坪消火栓、消防软管预留接口、市政消火栓，等等。

示例：《新消规》稳压泵有关条文，对稳压泵作出全面规定：

5.2.2-6　高位消防水箱设置高度不够时设稳压泵

6.1.7　室外临时高压消防给水系统设稳压泵

6.1.9-2　工业建筑设消防水箱有困难的设稳压泵

5.3.1　稳压泵选型及材质

5.3.2　稳压泵的设计流量

5.3.3　稳压泵的设计压力

5.3.4　防止稳压泵频繁启停的技术措施

5.3.5　稳压泵的阀门设置

5.3.6　稳压泵的备用泵

八、既有处方式条文又有性能化规定

规范条文的表述有两种方式，一种是处方式条文，一种是性能化条文，一般情况下，性能化条文较为原则；处方式条文较为具体，多数规范为处方式条文。《新消规》两者兼而有之，每节的第一条往往是性能化条文，对技术问题作出原则规定，提出性能要求；其他条文则为处方式条文，较为具体。

性能化条文示例一：

3.2.1 市政消防给水设计流量，应根据当地火灾统计资料、火灾扑救用水量统计资料、灭火用水量保证率、建筑的组成和市政给水管网运行合理性等因素综合分析计算确定。

性能化条文示例二：

6.1.1 消防给水应根据建筑的用途功能、体积、高度、耐火极限、火灾危险性、重要性、次生灾害、商务连续性、水源条件等因素综合确定其可靠性和供水方式，并应满足水灭火系统灭火、控火和冷却等消防功能所需流量和压力的要求。

性能化条文示例三：

7.4.1 室内消火栓的选型应根据使用者、火灾危险性、火灾类型和不同灭火功能等因素综合确定。

九、强调重力供水

1. 压力供水与重力供水

消防规范在20世纪90年代较为强调压力供水，现在则较为强调重力供水。强调压力供水，认为水泵能满足消防用水的工作压力和流量要求，而消防水箱供水满足不了灭火设施的工作压力要求，而当消防水泵一启动，消防水箱就不出水了，认为水箱的作用是有限的。

2. 消防水箱无水原因分析

消防水箱有可能因管道渗漏而无水，原因是消防水箱和生活水箱分开设置（上海除外），消防水箱的水会因消防给水管网渗漏而漏完且不被发现，也可能由于管理不到位而没被发现（如水箱进水浮球阀、控制阀也出了问题）。

原因之二是消防给水系统没有设置稳压泵，消防给水管网漏渗而没被发现。

管网无水的另一个原因是室外消防给水管网采用干式消火栓系统（《新消规》条文规定不允许）。

3. 超流量引起的水箱水量不足问题

假如消防水箱的水没有漏掉，消防水箱供水也还有另外的隐患，主要指超流量现象。系统出现超流量现象，实际消防用水量大于规范规定的消防用水量，水箱的水会在预定的时间之前用完，也会出现水箱水用完无水可供的情况。实际火灾延续时间超过规范规定的火灾延续时间，水箱的水也会不够。按照这两个情况，可以认为即使在建筑物顶部设置了一个高位消防水池，将火灾延续时间的全部消防用水储存在高位消防水池内，实施了高压消防给水系统，也还是要考虑高位消防水池的及时补水，以及补水的可靠性，以备两种情况下高位消防水池的水被用空的情况出现。

4. 关键的问题在于管理

我们往往采用运动式管理模式或补牢式管理模式，另外的原因是严重失误所造成的问题。

十、强调双水源理念

《自动喷水灭火系统设计规范》GB 50084—2001（2005年版）有三个突破和一个理

念，三个突破表现在：

(1) 中国的国家标准开始允许国外专家参编；

(2) 处方式规范中有性能化条文；

(3) 国外产品，国内有应用，并证明是成功的，可以列入规范条文。

一个理念——双水源理念。双水源理念对相关规范的影响十分深远。

影响消防水箱设置高度和有效容积的因素，除了重力供水理念以外，还有双水源理念，如前所述，双水源理念最早见之于2005年版《自动喷水灭火系统设计规范》，双水源的含义是：

第一水源——消防水池、消防水泵；

第二水源——消防水箱、水泵接合器。

十一、编制周期较长

《新消规》2006年下达任务，2014年正式批准实施、历时8年，编制周期长，可以对条文不断锤炼、推敲、精益求精。缺点是有些内容会有所滞后，如防火玻璃冷却；又如双级减压阀、三级减压阀等；再如镀锌钢管镀锌层质量；消防用管为500g/m²。

十二、有较多的给水排水消防术语

在以往的消防规范中，很少有给水排水的消防术语，能找到的只有“充实水柱”一条，而这一条又是难以实施的，在《新消规》中，有相当数量的术语可供使用，而且这些术语又相当重要。如消防给水术语和消火栓系统术语等。消防给水的术语有：水灭火设施、水灭火系统、消防水源、高压消防给水系统、临时高压消防给水系统、低压消防给水系统、消防水池、高位消防水池、高位消防水箱9条。消火栓系统的术语有：消火栓系统、湿式消火栓系统、干式消火栓系统3条。

十三、《新消规》对技术问题有较多调整

《新消规》对技术问题有很多决断和调整，将另文阐述。这里仅举几个例子，如：有拐点的水泵不让用、水泵电机湿式安装不让用；再如：《新消规》规定消防共用系统的范围，等等。

十四、《新消规》是“强制性条文”最多的消防规范

《新消规》的“强制性条文”现有41条，是目前“强制性条文”较多的消防规范。消防规范涉及人身及财产安全，有“强制性条文”是必然的，也是必须的。原先《消规》有“强制性条文”74条，现已作了合理调整，减少了不少。我们不担心“强制性条文”的多少，担心的是《新消规》条文因“强制性条文”而产生的自身碰撞。

示例：在消防车供水压力范围外的分区设不设消防水泵接合器

5.4.6　消防给水为竖向分区供水时，在消防车供水压力范围内的分区，应分别设置水泵接合器；当建筑高度超过消防车供水高度时，消防给水应在设备层等方便操作的地点设置手抬泵或移动泵接力供水的吸水和加压接口。

《新消规》第5.4.6条按规范的本意可以理解为在消防车供水压力范围外的分区，可以不设水泵接合器，但看了《新消规》第5.4.2条的“强制性条文”，第5.4.6条不设不泵接合器是不允许的。

示例：喷淋等水灭火系统需设置消防水泵接合器

5.4.2　自动喷水灭火系统、水喷雾灭火系统、泡沫灭火系统和固定消防炮灭火系统等水灭火系统，均应设置消防水泵接合器。

还有一种情况是“强制性条文”前后数据不同，当一方强调的数据与另一方强调的数据不同时，也会出现问题。

示例：按哪个压力减压

7.4.12 室内消火栓栓口压力和消防水枪充实水柱，应符合下列规定：

1 消火栓栓口动压力不应大于0.50MPa，但当大于0.70MPa时应设置减压装置。

强制性条文第7.4.12条第1款前半句的认为大于0.50MPa应减压；强制性条文第1款后半句的认为不到0.70MPa减压的为违反“强制性条文”。有的解释说：0.50～0.70MPa之间可采取减压水枪解决减压问题，而不需设置减压装置。我们并不同意这个说法，理由是：

(1) 减压水枪在0.50～1.40MPa都可减压至0.30MPa，条文上的0.70MPa规定就不尽合理；

(2) 条文所说的减压装置包括：减压孔板、节流管、减压阀、竖向分区减压、减压消火栓、减压稳压消火栓，也应包括减压水枪。只不过减压水枪是移动式减压装置。

十五、对某些装置倾向性较为明显

在《建筑给水排水设计规范》GB 50015—2003（2009年版）中消火栓系统属于中级危险，按该规范有关规定，中级危险级防回流污染可以采用减压型倒流防止器，也可以采用非减压型倒流防止器。但在《新消规》的条文中未能见到非减压型倒流防止器的有关规定，只有减压型倒流防止器的规定。

示例：倒流防止器的设置

8.3.5 室内消防给水系统由生活、生产给水系统管网直接供水时，应在引入管处设置倒流防止器。当消防给水系统采用减压型倒流防止器时，减压型倒流防止器应设置在清洁卫生的场所，其排水口应采取防止被水淹没的技术措施。

7.3.10 室外消防给水引入管当设有减压型倒流防止器时，应在减压型倒流防止器前设置一个室外消火栓。

5.1.12 消防水泵吸水应符合下列规定：

1 消防水泵应采取自灌式吸水；

2 消防水泵从市政管网直接抽水时，应在消防水泵出水管上设置减压型倒流防止器；

3 当吸水口处无吸水井时，吸水口处应设置旋流防止器。

这几条条文没有对非减压型倒流防止器作出规定，只对减压型倒流防止器作出规定，这会造成误解。

误解一：会误认为非减压型倒流防止器不能用，实际上按《建筑给水排水设计规范》的规定非减压型倒流防止器也可以用。

误解二：会误认为这些要求和规定是针对减压型倒流防止器的，非减压型倒流防止器没有这些要求，实际上减压型倒流防止器、非减压型倒流防止器要求是一样的，都要求设置在清洁卫生的场所，都要求排水口应采取防止被水淹没的技术措施，因为都有排水口，都要把水排空。

误解三：会误认为非减压型倒流防止器的要求和减压型倒流防止器的要求完全不同，或是正好相反，如误认为非减压型倒流防止器应设置在清洁卫生的场所，排水口应被水淹没，等等。

误解四：会误认为采用非减压型倒流防止器就是违反“强制性条文”，非减压型倒流防止器若设置在清洁卫生的场所，属于违反“强制性条文”。

总之，单独对减压型倒流防止器作出规定，既有片面性，又会引起歧义。

这个问题的形成也有可能是《新消规》主编不同意将消火栓系统划为中危险级。

十六、细节问题交代到位

有那么一句话，叫作细节决定成败。《新消规》在细节问题上交代相当到位。

示例：市政消火栓布置

7.2.6　市政消火栓应布置在消防车易于接近的人行道和绿地等地点，且不应妨碍交通，并应符合下列规定：

1　市政消火栓距路边不宜小于0.5m，并不应大于2m；

……

示例：消防水池的分设

4.3.6　消防水池的总蓄水有效容积大于500m³ 时，宜设两个能独立使用的消防水池，并应设置满足最低有效水位的连通管；但当大于1000m³ 时，应设置能独立使用的两座消防水池，每座消防水池应设置独立的出水管，并应设置满足最低有效水位的连通管。

十七、《新消规》有较详细的制订说明

在《新消规》的条文说明前有一个较为详细的制订说明，制订说明有以下内容：

（1）规范的名称、编号、批准部门、批准日期和批准文号。

（2）主编单位名称。

（3）制订计划下达部门、下达文号、文件名称、下达计划的标准名称。

（4）《建筑设计防火规范》GB 50016—2006 和《高层民用建筑设计防火规范》GB 50045—1995 中存在的问题及制订《新消规》的必要性。

（5）《新消规》制订原则。

（6）《新消规》的主要章节目录。

（7）规范制订工作的主要技术，共有 17 项。

（8）规范制订过程中，编制组的调研过程等。

通过制订说明主编告诉读者这本规范有哪些主要内容，哪些内容与《建筑设计防火规范》GB 50016—2006 和《高层民用建筑设计防火规范》GB 50045—1995 有变化，包括增加、调整、修正等方面的内容。对于制订说明，希望大家予以重视，通过制订说明有助于使用者对规范的理解和执行。

制订说明中没有涉及消防水泵接合器、消防软管卷盘、共用系统范围等内容。其实《新消规》关于消防水泵接合器、消防软管卷盘、共用系统范围等的条文也不少，也有较多的改动，如：水泵接合器的数量超过 3 个时可减少设置数量，水泵接合器应在建筑物就近设置等规定。

1.11 【规范解析】《新消规》关于高位消防水箱的解析

高位消防水箱指符合规范要求的静压满足最不利点消火栓水压的水箱，利用重力自流供水，设置在建筑的最高处，静压不能满足最不利点消火栓水压时，应设增压稳压设施。临时高压消防给水系统必须设置消防水箱，系统平时仅能满足消防水压而不能保证消防用水量。发生火灾时，通过启动消防水泵提供灭火用水量。

以下对《新消规》中高位消防水箱进行解析。

1. 高位消防水箱有效容积（第 5.2.1 条）

临时高压系统高位消防水箱的有效容积见表 1-6。

临时高压系统高位消防水箱的有效容积　　表 1-6

建筑物类别	室内消防流量	水箱容积（m^3）
一类高层公共建筑		≥16
一类高层公共建筑（＞100m）		≥50
一类高层公共建筑（＞150m）		≥100
多层及二类高层公共建筑、一类高层住宅		≥18
一类高层住宅（＞100m）		≥36
二类高层住宅		≥12
多层住宅（＞21m）		≥6
工业建筑	＞25L/s	≥18
	≤25L/s	≥12
总建筑面积＞10000m^2，且＜30000m^2 的商店建筑		≥36
总建筑面积＞30000m^2 的商店建筑		≥50

2. 设置高度（第 5.2.2 条）

5.2.2　高位消防水箱的设置位置应高于其所服务的水灭火设施，且最低有效水位应满足水灭火设施最不利点处的静水压力，并应符合下列规定：

1　一类高层民用公共建筑不应低于 0.10MPa，但当建筑高度超过 100m 时不应低于 0.15MPa；

2　高层住宅、二类高层公共建筑、多层民用建筑不应低于 0.07MPa，多层住宅确有困难时可适当降低；

3　工业建筑不应低于 0.10MPa；

4　当市政供水管网的供水能力在满足生产生活最大小时用水量后，仍能满足初期火灾所需的消防流量和压力时，可由市政给水系统直接供水，并应在进水管处设置倒流防止器，系统的最高处应设置自动排气阀；

5　自动喷水灭火系统等自动水灭火系统应根据喷头灭火需求压力确定，但最小不应小于 0.10MPa；

6　当高位消防水箱不能满足本条第 1～5 款的静压要求时，应设稳压泵。

1.12 《新消规》学习系列

一、《新消规》执行中遇到的几个问题

1. 看《新消规》图示第 10 页，如图 1-10 所示，这个是在执行单座建筑面积 50 万 m^2

用水量是否翻倍时的示意图，那么，图上大底盘以上的建筑如果满足防火规范的单体建筑措施要求（防火间距等），在考虑室内外消防用水数量时（建筑体积），是按照单体考虑还是按照整栋建筑考虑？如果大底盘是汽车库呢？

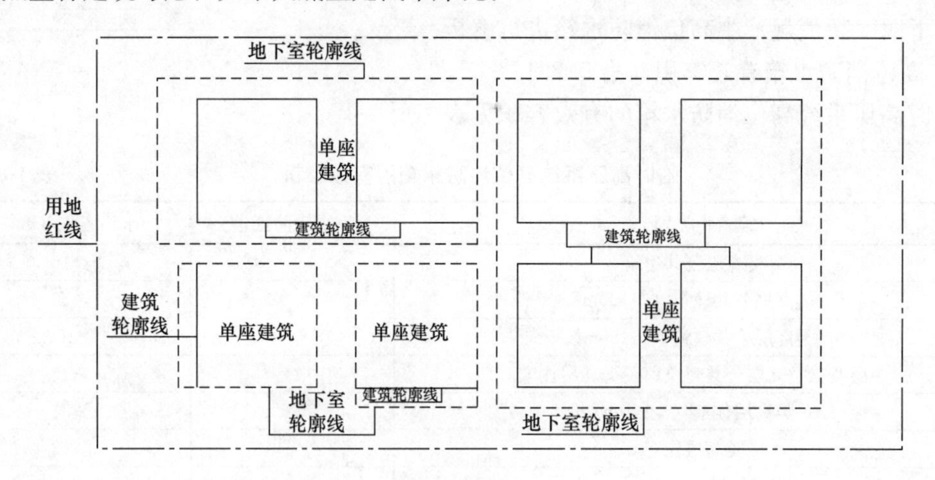

图 1-10　单座建筑界定原则示意图

2.《新消规》第 3.5.3 条："……室内消火栓系统设计流量可减少 50%，但不应小于 10L/s。"按照这条减少后，消火栓泵是否也应该按照减少后的室内消防用水量考虑？

3. 假设某小区有两栋楼，1 号楼高 80m，室内消防用水量 20L/s；2 号楼高 20m，室内消防用水量 40L/s. 那么在选取消防泵时应怎么考虑，是按照 20m 建筑高度 40L/s 的流量来考虑消防泵选型，还是按照 80m 建筑高度 20L/s 的流量来考虑消防泵选型，然后用 40L/s 来校核，还是看泵的 Q-H 曲线找个泵都能满足？

4. 小区共用消火栓临时高压系统很普遍，但是在室外成环时，从不同的方向到最不利点，所经过的室外环网路径相差（管网长度）很可能较大，也就是说从消防泵到最不利点的管道水头损失差别有时可能很大，这个时候该怎么考虑消防泵扬程的计算？怎么考虑哪些层的消火栓需要减压稳压？

解释：（1）按照个人对规范图示的解读，应该按照一栋建筑来考虑。

（2）通常情况下我不会对消火栓水量进行折减，规范说得很清楚，全保护，这个貌似很难做到，至少我设计的建筑物没有全保护的。

（3）这是个有趣的问题。由于行业的特殊性，我做的项目基本上是一个厂区所有的消防用水系统（室内外消火栓、自喷、水幕、水雾、消防炮、泡沫等）全都在一套大的消防供水系统上。我们的做法是按照着火点的不同，分别计算各处所需要的消防用水量（比如消火栓和消防炮叠加、消火栓和自喷叠加，等等），然后再分别计算每个着火点灭火时水泵所需要提供的扬程。正常来讲，应该将各着火点的用水量和所需扬程绘制在水泵 Q-H 坐标系上，在保证最大流量和最高扬程的情况下绘制出一个水泵的工作曲线，按此曲线进行选泵。但是由于工作过于繁琐，也经常按照计算最大流量和计算最高扬程进行选泵，并做好超压释放。

（4）按照最不利管线进行选泵，有利地点进行减压。

二、《消规》学习之——关于室外消火栓的几点疑问

1. 关于新规范中的术语解释。临时高压消防给水系统：平时不能满足水灭火设施所需要的工作压力和流量，火灾时无须消防水泵直接加压的供水系统。低压消防给水系统：能满足车载或手抬移动消防水泵等取水所需的工作压力和流量的供水系统。请问低压消防给水系统是指像市政给水系统那样时刻都保持着低压供水不需要室外消防水泵么？还是说平时管道中没有压力需要通过启动消防泵来满足这个低压？

2. 如果市政给水无法满足室外消火栓的要求，独立设置室外消防系统不与室内合用，这算临时高压系统还是低压系统（如果水泵扬程选得比较低但不小于地面起10m）？室外消火栓压力到底取为多少？

3. 第6.1.7条中提到：独立的室外临时高压消防给水系统宜采用稳压泵维持系统的充水和压力，但我所在地区以前做的项目中独立设置的室外消火栓一直没有设过稳压设施，不知道以后是否一定要做稳压设备？

4. 第6.1.6条规定当室外采用高压或临时高压消防给水系统时，宜与室内消防给水系统合用，如果室内消防压力为0.7MPa或者更高（达不到分区的压力），请问室外消火栓需不需要设置减压？

解释一：

1. 你这个第一条的临时高压消防给水系统解释来自哪里？

2.1.5 临时高压消防给水系统 fire protection water supply system of temporary high pressure

平时不能满足水灭火设施所需的系统工作压力和流量，火灾时能直接自动启动消防水泵以满足水灭火设施所需的压力和流量的系统。

笔者觉得应该是这个：低压消防给水系统是指像市政给水系统那样时刻都保持着低压供水不需要室外消防水泵。

2. 独立设置消防泵的室外消防系统，应该算临时高压系统，规范没有规定压力，只规定了流量，笔者感觉最低压力应该按照第7.2.8条的压力考虑。

3. 按照《新消规》第7.1.1条建筑室外消火栓系统应采用湿式系统，你们设计的消火栓系统没有稳压泵，是干式系统吗？

4. 按照编者的意思不需要减压，消防部队有减压水枪，实战的时候情况复杂，不知道要续接多少水龙带，到时候只怕压力不够，我也觉得不需要减压。

解释二：

1. 室外消火栓一般不考虑临时加压（设泵），一般只要满足两路进水就可以，直接采用市政环状给水管网。

2. 需要两路进水而只有一路进水，才考虑设计水池、泵房。我们是这样做的：室外消火栓还是枝状布置，把室外消火栓用水放在室内消火栓的消防水池里面，水池设计取水口，水池保护范围150m。

3. 以上之外的才考虑设计水池、泵房。临时高压的室外消火栓不需要稳压设备，但是要在室外消火栓旁边或者在某个控制室设计启泵按钮（因为室外消火栓是给消防队用的，等消防队都来了，有足够的时间来手动启动室外消防泵）。扬程跟市政管网差不多就可以。

三、《新消规》学习之——屋顶水箱间稳压设备相关问题

稳压泵的设计压力应满足系统自动启动和管网充满水的要求。

稳压泵启泵压力 P_1(MPa)＞(15－h_1＋h_2)×0.01，其中 h_1 为消防水箱最低水位与最不利点消火栓的静高差（m）；h_2 为消防水箱最低水位与气压罐电接点压力表的静高差（m）。

稳压泵停泵压力 P_2(MPa)＝P_1(MPa)＋(0.05～0.07)(MPa)。

综合考虑稳压泵启泵次数的经验值，按 150L 调节容积复核稳压泵启泵次数不大于 15 次/h。

再看某个群讨论的时候突然对 h_2 的出现比较奇怪，就几个问题供大家共同讨论：

1. 屋顶稳压设备的吸水管是从水箱直接抽水还是可以从消防水箱出水管上抽水？
2. 屋顶消防水箱出水管上设置的流量开关是装在稳压泵出水管前还是后？
3. 图 1-11 和图 1-12 中止回阀 2 是否需要设置？
4. h_2 在图 1-11 中是否应该减掉？为什么？
5. 屋顶稳压设备自喷和消火栓是否可以合用？

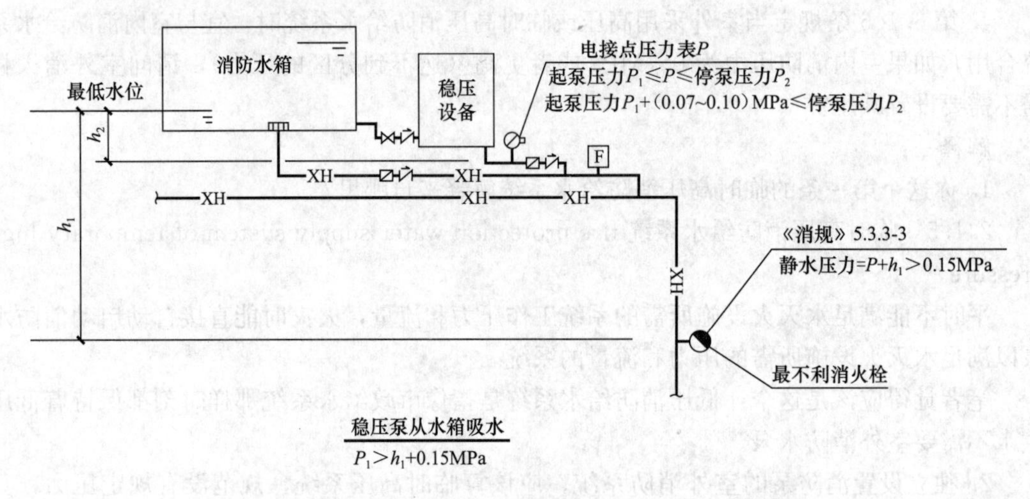

图 1-11 例题一

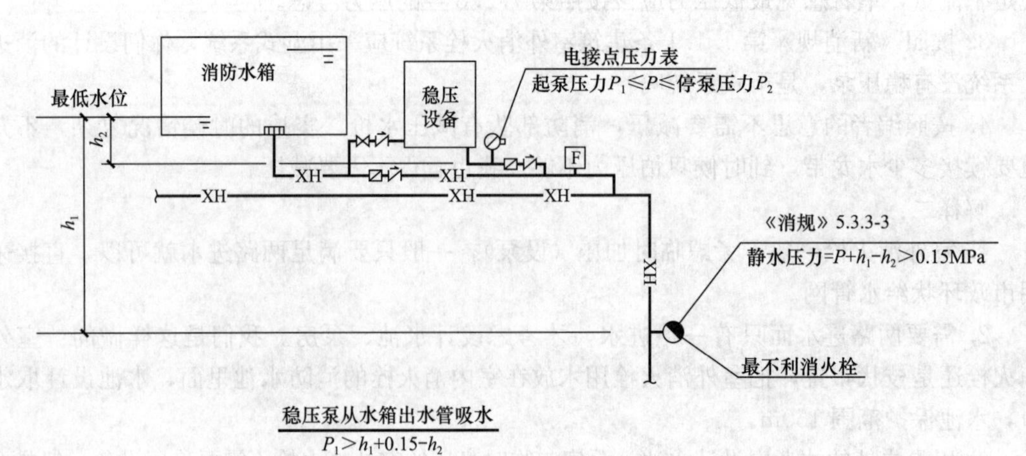

图 1-12 例题二

解释一：

1. 这个问题，我查看了多张设计图纸，有设计连接消防设施只采用稳压泵的，还有设旁通的。不论从哪里抽水目的是一样的，从水箱单独设管也可以，从出水管上取水也可以，因为实际旁通基本上不使用，管网系统的压力低到设定值时，是通过稳压泵启动增压，而旁通的作用很小，如果硬要说一个作用就是检修，但是既然设稳压泵，那么静水压不能保证15m，即使你打开旁通阀也满足不了规范的要求。

2. 流量开关的作用是检测水流状态，如果是检测稳压泵的状态，应该设在泵前，因为稳压泵设了稳压罐，在稳压罐工作的压力范围内是检测不了稳压泵的状态的。

3. 水泵后要设止回阀，这个是肯定的，但是气压罐后是否需要设止回阀，有待研究。止回阀应该是存在阻压功能的，那么当消防泵第一次开启时，由于止回阀存在，水流和压力不能传递到稳压罐，那么必须将稳压罐的压力提高。个人觉得应该取消，记得规范禁止使用双止回阀。

4. 最低液位到电接点压力表之间的静水压不应该加入到计算中，个人认为此部分静水压不能传递给最不利点的消防设施。

5. 应该是可以合用的，计算下来后应该按最大值匹配稳压泵扬程和流量。

解释二：

1. 只接稳压设备，不知道稳压设备的吸水管多大，我觉得根据《新消规》是不妥的；旁通管还是有必要的，虽然稳压泵不工作的时候，上面几层压力无法保证，但是下面几层的压力还是有点保证的。

2. 我认为应该装在稳压设备后，应该是大于某个值后流量开关给信号启动消防主泵，如果在装稳压设备前，初期可能只有稳压泵的流量，消防泵不会启动。

3. 这个我见有图纸设，有图纸不设，看国标图集98S205是设的，个人感觉还是设上安全，如果不设应该注意气压罐的承受压力和稳压设备上安全阀的设置，不能在主泵启动后出问题或者安全阀打开。

4. 应该是传递不到，但是为什么，你能否说下你的理解？

5. 我也觉得是可以合用的，但是遇到过审图意见，根据《自动喷水灭火系统设计规范》第10.2.1条系统应设独立的供水泵，并应按一运一备或二运一备比例设置备用泵。

四、《消规》学习之——消防泵出水管网上泄压阀压力如何设定

如图1-13所示，这个泄压阀的设定压力，查遍所有资料也找不到根据，应该怎么设定？

解释：《新消规》第5.1.16条：临时高压消防给水系统应采取防止消防水泵低流量空转过热的技术措施。其实就是切线泵造成的后果。切线泵恒压的另一个问题就产生了《新消规》第5.1.6条第4款。消防泵零流量时的压力不应超过设计压力的140%是防止系统小流量时压力过高。零流量时压力不宜小于额定压力的120%是因为消防给水系统的控制和防超压都是通过压力来实现的，如果消防水泵的性能曲线没有一定的坡度，实现压力和水力控制有一定难度，所以规定消防水泵零流量时压力的上限和下限。因此，《新消规》没有防系统超压的规定。而是系统本身应该有承载1.4倍压力的能力。

五、《新消规》学习之——消防车取水口

1.《新消规》对消防车取水口的相关规定

4.3.7 储存室外消防用水的消防水池或供消防车取水的消防水池，应符合下列规定：

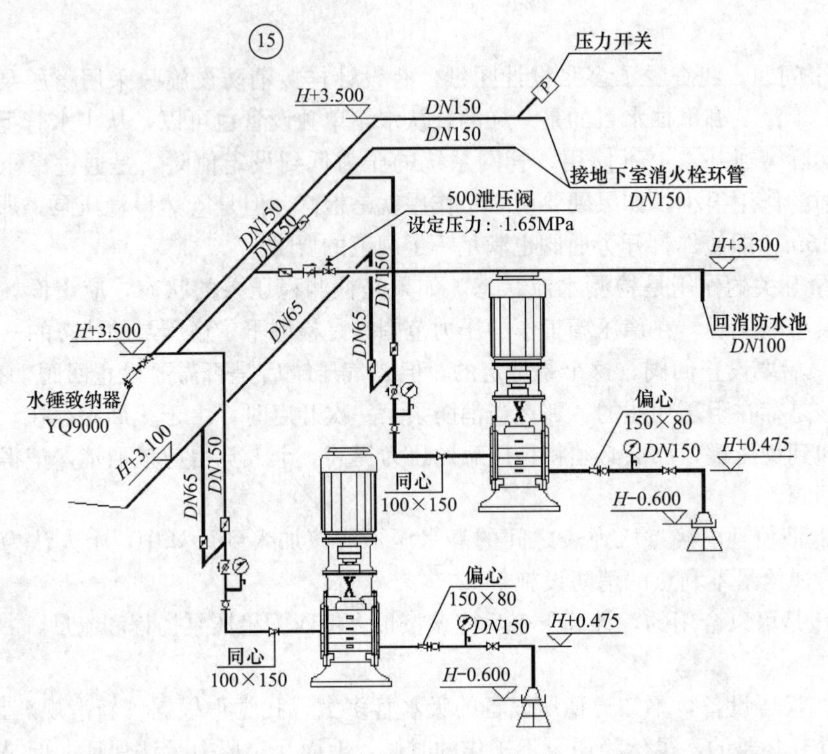

图 1-13　泄压阀示意图

1　消防水池应设置取水口（井），且吸水高度不应大于 6.0m；

2　取水口（井）与建筑物（水泵房除外）的距离不宜小于 15m；

3　取水口（井）与甲、乙、丙类液体储罐等构筑物的距离不宜小于 40m；

4　取水口（井）与液化石油气储罐的距离不宜小于 60m，当采取防止辐射热保护措施时，可为 40m。

4.4.6　天然水源消防车取水口的设置位置和设施，应符合现行国家标准《室外给水设计规范》GB 50013—2006 中有关地表水取水的规定，且取水头部宜设置格栅，其栅条间距不宜小于 50mm，也可采用过滤管。

4.4.7　设有消防车取水口的天然水源，应设置消防车到达取水口的消防车道和消防车回车场或回车道。

条文解释：本条为强制性条文，必须严格执行。本条规定了消防车取水口处要求的停放消防车场地的一般规定，一般消防车的停放场地应根据消防车的类型确定，当无资料时可按下列技术参数设计，单台车停放面积不应小于 15.0m×15.0m，使用大型消防车时，不应小于 18.0m×18.0m。

6.1.2　城镇消防给水宜采用城镇市政给水管网供应，并应符合下列规定：

1　……

2　……

3　当采用天然水源作为消防水源时，每个天然水源消防取水口宜按一个市政消火栓计算或根据消防车停放数量确定；

……

6.1.5 市政消火栓或消防水池作为室外消火栓时，应符合下列规定：

1 供消防车吸水的室外消防水池的每个取水口宜按一个室外消火栓计算，且其保护半径不应大于 150m；

……

12.3.3 天然水源取水口、地下水井、消防水池和消防水箱安装施工，应符合下列要求：

1 天然水源取水口、地下水井、消防水池和消防水箱的水位、出水量、有效容积、安装位置，应符合设计要求；

2 天然水源取水口、地下水井、消防水池、消防水箱的施工和安装，应符合现行国家标准《给水排水构筑物工程施工及验收规范》GB 50141—2008、《供水管井技术规范》GB 50296—1999（备注：该标准现已作废，被《管井技术规范》GB 50296—2014 代替）和《建筑给水排水及采暖工程施工质量验收规范》GB 50242—2002 的有关规定；

……

13.1.1 消防给水及消火栓系统调试应在系统施工完成后进行，并应具备下列条件：

1 天然水源取水口、地下水井、消防水池、高位消防水池、高位消防水箱等蓄水和供水设施水位、出水量、已储水量等符合设计要求；

……

14.0.15 永久性地表水天然水源消防取水口应有防止水生生物繁殖的管理技术措施。

2. 对规范的理解

（1）为了保证可靠度，凡储存室外消防用水量的消防水池必须设消防车取水口（井），这样就可以保证不管什么原因（管理、水淹等）造成的停电，消防车都可以从消防水池的取水口取水。

（2）无论是消防水池还是天然水源设置的消防车取水口必须要与总图专业沟通，并设置消防车可以到达取水和回车的道路。

（3）消防车取水口保护范围 150m 内的建筑附近可不设置室外消火栓，但是消火栓保护范围以外的还需设置室外消火栓，并且一个消防车取水口可算一个消火栓（有些建筑室外消防用水量比较大，设好几个取水口，不太好设置）。

这句话不准确，按照《建筑设计防火规范》，建筑物周围均应设置室外消火栓。

3. 各地标准图集及资料中的消防水池取水口

（1）河南、河北、山东、山西、内蒙古和天津六省市区标准图做法，如图 1-14 所示。

（2）陕西标准图集做法，如图 1-15 所示。

（3）新疆标准图集做法，如图 1-16 所示。

（4）山东标准图集做法，如图 1-17 所示。

（5）《建筑消防设施设计图说》做法，如图 1-18 所示。

六、《新消规》学习之——水锤消除器

1.《新消规》有关水锤的规定

5.5.11 消防水泵出水管应进行停泵水锤压力计算，并宜按下列公式计算，当计算所得的水锤压力值超过管道试验压力值时，应采取消除停泵水锤的技术措施。停泵水锤消除装置应装设在消防水泵出水总管上，以及消防给水系统管网其他适当的位置：

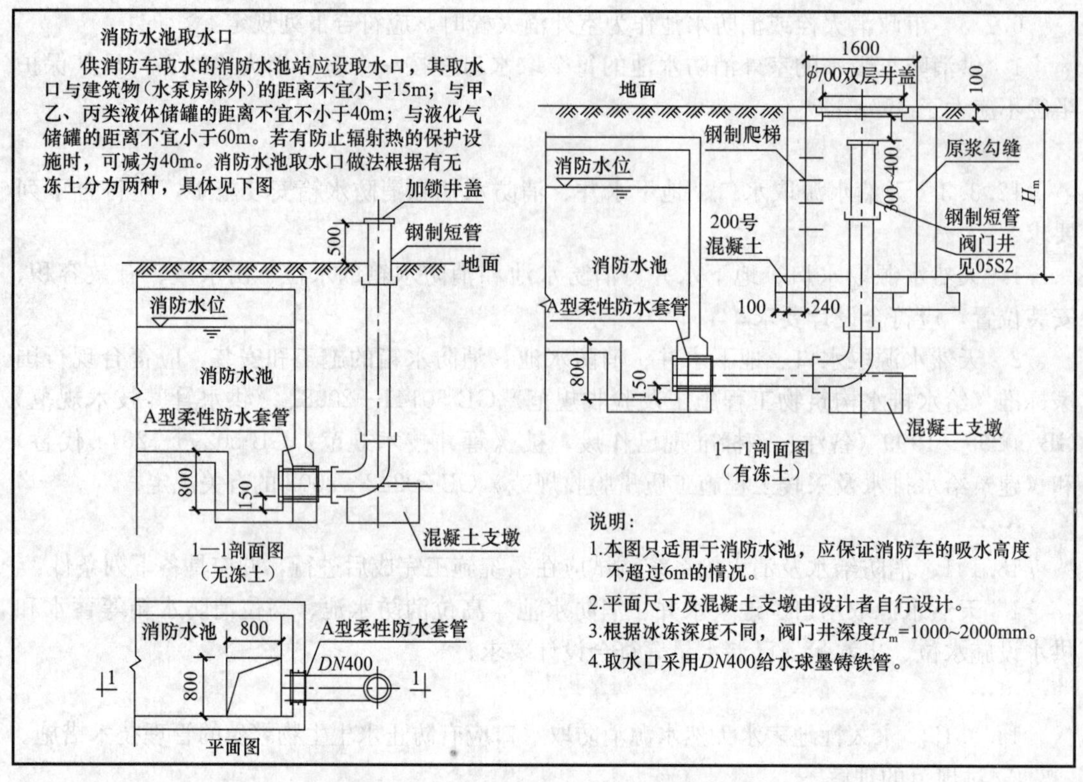

图 1-14 消防水池取水口

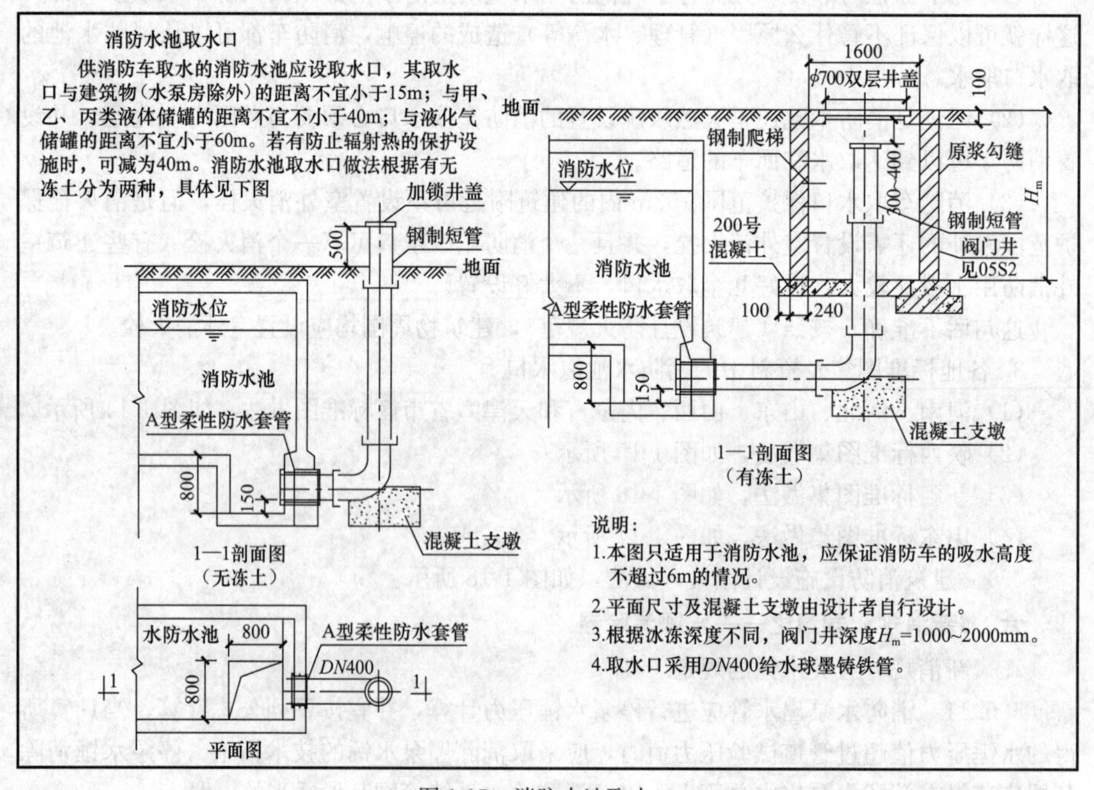

图 1-15 消防水池取水口

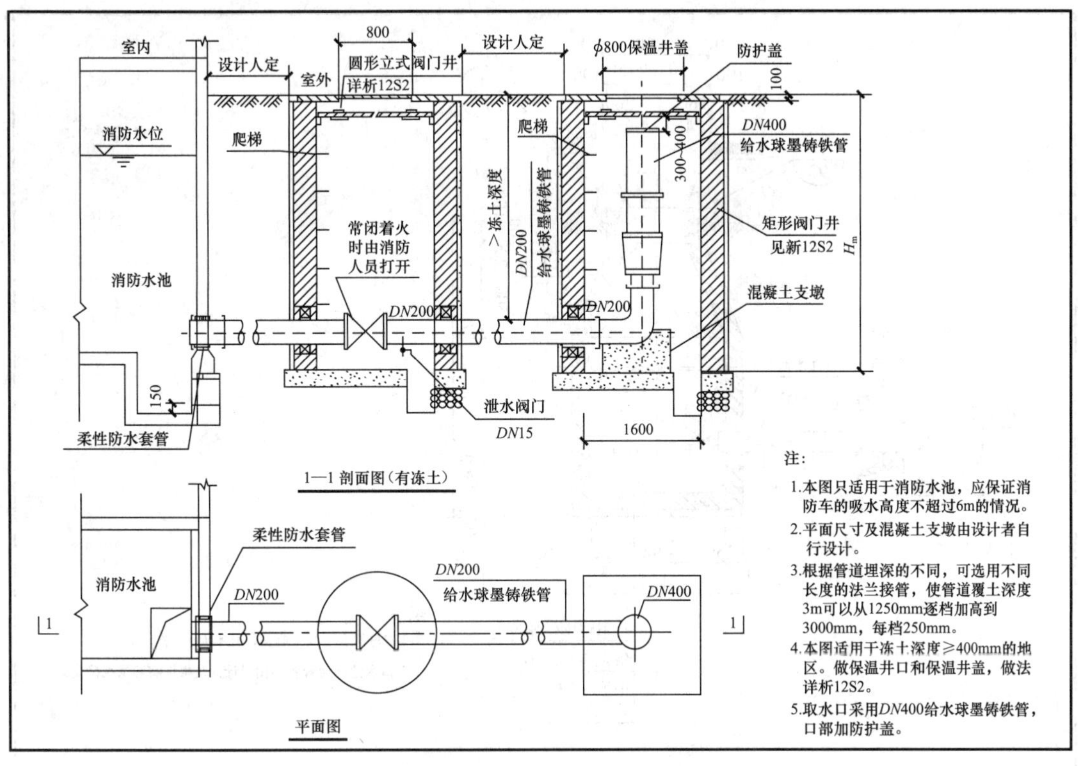

图 1-16 消防水池取水口

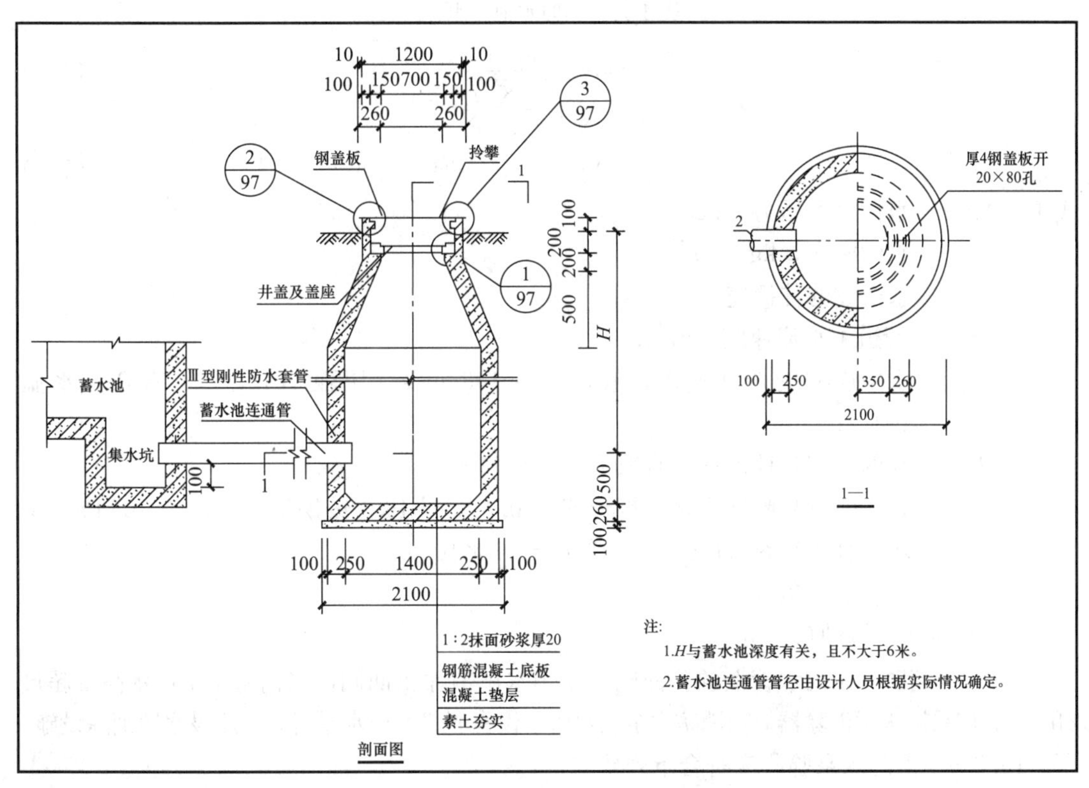

图 1-17 蓄水池消防车取水口

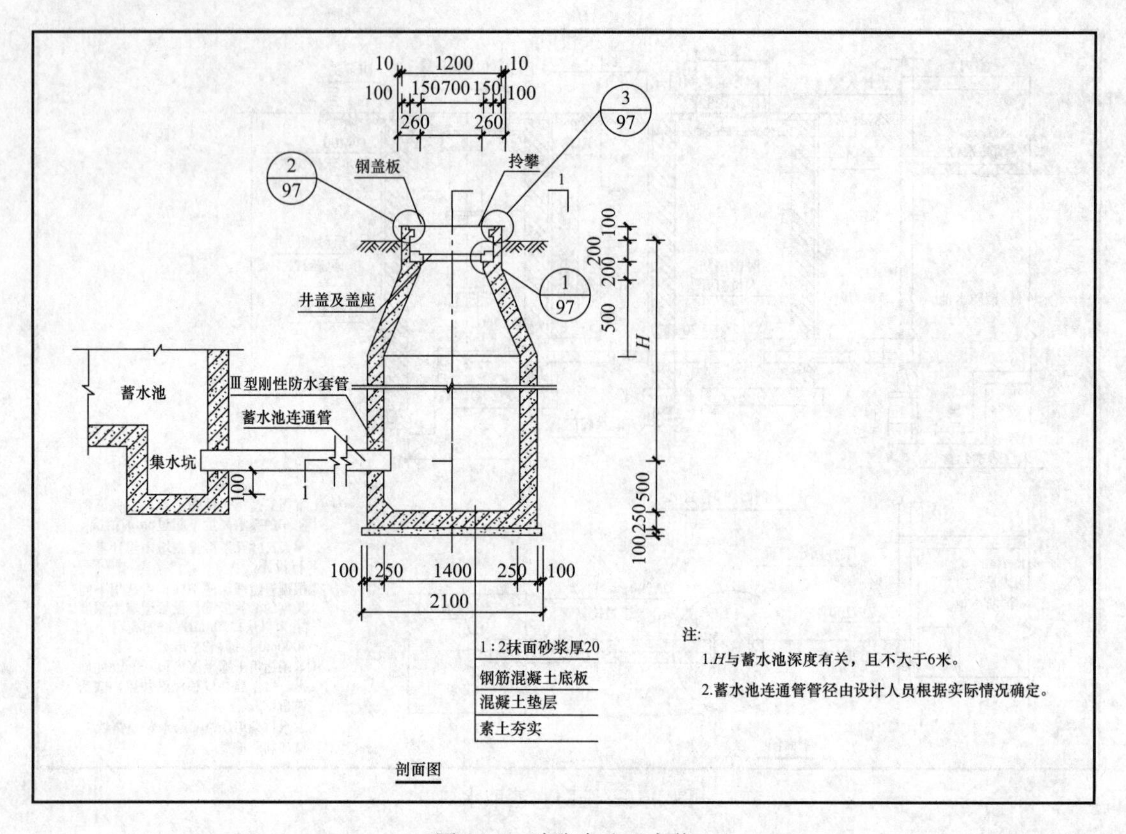

图 1-18　消防水池吸水井

$$c=\frac{c_0}{\sqrt{1+\frac{K}{E}\frac{d_i}{\delta}}} \tag{1-3}$$

$$\Delta p=\rho c v \tag{1-4}$$

式中　Δp——水锤最大压力，Pa；

ρ——水的密度，kg/m^3；

c——水击波的传播速度，m/s；

v——管道中水流速度，m/s；

c_0——水中声波的传播速度，宜取 $c_0=1435$m/s（压强 0.10～2.50MPa，水温 10℃）；

K——水的体积弹性模量，宜取 $K=2.1\times10^9$Pa；

E——管道的材料弹性模量，钢管 $E=20.6\times10^{10}$Pa，铸铁管 $E=9.8\times10^{10}$Pa，钢丝网骨架塑料（PE）复合管 $E=6.5\times10^{10}$Pa；

d_i——管道的公称直径，mm；

δ——管道壁厚，mm。

8.3.3　消防水泵出水管上的止回阀宜采用水锤消除止回阀，当消防水泵供水高度超过24m时，应采用水锤消除器。当消防水泵出水管上设有囊式气压水罐时，可不设水锤消除设施。

13.2.6　消防水泵验收应符合下列要求：

1　……

2 工作泵、备用泵、吸水管、出水管及出水管上的泄压阀、水锤消除设施、止回阀、信号阀等的规格、型号、数量，应符合设计要求；吸水管、出水管上的控制阀应锁定在常开位置，并应有明显标记；

……

6 消防水泵停泵时，水锤消除设施后的压力不应超过水泵出口设计额定压力的1.4倍；

2. 水锤的计算

手工计算：以 $DN100$ 普通钢管（管道计算内径105mm，壁厚4.5mm），流量 $q=20\text{L/s}=0.02\text{m}^3/\text{s}$ 为例计算。

$$c=\frac{c_0}{\sqrt{1+\frac{Kd_i}{E\delta}}}=\frac{1435}{\sqrt{1+\frac{2.1\times10^9\times100}{20.6\times10^{10}\times4.5}}}=\frac{1435}{\sqrt{1+0.227}}=1295.48\text{m/s}$$

$$V=q/A=0.02/A=0.02\times4/(\pi d^2)=0.02\times4/(\pi\times0.105^2)=2.31\text{m/s}$$

$$\Delta p=1000\times1295.48\times2.31=2992558.8Pa=2.99\text{MPa}$$

七、《新消规》主编论文——消防给水及消火栓系统工程技术与发展

消防系统因平时不用而无法通过运行来判断优劣，只能通过火灾的洗礼才能鉴别其合理性，但火灾又是频发的小概率事件，对于一栋建筑物来说可能20年一遇甚至更长的时间，因此其技术进步的周期漫长，技术进步有赖于规范制订的助力推动。改革开放以来，国家倡导减灾防灾，保障经济社会协调稳定发展，消防事业有了长足的发展。本文概述在国家标准《消防给水及消火栓系统技术规范》编制过程中消防给水和消火栓系统技术的进步与发展。根据公安部和住房城乡建设部规划的我国工程建设规范体系，《消防给水及消火栓系统技术规范》从《建筑设计防火规范》和《高层民用建筑设计防火规范》中分离出来，这将进一步促进消防给水系统技术的发展。

在本次规范制订过程中，理顺概念，引入火灾统计、保证率、灭火用水量理论计算、火灾扑救工艺、安全可靠性、消防水泵、消防排水等新的技术和理念，使消防给水及消火栓系统工程技术能逐步发展为有理论支撑的工程技术科学。

1. 消防给水和消防给水系统的概念

消防给水和消防给水系统这两个术语的定义是依据我国以往各版规范，并根据工程实际应用经研究确定，术语的确定是梳理和理顺消防给水和消防给水系统的内涵和外延，以进一步在规范编制中确定技术条款和工程中实施，减少争议，满足标准对定义的要求。标准是指在一定的范围内为获得最佳秩序，对活动或其结果规定共同的和重复使用的规则、导则或特性的文件，该文件经协商一致制订并经一个公认机构批准，以科学、技术和实践经验的综合成果为基础，以促进最佳社会效益为目的。因此，定义的准确引入可减少争议，促进工程建设的顺利进行。

1960年9月颁布的《关于建设设计防火的原则性规定》、1974年10月颁布的《建筑设计防火规范》TJ 16—1974（简称“建规”）中消防给水系统的内容涵盖消火栓和自动喷水等系统。其后1982年版《高层民用建筑设计防火规范》GBJ 45—1982（简称“高规”）和1987年8月颁布的《建筑设计防火规范》GBJ 16—1987逐步涵盖了所有的水消防系统。因此消防给水是由消防水源和供水管网组成的向水灭火设施供水的给水系统，按供水压力分为高压、临时高压和低压系统；而消防给水系统则是由消防给水和水灭火设施组成的系统。

消防给水和消防给水系统的科学定义将为消防给水和消防给水系统的发展确立良好的基石。

2. 消防水源保证率与2路进水

“建规”GB 50016—2006参考《室外给水设计规范》GBJ 13—1986的地表水水源保证率，而引入消防水源可靠性的概念，规定采用天然水源时，其保证率不应小于97%。这一概念在本次《消防给水及消火栓系统技术规范》制订中进一步扩展，当市政管网给水直接向消防给水系统供水时，市政管网给水保证率应大于99%。

20世纪50年代至80年代初期，我国城市给水管网普及率低，且管材质量差，管网出现爆裂中断供水的概率相对较高，为此当时规范提出室外消火栓设计流量大于15L/s时应采用2路供水。但随着我国改革开放和经济社会的发展，特别是进入20世纪以来国家专项市政给水管网治理，管网保证率提高。如上海、天津、广州等17个大城市调查显示，1991年75mm以上管道，长度共15840km，修漏11852次，平均为0.73次/（km·a），该值高于发达国家，如日本横滨市平均仅为0.2次/(km·a)。但1991年上海共爆管543次，平均为0.177次/(km·a)；天津为532次，平均为0.243次/(km·a)；成都为87次，平均为0.161次/(km·a)，可见大城市的管网保证率较高，基本接近国际水平。近年来，我国城市给水的保证率大幅度提高，按爆管维修率计算，供水可靠性高达99%以上。

如按每次爆管最大维修日3d为极限，城市给水管道的供水保证率应为100%减去一次爆裂中断供水概率，则我国城市给水管网的平均供水保证率为（100－3×0.73/365）×100%＝99.994%，这一数据大于要求市政管网供水保证率（99%），可见我国城市管网平均给水保证率能满足消防给水的要求。因城市给水管网保证率这一概念的引入，可缩小室外消防给水2路进水双水源地应用范围。

从安全可靠性和经济合理性来讲，一定规模内的建筑物消防给水采用1路供水是可行的，但考虑历史的延续性和技术发展的适应性，本次规范修订采用2路供水，由原规范的室外消防设计流量大于15L/s提高到20L/s，民用建筑的规模由5000m^3提高到20000m^3，甲、乙、丙类厂房的规模由3000m^3提高到5000m^3，而丁、戊类厂房仅1路供水即可，这样在比较大的建筑范围内消防安全可靠性不降低的情况下可节省消防给水的投入。

3. 灭火用水量保证率和消火栓设计流量

我国的消防规范以前没有关于灭火用水量保证率的概念，《建筑给水排水设计规范》GB 50015—2003在引入概率论秒流量计算公式的同时，引入了给水保证率的概念，美国亨特概率法规定给水保证率为99%。苏联1976年版和1965年版《建筑给水排水设计规范》规定给水保证率采用99.7%。日本消防厅颁布的《消防水利基准》规定消防给水应防御占全部火灾起数62%和占全部火灾损失额97%的建筑物火灾。参考日本，以及“建规”消防水源97%的规定，确定灭火用水量保证率为97%较合理。这一概念的引入可以根据火灾统计数据用概率论理论来推导市政和室内外消火栓设计流量等工程技术参数。

（1）市政与建筑物室外消防设计流量

我国现行的市政消防用水量为10～100L/s，建筑物室外消火栓设计流量为10～45L/s，堆场等的室外消防用水量为10～60L/s。苏联建筑物的室外消防设计流量为100L/s，美国NFPA1规定建筑物室外消防设计流量为95～505L/s，我国1990～2007年间调查的30起特大火灾的消防部队灭火用水量为50～430L/s。

依据灭火用水量保证率97%的新理念，进一步确认我国市政和室外消火栓用水量，以消除争议。规范组在规范编制过程中到吉林、辽宁、山东、宁夏、甘肃、内蒙古等省区的十几个城市调研，目前消防部队加强第一出动以提高灭火成功率的战训规定，第一出动一般为3辆消防车，载水总量为6～10m^3，灭火成功率在95%左右，超过3个中队出动的火灾概率极低，市政消防给水量满足要求，因此从灭火用水量保证率97%来看，我国的市政和建筑物室外消火栓用水量能满足城市灭火的需要，我国城市现行的消防用水量和建筑物消防用水量标准符合我国目前的经济社会发展水平，个别大火应启动城市应急预案，消防联动自来水公司调水确保消防用水，以期实现城市消防设置的合理性。

（2）室内消火栓设计流量

我国室内消火栓设计流量为5～40L/s。美国NFPA13规定当有自喷时，室内消火栓用水量可减少为0、3.15L/s、6.3L/s；美国NFPA14规定室内消火栓立管的最小流量为31.55L/s，附加立管的最小流量应为每一根15.76L/s，但总流量不应超过78.85L/s；SN25消火栓系统水力最不利消火栓立管的最小流量为6.32L/s，不需附加流量；美国FM规定在有自动喷水灭火系统时室内消火栓给水设计流量，中轻危险级为15.77L/s，仓库等严重危险级为31.545L/s。日本室内消火栓给水设计流量为1～5L/s。苏联高层建筑为20～40L/s，多层建筑为13L/s。南非为20L/s。世界各国室内消火栓给水设计流量差异很大，其原因是消防部队外部救援力量和国民消防意识和素质不尽相同。

根据本次规范引入的灭火用水量保证率97%，借鉴英国BS7974火灾统计数据，在不设自动喷水灭火系统时，酒店、俱乐部、餐厅过火面积为101m^2，办公、零售建筑无喷淋时过火面积为100～199m^2，按照上述过火面积，依据体积法消防用水量计算式（1-5）和式（1-6），计算出消防用水量基本在40L/s以内，因此从理论上讲我国的室内消火栓设计流量合理。

$$q = 0.314\frac{v}{f_1}f_2 \tag{1-5}$$

式中 q——建筑物一次消防用水量；

f_1——建筑物危险等级系数，按火灾危险性从高到低分别为3、4、5、6、7；

f_2——建筑结构耐火等级系数，分别为0.5、0.75、1.0、1.5。

$$Q = T \times 3.6 \tag{1-6}$$

式中 Q——室内消火栓设计流量，L/s；

T——火灾延续时间，h。

4. 消防水源

消防水源是消防的重要保障，从安全性出发约束和引导工程技术的发展，消防给水水质应能满足水灭火设施灭火、控火和冷却等消防功能的要求。消防给水管道内平时所充水其pH值应为6～9，不应有腐蚀性。

根据消防给水安全可靠性原则，明确消防水池最小有效蓄水容积，仅设有消火栓系统时不应小于50m^3，其他为100m^3。消防水池最小补水管不应小于*DN*50（注：印刷版规范已经修改为*DN*100）等。

规定了天然水源和水景、游泳池水等作为消防给水的保障措施。水景作为消防水源时应按照消防泵的原则来设计，如供水压力和流量的校核，以及消防泵供电应根据规范确定是一级还是二级负荷，采用自备柴油发电机或采用柴油机泵等。

5. 消防泵和稳压泵

（1）消防泵

本次规范制订拓展了消防泵的类型，有离心消防泵、轴流（深井）消防泵和柴油机消防泵等，并规定了这些消防泵的应用场所和技术要求。消防泵是消防给水的心脏，提出了消防泵的技术要求，如最小流量为10L/s，最大流量为320L/s；水泵所配电动机的功率应满足所选水泵流量扬程性能曲线上任何一点运行所需功率的要求；流量扬程性能曲线应无驼峰，零流量时的压力不应超过设计压力的140%，且不宜小于设计额定压力的120%，当出流量为设计流量的150%时，其出口压力不应低于设计压力的70%；泵轴的密封方式和材料应满足消防泵在低流量时运转的要求；消防给水同一泵组的消防泵型号宜一致，且工作泵不宜超过3台，多台并联时，应校核流量叠加对消防泵出口压力的影响等。规定了柴油机泵和轴流深井泵的应用和安装技术。消防泵从市政管网直接吸水时，倒流防止器应安装在水泵出口，以减少消防泵气蚀发生的可能性。

（2）稳压泵

从功能出发明确了稳压泵的流量和压力确定原则，流量应满足系统管网正常的泄流量和系统自动启动流量的要求，《给水排水管道工程施工及验收规范》GB 50268—1997条文说明规定*DN*100的钢管允许渗水量为0.28L/(min·km)，*DN*150的钢管允许渗水量为0.35L/(min·km)。国际城市给水平均单位管长统计漏水量为0.32L/(min·km)。2004年我国平均单位管长漏水量为0.59L/(min·km)，这一数据接近国际的2倍。依据管道漏水统计数据和管道长度，预测室外管网的漏水量，而室内管网的漏水量相对较小。因此稳压泵应满足系统充水要求，可根据管网漏水量确定。

系统自动启动流量应根据自动探测仪表确定，通常消防给水系统采用压力或流量开关等自动启动方式，压力自动启动流量根据系统压力降低值确定即可，但如果要满足系统如自动喷水系统报警阀的压力开关启动，还应满足报警阀的启动流量，该产品在系统中大于60L/min时才启动，其压力开关动作等可作为系统自动启动的依据。所以稳压泵的压力应满足系统管网充水和启动的要求，即首先要满足消防泵启泵压力点设置的要求。

（3）消防泵的安全可靠性

对消防泵房的安全提出了新的要求，如火灾中的暴露防护距离，特别是石油化工企业中的消防泵房。提出消防泵房应采取不被雨水等淹没的技术要求，应对水泵进行停泵水锤的计算，以保证系统的安全性。从系统的安全可靠性出发，消防泵的电机不应设置在水下，或因消防泵的维修而停止系统供水是不合理的。

6. 屋顶消防水箱有效容积和灭火有效压力

屋顶消防水箱在日本、美国、新加坡等发达国家都有规定和要求，我国10min消防用水量是根据消防队员10min才能到达火灾现场而规定的，随着规范的发展和火灾案例的分析，逐步规定为必须设置的初期火灾消防水源设施。

（1）高位消防水箱的有效容积

高位消防水箱是初期火灾的重要灭火水源，工程界对其有效容积和安装高度一直争论不休，其原因是缺少理论支持，造成“公说公有理婆说婆有理”的局面。本次规范制订依据文献进一步论证其科学合理性。

美国马萨诸塞洲渥切斯特综合技术研究所的研究报告清楚表明，一个消防队人工灭火成功率达到97％时，火灾过火建筑面积约为20m²，这相当于我国消防部队第一出动。根据式（1-5）计算，消防用水量最大为4.82m³，考虑一定的工程安全系数，屋顶消防水箱的最小有效容积为6m³，这与我们的调查结果基本一致，即消防部队第一出动灭火成功率为95％左右，用水量为6～10m³，这也说明我国现行规范规定高位消防水箱的有效容积为6～18m³是合理的。

（2）高位消防水箱的有效高度

日本规范规定自动喷水灭火系统屋顶消防水箱最不利的最低供水压力为0.15MPa，美国、英国规范则要求0.10MPa，笔者曾著文提出屋顶消防水箱的最低有效消防水位到自动喷水灭火系统最高层喷头的最小高度为10m。

我国1982年版“高规”首次提出屋顶消防水箱应满足最不利消火栓的压力，但没有提出设计参数，1995年版“高规”做了规定，而2006年版“建规”没有做规定。理论推导应按照消火栓灭火最低水枪充实水柱7m计算，16mm水枪的出流量为2.7L/s，水枪处的动压为0.092MPa，水龙带的水头损失为0.008MPa，因此消火栓栓口处的压力经计算为0.10MPa，对于消火栓系统而言，屋顶消防水箱的最低安装高度为10m比较合理，但考虑到规范的历史和发展，本次规范制订最低压力仍可为0.07MPa。

（3）安全可靠性

在我国夏热冬暖地区，为节省空间和投入，屋顶消防水箱经常露天设置，为此提出了露天设置的屋顶消防水箱安全措施，人孔的管理和阀门的设置应安全可靠等。为保证屋顶消防水箱水的及时补充，规定最小补水管为*DN*32。在我国严寒、寒冷地区常有火灾案例发现屋顶消防水箱不能在火灾时供水，主要原因是冬季结冰导致水箱开裂等，为此规定冬季结冰屋顶消防水箱应供暖或者采取其他水箱防冻措施。

7. 消防给水

消防给水的选择和分区是消防给水的重要组成内容，给出了市政、室外、室内消防给水的选择技术规定。

根据工程实践，工艺装置区和堆场的室外消火栓相当于建筑物室内消火栓，为此规定工艺装置区、储罐区应采用高压或临时高压消防给水系统，堆场宜采用低压消防给水系统，但当可燃物堆垛高度高、扑救难度大、易起火且远离城镇消防站时，应采用高压或临时高压消防给水系统。

高层民用建筑和大型公共建筑应设置屋顶消防水箱，其他工业建筑确有困难，在采取可靠的消防给水措施时可采用稳压泵稳压的临时高压消防给水系统。

给出了消防给水分区的技术和系统选择原则，消火栓栓口处的静压不宜大于1.0MPa，但最大不应大于1.2MPa；自动喷水灭火系统报警阀处的压力不应大于1.6MPa，喷头处的压力不应大于1.2MPa；消防给水系统最高工作压力不应大于2.4MPa。

提出了消防给水系统防超压的原则，防超压措施是为了防止超过系统设计工作压力。

8. 消火栓系统

消火栓分为市政消火栓、室外消火栓和室内消火栓，借鉴自动喷水灭火系统提出了室内干湿式消火栓系统的适用条件，并规定了干式系统的充水时间不应大于5min的技术要求。为提高市政消火栓的供水可靠性，规定设有市政消火栓的给水管网平时运行工作压力不应低于0.14MPa，消防时最不利消火栓的出流量不应小于15L/s，且供水压力不应低于

0.10MPa（压力从地面算起）。因地上式消火栓经常被碰撞，为此规定市政消火栓的设置地点应避免机械撞击，必须时应采取防撞击措施。

倒流防止器的水头损失比较大，在流速较大时更是如此，为提高室外消防给水的可靠性提出应在倒流防止器前设置室外消火栓。

通过研究消防部队灭火救援实战和灭火进攻工艺要求，消火栓的设置应满足灭火救援工艺要求，消火栓扑救火灾与自动喷水相比始终是火源的外围扑救，因此消防电梯前室的消火栓应计入消防扑救用消火栓数量，室内消火栓应首先设置在楼梯口等外围扑救火灾的地点。

9. 管网

消防给水的输配水管网是消防给水系统的血管，其安全可靠性的重要内容是压力等级的确定，管网设计压力应是系统最大可能的工作压力。消防给水系统与市政、民用和工业供水的特点不同，系统灭火时的运行工况同设计工况差异较大，因此管网设计压力不能仅以设计压力为准。消防给水有平时准工作状态、消防时设计工况、消防车供水 3 个基本工况，而这 3 个基本工况又有不少变数，如自动喷水灭火系统 1 只喷头开启就可以扑灭火灾，也可能是 5 只喷头开启才能扑灭火灾等，根据如此复杂的工况提出不同情况下设计压力的确定原则。给出了阀门的设置原则，并规定倒流防止器应设置在清洁卫生的环境，以保证倒流防止器的排水口不被污染。

10. 消防排水

2005 年 11 月 13 日中石油吉林石化公司双苯厂苯胺装置发生爆炸并起火，消防扑救用水夹带着化工原料流入松花江，污染松花江并导致哈尔滨市停水，造成严重的社会影响。南方某市棉花仓库起火，消防扑救用水使棉花增重而导致多层仓库成危房。因此消防排水对于保护财产和确保环境安全极为重要。规范中规定了普通场所和有毒有害场所的消防排水和储存有毒有害消防排水的储水设施。

11. 消防给水系统控制

我国消防泵的管理一直没有解决，不少消防泵平时不运行，水泵轴锈蚀严重消防时无法启动，耽误灭火时机，致使酿成大祸。为解决消防泵的日常管理问题，提出了消防泵自动巡检的要求以满足消防泵的安全可靠性要求。为保证消防泵的可靠启动和运行，提出应有 2 个自动启动信号自动启泵，1 个动作就启泵，消防泵一旦启动不允许自动停泵，应设置机械启泵按钮，控制柜为了防水，在泵房内应采用 IP55，在控制室内可采用 IP30 等。

12. 结语

在编制《消防给水及消火栓系统技术规范》过程中采用工程技术科学方法进行研究和分析，论证了我国市政消防给水设计流量、室内外消火栓给水设计流量和屋顶消防水箱有效容积和高度、消防泵和稳压泵的技术参数、消防给水的选择和分区原则，以及系统安全可靠性等有关技术，供同行批评指正，以求共同发展。

1.13 关于《新消规》的几个问题，欢迎探讨

1. 很多新城区或者小城市由于市政管网建设滞后，无法满足两路供水，而且两路供

水需要两条不同市政道路上的给水管才算数。那么问题来了，没有两路供水怎么设计室外消火栓系统呢？第6.1.6条有提到室外消火栓系统有高压和临时高压两种，即消防水池储存室外消防用水量。高压即有高位水池，临时高压则是有低位水池，设置主泵及稳压泵（第6.1.7条）。

文中写道："当采用市政给水管网供水时"，意思是低压给水系统也可以不采用市政给水。那么问题又来了，低压系统是不是也可以采用消防水池给水？规范没有提及不采用市政给水如何做。

个人建议新增室外消火栓临时低压给水系统，做法同临时高压给水系统，只不过主泵扬程不用按照建筑高度、水头损失等计算，而是按照满足最不利室外消火栓出水压力大于0.10MPa来做。相当于由主泵、消防车串联供水。主泵的启动控制同样采用压力开关和流量开关双保险，保证消防车接水时主泵能及时开启，我认为是可行的。

2. 关于消防水池的最低水位。这个是老问题了，相信大家都知道规范组要求按照图集04S204高于水泵出气孔来设计。但是这样的话，当采用立式多级消防泵时，由于出气孔很高，导致消防水池底部大量水无法利用，当然也可以让结构把水池底做高，但其实这样结构也不省钱，而且没有解决消防水池有效水深较小占地过大的问题。

规范组的解释是当消防水池水位下降到出气孔以下时正好需要切换备用泵，或者认为停泵后需要二次启泵时无法满足自灌式吸水。

但是我认为，当水池水位下降到出气孔以下时，水泵依然可以顺利启泵，因为吸水管及泵腔内包括出水管止回阀以下都是充满水的。由于停泵时整个水泵从吸水管到止回阀以下都是封闭的，不会有空气进入，因此内部始终是充满水的，只不过水位以下为正压，以上为负压，只要水泵吸程满足水泵最大负压要求即可。只不过这个与"自灌式"不符。但只要水泵能随时启动，从节约社会资源的角度考虑，建议不强制要求最低水位的"自灌式启泵"，只要求最高水位的"自灌式启泵"。

3. 关于吸水喇叭口及防止旋流器。吸水喇叭口和防止旋流器的作用是防止低水位吸水时水面产生涡流，从而避免吸入空气造成水泵叶轮的汽蚀。

由于消防水池及高位消防水箱的水位在准工作状态下都是处于高水位的，消防时水位才会下降。建筑物发生火灾并启动消防泵工作至低水位的概率是很低的，是否有必要做喇叭口或防止旋流器，并保证最低水位与喇叭口的最小距离要求，值得探讨。当然考虑到消防水泵重复利用及喇叭口比较便宜，保留也无可厚非。

以上不是主题，主题是新规范的第5.2.6条第2款，如下：

5.2.6 高位消防水箱应符合下列规定：

1 高位消防水箱的有效容积、出水、排水和水拉等，应符合本规范第4.3.8条和第4.3.9条的规定；

2 高位消防水箱的最低有效水位应根据出水管喇叭口和防止旋流器的淹没深度确定，当采用出水管喇叭口时，应符合本规范第5.1.13条第4款的规定；当采用防止旋流器时应根据产品确定，且不应小于150mm的保护高度；

……

为什么消防水箱的出水管也要求做喇叭口或防止旋流器呢？这条写在消防水箱下，肯定不是单指水泵吸水管，而是不论有无水泵，其出水管都要做。没有水泵就没有汽蚀的问题，水箱的水可以完全用光，这样在同样有效容积下可以减小水箱的大小。

这条个人觉得毫无道理，而且还是强制性条文。建议将出水管修改为水泵吸水管更为合理。

4. 规范中未见泄压阀的设置要求，但是在施工等章节有所提及。所以应该不是取消了泄压阀的设置，更有可能是所有消防系统，无论压力大小（老规范强调高于某压力时设置）都应该设置泄压阀。那么问题来了。

8.2.3　高压和临时高压消防给水系统的系统工作压力应根据系统在供水时，可能的最大运行压力定，并应符合下列规定：

1　高位消防水池、水塔供水的高压消防给水系统的系统工作压力，应为高位消防水池、水塔最大静压；

2　市政给水管网直接供水的高压消防给水系统的系统工作压力，应根据市政给水管网的工作压力确定；

3　采用高位消防水箱稳压的临时高压消防给水系统的系统工作压力，应为消防水泵零流量时的压力与水泵吸水口最大静水压力之和；

4　采用稳压泵稳压的临时高压消防给水系统的系统工作压力，应取消防水泵零流量时的压力、消防水泵吸水口最大静压二者之和与稳压泵维持系统压力时两者其中的较大值。

在第 8.2.3 条工作压力的描述中，如考虑泄压阀的存在，系统压力是不会达到零流量时的大小的。当然如果考虑消防水泵启泵和泄压阀开启的时间差的话，系统压力在这个瞬间(应该不超过 2s 吧?）是会达到规范中描述的大小的。真要这么严格的话我也无话可说。

个人认为，采用泄压阀开启压力作为系统的工作压力更为合理。另外，建议增加泄压阀设置的相关条文。

5. 关于第 9.3.1 条。这条是强制性条文。第 1 款中末端试水排水立管不宜小于 *DN*75。首先 *DN*75 的说法太过业余，如果是塑料排水管则应该是 *De*75，即外径 75，而非公称直径 *DN*。若为公称直径则应该为 *DN*65 或 *DN*80。其次，“不宜”是比较轻的说法，但这条又是强制性条文，有点逻辑混乱。

第 2 款“报警阀处的排水立管宜为 *DN*100”说法不严谨，改为“报警阀测试排水管”比较合适。因为这个管不仅有立管，还有横管，而且是测试排水管不是其他排水管，与 9.3 节名称“测试排水”相对应。至于文中的“宜”字也是让人觉得与它的强制性条文身份不符合。其规定为 *DN*100 的意图可能是防止测试时水量过大，排放不及时，毕竟测试报警阀是否正常工作没有必要控制好流速。

第 3 款关于减压阀试压排水管径也是强制性条文。但是第 8.3.4 条第 5 款规定“减压阀后应设置压力试压排水阀”却不是强制性条文。这个也是逻辑上有问题的。

建议这三款不要用黑体字，毕竟前面两款用的是“宜”，第三款又有上面的问题。

1.14　专家解答《新消规》

设计院和强审单位，针对各单位提出的问题，共同讨论，形成一定的共识，作为大家执行规范的参考。作为设计人员，要严格执行规范，不要去指责规范的对与错，任何人的讲解都不能替代规范，如果出问题，规范是唯一的依据。规范把安全可靠放在第一位，其次才是技术先进和经济合理。

（问题1）第3.1.1条规定：仓库和民用建筑同一时间内的火灾起数应按1起确定。但表3.2.2中人数>2.5万人时，城镇同一时间内的火灾起数为2起。

请问：对于超大建筑群，若人数超过2.5万人，究竟是按1起火灾还是2起火灾？第3.2.2条是否仅适用于市政消防给水设计，并不适用于民用建筑消防设计？

回答：民用建筑无论规模、体量、人数等，均按1起火灾考虑。

第3.2.2条仅适用于市政消防给水设计，不适用于民用建筑消防设计。（市政消防和室外消防的区别）电子版的原文为：仓库和民用等建筑，当总建筑面积小于等于500000m² 时，同一时间内的火灾起数应按1起确定；当总建筑面积大于500000m² 时，同一时间内的火灾起数应按2起确定，多栋建筑时，应按需水量大的两座各计1起，当为单栋建筑时，应按一半建筑体量计2起。

（问题2）第3.3.2条注1：什么叫“成组布置的建筑物”？建筑物间距多少的两栋建筑需要计相邻的体积？

回答：（1）两座小型多层住宅或办公楼的间距小于两栋建筑物所需的防火间距时，该两座建筑物即为成组布置的建筑物。

（2）《建筑设计防火规范》GB 50016—2006第5.2.4条：除高层民用建筑外“数座一、二级耐火等级的住宅建筑或办公建筑，当建筑物的占地面积总和小于等于2500㎡时，可成组布置，但组内建筑物之间的间距不宜小于4m。组与组或组与相邻建筑物的防火间距不应小于本规范第5.2.2条的规定。”

该条的条文解释：“本条主要为解决在城市用地紧张条件下小型建筑的布局问题。……住宅建筑、办公楼等使用功能单一的建筑，当数座建筑占地面积总和不大于防火分区最大允许面积时，可以把它视为一座建筑。允许占地面积在2500m² 内的建筑成组布置时，要求组内建筑之间的间距尽量不小于4m，是考虑必要的消防车通行和防止火灾蔓延等要求。……”

（问题3）第3.3.2条注4规定：当单座建筑的总建筑面积大于50万m² 时，建筑物室外消火栓设计流量应按本表规定的最大值增加一倍。请问：单座建筑的总建筑面积如何计算？某建筑群地下室较大，请问总建筑面积仅指地上单栋建筑的面积还是地上单栋＋地下建筑的总面积？也或地上总建筑面积＋地下总建筑面积？

回答：单座建筑的总建筑面积＝地上各栋的建筑面积之和＋地下室总建筑面积；规范组对单座和单栋有不同定义，其中地下室投影线范围内的所有建筑（含地下室）统称为单座建筑；地下室上方的独立建筑称为单栋建筑。此外，两个地下室间以通道相连，且该通道仅考虑通行，不考虑停车，且两个地下室之间有防火门分隔时，则算两个地下室。

（问题4）第3.3.2条和第3.5.2条：

（1）地下建筑是指独立建造的地下建筑还是包含建筑物附属的地下室？

（2）带地下车库的建筑物，室内和室外消火栓水量是否按照地上建筑和地下建筑分别取流量，然后选大者为设计流量？

（3）单独的地下建筑作为人防用，室内消火栓设计流量套用地下建筑还是人防？

回答：（1）地下建筑仅指独立建造的地下建筑，不含建筑物附属的地下室。

（2）带地下车库的建筑物，地下室消防流量按地下车库消防规范取值，而不是按地下建筑考虑；但除地下车库以外的其他附属地下建筑（如商业等），均参照地下建筑取值。

（3）取地下建筑和人防建筑的大者。

（问题5）新规范取消了“商住楼”的概念，用水量是否参照相应的“公共建筑”？

回答：商住楼的室外消防流量按表3.3.2的公共建筑取值；商住楼的室内消防流量按表3.5.2的其他建筑取值（多层），或按公共建筑取值（高层）；商住楼的火灾延续时间按表3.6.2的其他公共建筑考虑。

（问题6）第3.5.2条注3：“当一座多层建筑有多种使用功能时，室内消火栓设计流量应分别按本表中不同功能计算，且应取最大值。”请问如下三类建筑单体的室内消火栓系统设计流量的确定是否正确：

（1）假设有一栋高度22m的住宅楼：一层是层高5m的商业，面积800m²，即体积V=4000m³；二层以上是住宅，住宅楼层总高度17m。单独按首层商业计，体积小于5000m³，可不设消火栓；单独按住宅楼层计，高度小于21m，可不设消火栓。是否该栋建筑可不设消火栓？

（2）假设有一栋高度22m的住宅楼：一层是层高5m的商业，面积1200m²，即体积V=6000m³；二层以上是住宅，住宅楼层总高度17m。单独按首层商业计，体积大于5000m³，需设消火栓，流量15L/s；单独按住宅楼层计，高度小于21m，可不设消火栓。是否该栋建筑仅首层商业设消火栓即可？

（3）假设有一栋高度27m的住宅楼：一层是层高5m的商业，面积1200m²，即体积V=6000m³；二层以上是住宅，住宅楼层总高度22m。单独按首层商业计，体积大于5000m³，需设消火栓，流量15L/s；单独按住宅楼层计，高度大于21m，需设消火栓，流量5L/s。选15L/s，设计是否正确？

回答：（1）规范中的建筑高度、层数、体积等建筑基础参数均是按整栋计算，不能随意拆分。对于本案例，若商业分隔较小，可定性为商业网点，则该项目为住宅建筑，由于其建筑高度＞21m，故应设室内消火栓。

（2）对于本案例，若商业分隔较大，不能定性为商业网点，则该项目为商住楼，属于多层公共建筑（建筑高度＜24m），由于建筑高度＞15m，体积＞10000m³，故全楼均应设室内消火栓，且室内消火栓流量按表3.5.2取值为15L/s。

（3）对于本案例，若商业分隔较大，不能定性为商业网点，则该项目为商住楼，属于高层公共建筑（建筑高度＞24m），故全楼均应设室内消火栓，且室内消火栓流量按表3.5.2取值为20L/s。

（问题7）表3.5.2建筑物室内消火栓设计流量中“地下建筑”是专指独立的地下建筑还是包括附属在建筑物（群）内的地下建筑，如建筑物（群）下方的地下室？

回答：表3.5.2中的地下建筑仅指独立建造的地下建筑，不含建筑物附属的地下室；当地下室为车库时，其消防流量按地下车库相关消防规范取值，而不是按地下建筑考虑；但除地下车库以外的其他附属地下建筑（如商业等），均参照地下建筑取值。

（问题8）第3.5.3条中提出“当建筑物室内设有自动喷水灭火系统、水喷雾灭火系统、泡沫灭火系统或固定消防炮灭火系统等一种或两种以上自动水灭火系统全保护时，室内消火栓系统设计流量可减少50%，但不应小于10L/s。”

请问：本条中的全保护是何意？若某住宅楼，住宅部分仅设有室内消火栓系统，地下室部分设有自喷+消火栓系统，该建筑（住宅+地下室）属于自喷全保护吗？是否仅将地下室作为自喷全保护？地下室可否认为是多层，室内消火栓用水量减少50%？

回答：建议尽量不要减少；若减少，则全保护是指整个建筑所有部位均设有自动灭火的情况，如某建筑地下室、裙房、住宅公共走道等部位均设有自喷，但住宅户内未设自喷，也不算全保护；但某建筑地下室、裙房、住宅均设自喷，仅楼梯间未设自喷，可算全保护。

（问题9）表3.6.2中公共建筑还是按老规范分类，综合楼等火灾延续时间按3h，但表3.5.2水量表中高层民用建筑已经没有综合楼、商住楼这种分类，只有一类公共建筑和二类公共建筑，火灾延续时间该如何选用？

回答：消防流量和火灾延续时间对应的建筑分类可以不一样。建筑物室内消火栓用水量按表3.5.2取值；火灾延续时间按表3.6.2取值。综合楼和商住楼均按公共建筑考虑，其中商住楼的室外消防流量按表3.3.2的公共建筑取值；商住楼的室内消防流量按表3.5.2的其他建筑取值（多层），或按公共建筑取值（高层）；商住楼的火灾延续时间按表3.6.2的其他公共建筑考虑。综合楼参照执行。

（问题10）第4.2.2条第2款提出“市政给水管网应为环状供水”，如近期市政管网为枝状，远期成环状，设计条件是否可按远期考虑，认证为两路消防供水？

回答：设计条件只能按市政现状进行考虑，即便远期为环状，设计时也不能认证为两路消防供水。

（问题11）第4.2.2条第3款提出“应至少有两条不同的市政给水干管上……”，如同一侧的同一根市政给水管引入两路，中间加分隔阀，是否可认证为两路消防供水？

回答：同一侧的同一根市政给水管引入两路，中间加分隔阀的情况，不能认证为两路消防供水。至少要求两个市政接口来自不同的市政道路。

（问题12）第4.3.6条：“消防水池的总蓄水有效容积大于500m^{3}时，宜设两格能独立使用的消防水池；当大于1000m^{3}时，应设置能独立使用的两座消防水池”。第4.3.11条第5款“高层民用建筑高压消防给水系统的高位消防水池总有效容积大于200m^{3}时，宜设置蓄水有效容积相等且可独立使用的两格；但当建筑高度大于100m时应设置独立的两座”。请问两格和两座的概念是否意味着两格可以共用隔墙作为池壁，而两座则必须是分别有独立的池壁，不可共用隔墙？

回答：两格是指可共用隔墙作为池壁，两座则必须是分别有独立的池壁（两座池壁紧贴也可，但建议结构尽量脱开独立），不可共用隔墙。考虑地震、沉降等原因，两座的安全性高于两格。此外，对于2000m^{3}的水池，仅分为两座1000m^{3}的独立水池即可，水池内不必再分两格。

（问题13）第4.3.7条：（1）是否所有储存室外消防用水量的消防水池都必须设计取水口，如果已经设置室外消防增压水泵及稳压设备是否还需要设置取水口？

（2）当室外消火栓采用临时高压给水系统供给时，若地下室有两层或只有一层，地下室一层层高大于6m，且消防泵房放置在地上一层有困难时，如何考虑？

回答：（1）对于储存室外消防用水或供消防车取水的消防水池，即便已设置室外消防增加泵，仍需设至少一个消防取水口。

（2）必须创造条件满足消防车吸水高度不大于6.0m的要求，如通过提高消防水池的最低水位，满足吸水高度。

（问题 14）第 4.3.7 条，储存室外消防用水的消防水池应设置取水口，建筑物在取水口 150m 保护半径范围内，是否可不设室外消防泵？（根据黄晓家教授所讲，设一个取水口是考虑电气火灾等情况，拉闸断电，与电专业的规范要求在任何情况下均保证消防供电相矛盾，且仅设一个取水口，150m 范围外的区域也无法保护到。）

回答：当该消防水池符合第 4.3.7 条要求，并且吸水口数量（一个吸水口流量按 10～15L/s 计）满足室外消火栓设计流量时，可不设室外消防泵。

（问题 15）第 4.3.9 条消防水池最低水位如何设置，是否高于水泵吸水管即可？火灾初期水泵启动时，消防水泵必须考虑自灌式，那么，水池最低水位时，消防水泵是否还需要考虑自灌呢？

回答：消防水池的最低水位应根据水泵自灌要求确定，具体参见图集 04S204，一般高于水泵出水管放气孔。根据第 5.1.12 条规定：消防水泵应采取自灌式吸水，虽然正文中并未明确自灌水位是火灾初期水位还是最低水位，但条文说明中已经提出应保证消防水泵随时启动，因此，当消防水池处于最低水位时，也应考虑自灌式；具体做法可参见图集 04S204。

（问题 16）第 4.3.11 条规定：除可一路消防供水的建筑物外，向高位消防水池供水的给水管不应少于两条。问：超高层的消防转输水箱的转输管也要遵守吗？

回答：消防转输水箱的供水管不应少于两条。本条限定的对象是高位消防水池，而非高位消防水箱，两者是有区别的，故对于向高位消防水箱供水的生活给水管，只设 1 条即可。

（问题 17）第 4.3.11 条第 6 款："高位消防水池设置在建筑物内时，应采用耐火极限不低于 2.00h 的隔墙和 1.50h 的楼板与其他部位隔开，并应设甲级防火门；且与建筑构件应连接牢固"。请问：这是否意味着高位消防水池不能利用建筑本体结构作为池壁或板顶及板底？地下室消防水池和高位消防水箱没要求，可不执行？

回答：从"并应设甲级防火门"的论述来看，本条是对设高位消防水池的房间的隔墙和楼板的耐火极限提出的要求，高位消防水池如采用本体结构作为池壁或顶板及底板，也必须要满足耐火极限要求，同时还应满足防水和出管的要求。如高位消防水池单独设置，需与建筑构件连接牢固。地下室消防水池和高位消防水箱需要符合相对应的规范条款的要求。本规范第 2.1.7 条、第 2.1.8 条、第 2.1.9 条分别是消防水池、高位消防水池、高位消防水箱的术语。这三种储水构筑物除应符合本规范的规定外，还应符合《建筑给水排水设计规范》第 3.7 节的相关规定。

（问题 18）：第 4.4.5 条第 2 款如何设置探测水井水位的水位测试装置？有无产品？

回答：该条仅限于用井水作为消防水源的情况，一般民用建筑设计很难遇到。若遇到该状况，由电气专业考虑，水专业只需提出即可。

（问题 19）第 5.1.6 条第 2 款所讲的消防水泵所配驱动器、电动机驱动器是否指水泵的电动机？

回答：消防水泵所配驱动器可以是电动机，也可以是柴油机。

（问题 20）第 5.1.9 条第 5 款：当消防水池最低水位低于离心水泵出水管中心线或水源水位不能保证离心水泵吸水时，可采用轴流深井泵，并应采用湿式深坑的安装方式安装于消防水池等消防水源上。按规范理解，消防水池最低水位应高于离心泵的出水管中心线。若设计按此条执行，会增加消防水池的容积，造成社会财富的浪费。可否按消防水泵的最低启动水位高于消防离心水泵出水管中心线进行设计？消防水泵的故障可以通过日常维护检测来排除，消防时启动水位不考虑水泵的故障切换。最低启动水位按满足最后启动的消防系统（消火栓系统）流量的有效储水量的水位设计。这样可保证任一消防系统工作时，其消防水泵启动水位都是满足自灌式吸水的。

回答：虽然有些浪费，但是消防水泵的最低水位仍按高于离心泵出水管放气孔考虑。

（问题21）第5.1.11条，一组消防水泵应在水泵房内设流量和压力测试装置，此条不明确，条文中未见附图。

回答：在消防水泵流量及扬程较小的情况下，预留流量计及压力表接口即可；在消防水泵流量及扬程较大的情况下，宜将流量计及压力表安装到位。流量、扬程的具体要求参见第5.1.11条第1款。

（问题22）第5.1.12条，消防水泵应采取自灌式吸水，自灌水位是指满足出水管中心线还是满足水泵出水管放气孔？如满足出水管放气孔，采用转输水箱方式的消防系统在避难层的高区消防泵难以满足规范要求。

回答：自灌水位应高于消防水泵出水管放气孔。

（问题23）第5.1.13条第4款：消防水泵吸水口的淹没深度应满足消防水泵在最低水位运行安全的要求，吸水管喇叭口在消防水池最低有效水位下的淹没深度应根据吸水管喇叭口的水流速度和水力条件确定，但不应小于600mm，当采用旋流防止器时，淹没深度不应小于200mm。问题：过去的图很多没有严格执行，今后是否严格执行？

回答：按规范严格执行。

（问题24）第5.1.16条，防止消防水泵低流量空转过热的措施具体指哪些？

回答：由规范组解释。（个人理解：消防水泵低流量时，扬程会偏大，系统泄压阀会开启）

（问题25）地下部分为地下车库，地上部分为二类高层住宅，屋顶消防水箱容积是否取$18m^3$？

回答：某项目地上部分建筑功能为高层普通住宅，地下部分建筑功能为车库，整体消防定性应为高层住宅，此类建筑屋顶消防水箱应符合规范第5.2.1条的要求。如：无地下室或有地下室但无喷淋，二类高层住宅屋顶水箱建议取$12m^3$；有地下室且有喷淋，二类高层住宅屋顶消防水箱建议取$18m^3$。

（问题26）第5.2.1条和第6.2.3条当建筑高度超过150m时，若中间有一个$60m^3$的转输水箱，是不是最顶层只需要做大于$40m^3$的水箱就可以了？

回答：当建筑总高度＞150m时，兼作下区高位水箱的转输水箱，其容积应按$60m^3$取值。

当建筑总高度＞150m时，最顶层屋顶消防水箱容积应按规范取$100m^3$。

（问题27）第5.2.1条第1款：高位消防水箱有效容积当建筑高度大于100m时，不应小于$50m^3$，当建筑高度大于150m时不应小于$100m^3$。此处所指的建筑也包括住宅吗？

回答：第5.2.1条第1款都是专指一类高层公共建筑。

（问题28）第5.2.2条："高位消防水箱的设置位置应高于其所服务的水灭火设施，且最低有效水位应满足水灭火设施最不利点处静水压力，并应符合下列规定：……6 当高位消防水箱不能满足本条第1～5款的静压要求时，应设稳压泵。"

问：(1) 从条文来看，高位消防水箱首先要求高于服务的水灭火设施，满足不了静压才考虑稳压措施。如一展览建筑，展厅中部的混凝土屋面高度 15m，外围合的钢屋面高度 26m，钢屋面下有消防水炮，消防水箱是否应高出消防水炮？消防水箱只能布置在中部混凝土屋面上，钢制屋面无法安放消防水箱，是否可用稳压泵保证压力即可？

(2) 是不是高位消防水箱的设置位置一定要高于其所服务的水灭火设施？如设稳压泵是否可不受此条限制？

回答：(1) 消防水箱应高于其服务的水灭火设施，且最低有效水位应满足水灭火设施最不利处静水压力。水箱若不能保证最低有效水位高过其服务的水灭火设施，请与当地消防部门联系。

(2) 与消防局沟通。

(问题 29) (1) 第 5.2.6 条第 6 款：进水管口的最低点高出溢流边缘的高度应等于进水管管径，但最小不应小于 100mm，最大可不大于 150mm。该条与 GB 50015—2003 (2009 年版) 第 3.2.4C 条矛盾，第 3.2.4C 条要求消防水池进水管至溢流喇叭口的空气间隙不小于 150mm。如何执行？

(2) 第 6～7 款：水池进水管不淹没出流的话，如何能保证水位的稳定（水面不波动）？

(3) 第 11 款：高位消防水箱的进、出水管应设置带有指示启闭装置的阀门。应采用什么阀门？

回答：(1) 在生活泵供水的情况下，按 150mm 执行；在转输水泵供水的情况下，可按 100mm 执行。

(2) 可设消能桶。

(3) 明杆闸阀、带启闭刻度的暗杆闸阀等均带有指示启闭的装置。

(问题 30) 第 5.3.2 条，喷淋稳压泵的流量是否为管网正常泄漏量与水力警铃放水量之和？

回答：按第 5.3.2 条第 2 款执行。(比两者之和大，详见条文解释)

(问题 31) 第 5.3.3 条高层建筑消火栓稳压泵的压力是否为保证最不利消火栓处压力不小于 0.35MPa 要求？自动启泵的压力值怎么理解？高层建筑屋顶消防水箱间内是否需设喷淋及消火栓？若设喷淋，喷头高度超过消防水箱高度。

回答：稳压泵的设计压力符合第 5.3.3 条第 3 款的要求即可。自动启泵压力值为稳压装置的最低压力，即启动消防主泵的压力值。屋顶消防水箱间可不设喷淋和消火栓。

(问题 32) 第 5.3.3 条稳压泵的设计压力应保持系统自动启泵压力设置点处的压力在准工作状态时大于系统设置自动启泵压力值，且增加值为 0.07～0.10MPa。本条中“准工作状态”压力值如何确定？

回答：个人观点：稳压泵的准工作状态＝稳压泵将启动未启动那个临界点。

(问题 33) 第 5.4.4 条：“临时高压消防给水系统向多栋建筑供水时，消防水泵接合器宜在每栋单体附近就近设置。”请问：是否共用临时高压消防系统的每栋楼都需要设置水泵接合器？如一个有很多栋楼的大型小区，每栋分别设会有太多的接合器，如果几栋相邻的建筑，接合器设在各栋都方便取用、距离满足规范的位置，可否算是这几栋都设置了？

回答：水泵接合器可设在共用管网上，无需每栋楼独立设水泵接合器和止回阀，但每栋楼自喷及消火栓系统各设一个水泵接合器，且宜设置在各栋附近位置。

（问题34）第5.4.4条规定消防水泵接合器应在每座建筑附近就近设置。

问：（1）如果消防系统采用减压阀分区，则高层普通住宅每栋需设置4个消火栓水泵接合器，如还有喷淋系统则水泵接合器更多，此条是否需按规范严格执行？

（2）水泵接合器需分区设置，如喷淋系统设置了减压阀就需在阀后设置水泵接合器？

（3）超过消防车供水高度的建筑，手抬泵或移动泵是否仅需预留接口，而无需设置水箱及预留电量？

回答：（1）应按规范严格执行，即每栋楼每个分区每个系统各设一个水泵接合器即可。

（2）高低压应分区设置水泵接合器，避免低区着火的情况下，消防车水泵做无谓的加压。

（3）是，手抬泵无需预留电量。

（问题35）第5.4.6条，地上为超高层住宅建筑，中间无避难层，电梯厅及前室面积比较小，手抬泵或移动泵怎么设置？型号怎么选择？是采购备用，还是现场安装？深圳市消防车的供水流量和压力是多少？

回答：手抬泵或移动泵设在水泵接合器前即可，确保消防车内水泵经过水泵接合器后，再经过手抬泵或移动泵串联加压。深圳市消防车水泵参数需咨询消防处。手抬泵和移动泵由消防队员自带，现场安装。消防车的压力可供120m。

（问题36）第5.4.6条，当建筑高度超过消防车供水高度时，消防给水应在设备层等方便操作的地点设置手抬泵或移动泵接力泵供水的吸水和加压接口，如何设置？

回答：手抬泵或移动泵设在水泵接合器前即可，确保消防车内水泵经过水泵接合器后，再经过手抬泵或移动泵串联加压。（有转输水箱的设在水箱上）

（问题37）第5.5.1条，消防水泵房应设置起重设施，此条过于严格，因为民用建筑的消防水泵均小于3t，普通手动设备都能安装，应尽量减少投资。

回答：由施工单位考虑。（民用项目一般不会超过3t，超过3t的按规范设计）

（问题38）第5.4.8条“应使进水口与井盖底面的距离不大于0.4m，且不应小于井盖的半径”有误，假如直径是900mm的井盖（合肥等地采用）如何能做到“不大于0.4m，不小于0.45m”？

回答：规范笔误。

（问题39）第5.5.12条第2款，附设在建筑物内的消防水泵房，不应设置在地下三层及以下，或室内地面与室外出入口地坪高差大于10m的地下楼层。

问：（1）室外出入口地坪是指出入口处室外地坪还是指出入口处楼梯平台的地坪？

（2）消防水池可否设在高层建筑的避难层等地上层？

回答：（1）室外地坪。

（2）可以。

（问题40）第6.1.1条中的“商务连续性”怎么理解？

回答：允许停止营业造成损失的商业。

（问题41）第6.1.6条：当室外采用高压或临时高压消防给水系统时，宜与室内消防给水系统合用，如何理解？

回答：这种情况下，室内外可以合用系统。这个适合多层、二类高层、部分一类高层。

（问题 42）第 6.1.5 条："供消防车吸水的室外消防水池的每个取水口宜按一个室外消火栓计算，且其保护半径不应大于 150m。"

问：（1）如场地在一个消防取水口保护半径 150m 的范围内，设了消防取水口，是否还要设室外消火栓？

（2）是否意味着供消防车取水的室外消防水池，其取水口的数量应按每个取水口取水量 10～15L/s 并按室外消火栓用水量计算确定？

回答：（1）一个消防取水口取水量为 10～15L/s，若某项目室外消防水量为 30L/s，仅设 1 个无法满足规范要求，因此，还应至少再设一个室外消火栓或消防取水口。

（2）是。

（问题 43）第 6.1.7 条，独立的室外临时高压消防给水系统宜采用稳压泵维持系统的充水与压力，为什么不采用高位消防水箱维持系统的充水与压力？

回答：由于屋顶消防水箱已承担室内消防系统的稳压，若再负责室外稳压，则无法迅速发现室外消防管网的漏水。（室外管网为埋地敷设，渗漏不易发现）

（问题 44）第 6.1.9 条第 1 款："高层民用建筑、总建筑面积大于 $10000m^2$ 且层数超过 2 层的公共建筑和其他重要建筑，必须设置高位消防水箱。"请问：此条应该理解为符合条件的建筑必须设置高位消防水箱。但是第 6.1.10 条"当建筑物的室内临时高压消防给水系统仅采用稳压泵稳压，且建筑物室外消火栓设计流量大于 20L/s 和建筑高度大于 50m 的住宅时，消防水泵的供电或备用动力应安全可靠，并应符合下列要求：1. 消防水泵应按一级负荷要求供电，当不能满足一级负荷要求供电时应采用柴油发电机组作备用动力；2. 工业建筑备用泵宜采用柴油机消防水泵。"问：建筑高度大于 50m 的住宅是高层民用建筑，此条岂不是与第 6.1.9 条第 1 款的规定矛盾？

回答：第 6.1.9 条规定了室内采用临时高压消防系统设高位消防水箱的原则，第 6.1.10 条规定了仅采用稳压泵稳压的临时高压消防给水系统的特例情况，并不矛盾。

（问题 45）第 6.1.9 条，采用安全可靠的消防给水形式时，可不设高位消防水箱，但应设稳压泵。何种系统被认为是安全可靠的消防给水形式？稳压泵的流量与压力怎么选择？

回答：以消防局解释为准。

（问题 46）第 6.1.11 条第 2 款：居住小区消防供水的最大保护建筑面积不宜超过 $500000m^2$。问：审图是不是超过 $500000m^2$ 就通不过？

回答：规范提出"宜"时，应尽量执行。

（问题 47）第 6.2.1 条：消防给水系统的压力大于 2.40MPa 时，应分区供水，此处 2.40MPa 是指工作压力还是试验压力？消防试泵时小流量瞬时压力超 2.40MPa 是否也需分区？

回答：规范第 6.2.1 条已明确 2.40MPa 系指系统工作压力。

（问题 48）第 6.2.3 条第 2 款和第 6.2.5 条第 6 款分别规定"串联转输水箱的溢流管宜连接到消防水池"和"减压水箱的溢流水宜回流到消防水池"。问：高位消防水池和高位消防水箱无此规定，可不执行还是要参照执行？

回答：串联转输水箱和减压水箱，在消防时，有大量的水进入水箱，火灾初期，用水量小时，会有大量溢流水流出，为保证系统储水能有效使用，因此规定了串联转输水箱和减压水箱的溢流水回流至消防水池。

（问题 49）第 7.4.6 条："室内消火栓的布置应满足同一平面有 2 支消防水枪的 2 股充

实水柱同时到达任何部位的要求……”，请问：建筑高度超过100m的高层公共建筑，是否室内消火栓的布置不必保证每个防火分区同层的任何一点有两股水枪的充实水柱，而只需满足同层（同一平面）有两股充实水柱即可？

回答：每个防火分区同层的任何一点有两股水枪的充实水柱到达，和同层（同一平面）的任何一点有两股水枪的充实水柱到达并不矛盾。防火分区之间有防火墙、防火门、防火卷帘作为隔断，消火栓跨防火分区使用是受限的，火灾时，火场在隔壁的防火分区，就需要用到所在的防火分区的消火栓去打开灭火通道，到达隔壁的防火分区后，用所在分区的消火栓进行灭火。总之，消火栓应按防火分区独立布置，但是可以跨防火分区使用。

（问题50）第7.3.10条这个室外消火栓是装在引入管上面吗？

回答：是。

（问题51）第7.4.3条设置室内消火栓的建筑，包括设备层在内的各层均应设置消火栓。

问：（1）屋顶机房层是否也按此条执行？

（2）对于大地下车库上面的低层住宅，是否按此要求，地上各层要做消火栓，而不是按第3.5.2条来判定？

回答：（1）屋顶人防、水箱、电梯等机房可不设消火栓，但空调机房等应设消火栓。

（2）可不做消火栓。

（问题52）第7.4.7条第2款，高层住宅消火栓能否设在封闭楼梯间或防烟楼梯间内？

回答：可设在封闭楼梯间或防烟楼梯间内，并计入室内消火栓数量，此消火栓可穿越防火门参与其他部位灭火。

（问题53）第7.4.10条：“室内消火栓宜按直线具体计算其布置间距……”，条文解释：“……所以消防水带宜按行走距离计算”，是否矛盾？

回答：应区别不同的情况，两种说法都没错。

（问题54）第7.4.12条第2款，请问：当充实水柱为13m时，栓口压力为0.22MPa；当充实水柱为10m时，栓口压力为0.165MPa；到底消火栓栓口压力是按0.35MPa还是按充实水柱13m？（是按0.25MPa还是按充实水柱10m?）

回答：对于不同的建筑、不同的充实水柱，执行不同的栓口压力，具体按规范第7.4.12条第2款执行即可，应注意栓口压力和充实水柱是不同的概念，不能混淆。

（问题55）第7.4.12条第2款消火栓栓口动压不应小于0.25MPa，其含义是否是指消火栓栓口最低压力不应小于0.25MPa?

回答：是。

（问题56）第7.4.12条，消火栓栓口动压力不应大于0.5MPa；当大于0.7MPa时应设置减压装置。问：若栓口动压力为0.5～0.7MPa，是否应设减压装置呢？

回答：应设。

（问题57）第7.4.15条：跃层住宅和商业网点的室内消火栓应至少满足一股充实水柱到达室内任何部位，并宜设置在户门附近。

问：（1）本条与第7.4.6条相矛盾，如何把握？

（2）跃层住宅如果面积太大，楼层高，只在入户门位置设一个消火栓，充实水柱无法到达室内任何部位怎么办？

回答：(1) 这种情况下是特例，按第7.4.15条执行即可。

(2) 建筑专业增加门，或在室内增加消火栓即可。

(问题58) 第8.1.6条，类似大型商业建筑每层室内消火栓水平成环的情况，其阀门的设置原则没有明确，如何执行？

回答：单层成水平环，一旦发生检修，停用不超过5个消火栓，一个片区都不在消火栓的保护范围，存在较大风险，本规范不赞同该种处理方式。

(问题59) 两个消防电梯合用集水坑时，集水坑的有效容积与提升泵的流量怎么取值？消防电梯集水坑与车库或人防染毒水池是否可以合用？

回答：可以合用，流量和容积可不叠加。消防电梯集水坑与车库不能（宜）合用，与人防染毒井尽量不合用。第9.2.3条的条文解释“不能直接将井底的水排出室外时，参考国外做法，井底下部或旁边设容积不小于2.00m³ 的水池，排水量不小于10L/s”、“95%的火灾是两股水柱就能扑灭，鉴于上述两种原因，再考虑投资和经济的因素，规定消防电梯井的排水量不应小于10L/s”。从使用功能来说，消防电梯集水坑不可在平时兼排车库清扫地面水，如要兼战后排口部洗消水时，排水出口应预留战后洗消水排放的指定位置的接口。

(问题60) 第9.2.2条：“消防给水系统试验装置处应设置专用排水设施，排水管径应符合下列规定：1 自动喷水灭火系统等自动水灭火系统末端试水装置处的排水立管管径，应根据末端试水装置的泄流量确定，并不宜小于*DN*75；2 报警阀处的排水立管宜为*DN*100；3 减压阀处的压力试验排水管道直径应根据减压阀流量确定，但不应小于*DN*100。”请问：除了以上第1、2、3款所指消防给水系统试验装置，还有屋顶试验用消火栓、大空间智能灭火系统末端试水装置、消防水泵出口泵组流量和压力测试装置，这些都要设置专用排水设施么？可否排至屋面、接纳地面废水的地漏、卫生器具或回流至消防水池？

回答：按规范执行，做专用排水设施。由于消防给水系统试验时，瞬间水量大，因此规定测试装置处应设专用排水设施，可排至屋面或回流至消防水池。接纳地面废水的地漏和卫生器具，如果能保证及时排放测试排水量，且不影响其使用功能时，可作为测试装置的排水设施。

(问题61) 第10.1.7条，消防水泵扬程安全系数取1.2～1.4，是否偏高，易导致管网超压？

回答：按该条文执行。该安全系数只是针对总水头损失，即总水头损失乘以1.2～1.4，对水泵扬程增加不大。

(问题62) 第10.1.9条第1款室外消火栓管网应根据其枝状或环状管网进行水力计算”，请问：按怎样的管网形式计算？事故状态下环状管网不就是枝状管网？

回答：由规范组解释。(个人理解：按最不利情况计算)

(问题63) 消防水池最低水位是否必须高于离心水泵出水管中心线？

回答：第4.3.9条第1款：消防水池的出水管应保证消防水池的有效容积能被全部利用；第5.1.12条：消防水泵应采取自灌式吸水，满足离心泵自灌式吸水要求的消防水池最低水位应高于水泵出水管放气孔。

(问题64) 第11.0.4条，已设了稳压泵（带气压罐）的消火栓系统为例，现在有三个启泵方式：一是稳压装置上的压力开关启动；二是水箱出水管上的流量开关启动；三是泵房出水干管上的压力开关启动。请问：这三种方式只取一种即可还是都要？稳压装置维持的压力如何计算？管网压力下降多少时压力开关动作发出信号启动消防水泵？水箱出水管流量达到多少时流量开关动作发出信号启动消防水泵？

回答：按新规范规定的启动消防主泵的方式为如下四种：(1) 规范第11.0.4条，消防水泵出水干管上设置的压力开关或报警阀处压力开关信号自动启泵；(2) 规范第11.0.4条，消防水箱出水管（稳压设备进水干管）上的流量开关信号自动启泵；(3) 规范第11.0.8条，消防水泵应设置泵房就地强制启停泵按钮手动启停泵；(4) 规范第11.0.12条，消防水泵控制柜应设机械启泵功能，并应保证在控制柜内的控制线路发生故障时，由有管理权限的人员在紧急时手动启动消防水泵；消防控制中心应能强制启停消防水泵。规范第11.0.3条，消防泵应确保从接到启泵信号到水泵正常运行的自动启动时间不应大于2min。机械应急启动消防泵时，应确保消防水泵在报警后5min内正常工作。按规范第11.0.6条，稳压泵应由消防给水管网或气压水罐上设置的稳压泵自动启停泵压力开关或压力变送器控制。稳压装置的压力开关只是控制启停稳压泵，并不用来控制消防主泵。设有稳压泵（带气压罐）的消防系统，按第5.3.3条第2款，稳压泵的设计压力应保持系统自动启泵压力设置点处的压力在准工作状态时，大于系统设置的自动启泵压力值，且增加值宜为0.07～0.10MPa。按第5.3.3条第3款，稳压泵的设计压力应保持系统最不利点处灭火设施在准工作状态时的静水压力大于0.15MPa。系统自动启泵压力设置点即为消防水泵主管上压力开关或报警阀处压力开关处。

（问题65）第8.3.4条第2款要求应设置过滤器，过流面积不应小于管道截面积的4倍，如何选用产品？

回答：在施工图设计总说明中表达即可。

（问题66）第9.2.2条第3款：减压阀处的压力试验排水管道直径应根据减压阀流量确定，但不应小于*DN*100。疑问：上次消防局组织的培训课上，专家说此处“减压阀”有误，应该为“泄压阀”。请确认。

回答：按规范，应为减压阀。

（问题67）第11.0.2条，消防水泵为何不能自动停泵？对于转输泵来说，转输水池已经无水，那这台泵为何不能停？空转有什么意义？再比如转输水池已满，那这台转输泵为何不能停，还要继续补水导致溢流？

回答：考虑火灾现场的复杂性，消防水泵不能自动停泵，具体请参阅该条的条文解释。设有转输泵的系统，转输泵转输的水量是上层灭火的水源，火灾时应保证上层水源的连续性，按规范第6.2.2条第2款，如转输水池出水量小于转输量，溢流水量宜回流至低位消防水池。

（问题68）第11.0.4条，消防水泵应由水泵出水干管上设置的低压压力开关、高位消防水箱出水管上的流量开关控制。

问：(1) 压力开关和流量开关是否两者都要设置，还是设置其中之一即可？

(2) 消防水泵出水干管上设置低压压力开关，如果是环管，如何设置？与喷淋湿式报警阀上枝状管网不同，报警阀上的压力开关是必经之路。

回答：由规范组解释。(个人观点：(1) 都要设；(2) 在泵房内的环管上设)

（问题 69）第 11.0.4 条，消防水泵应由水泵出水干管上设置的低压压力开关、高位消防水箱出水管上的流量开关，或报警阀压力开关等信号直接自动启动消防水泵，压力开关的额定值怎么取？流量开关或报警阀压力开关数值怎么取？

回答：由规范组解释。（根据产品定）

（问题 70）消火栓系统未对阀门设置原则进行规定，如何执行？

回答：按旧规范执行。

（问题 71）双立管双栓的使用条件是什么？

回答：尽量不用。

（问题 72）对于超高层公共建筑，如在 250m 处已设置了高位消防水池，250m 以上还有 5 层建筑（塔尖形），塔尖顶消防水箱如何确定？

回答：若塔尖下已采用常高压系统，则塔尖楼层可仅设置 18m^3 消防水箱，无需按第 5.2.1 条设置 100m^3 消防水箱。但该做法需得到消防局认可。

（问题 73）住宅防烟楼梯间消火栓是否允许跨防火门进入合用前室使用？

回答：可以跨防火门进入合用前室使用。

（问题 74）楼梯间、前室的有效面积是否需要扣除设置在里面的消火栓、立管占用的面积？

回答：应该扣除，故若在楼梯间、前室设有消火栓或立管时，一定要提前告知建筑专业进行相应的扣除。

（问题 75）消防电梯底的排水井能否与车库或者客梯等其他排水井共用？

回答：不宜共用，建议消防电梯底的排水井单独设置。

（问题 76）大空间智能型主动喷水灭火系统是否要设置压力开关启动水泵？

回答：按大空间智能灭火系统要求自动启泵。要设压力开关。

（问题 77）无稳压泵的临时高压消火栓系统，消防水泵出水管上压力开关的压力如何设置？

回答：由规范组解释（个人观点：压力值比屋顶水箱底低 0.05～0.07MPa）。

第2章 《建筑设计防火规范》热帖

2.1 解读《建筑设计防火规范》GB 50016—2014 重要条文

一、《建筑设计防火规范》GB 50016—2014 的主要变化（简称《新建规》）

与《建筑设计防火规范》GB 50016—2006（简称《建规》）和《高层民用建筑设计防火规范》GB 50045—1995（2005 年版）（简称《高规》）相比，本规范主要有以下变化：

（1）合并了《建规》和《高规》，调整了两项标准间不协调的要求，将住宅建筑的分类统一按照建筑高度划分；

（2）增加了灭火救援设施和木结构建筑两章，完善了有关灭火救援的要求，系统规范了木结构建筑的防火要求；

（3）补充了建筑外保温系统的防火要求；

（4）将消防设施的设置独立成章并完善有关内容；取消消防给水系统和防烟排烟系统设计的要求，分别由相应的国家标准作出规定；

（5）适当提高了高层住宅建筑和建筑高度大于 100m 的高层民用建筑的防火技术要求；

（6）补充了利用有顶步行街进行安全疏散时的防火要求；调整、补充了建材、家具、灯饰商店和展览厅的设计人员密度；

（7）补充了地下仓库、物流建筑、大型可燃气体储罐（区）、液氨储罐、液化天然气储罐的防火要求，调整了液氧储罐等的防火间距；

（8）完善了防止建筑火灾竖向或水平蔓延的相关要求。

二、相关专家解读

悉地国际设计顾问（深圳）有限公司的姜文源先生对于《新建规》的解读如下：

1. 关于《建规》与《高规》的合并

《建规》和《高规》的某些条文规定不一致，条文规定的不一致有的是合理的，因为《建规》强调“外救”，《高规》强调“自救”。如：屋顶消防水箱的容积、设置高度，《建规》强调水箱储存 10min 消防用水量；《高规》是按照建筑物的性质和标准确定水箱容积。《建规》规定水箱设在建筑物最高位置；《高规》强调最不利点消火栓的静水压力。消防水泵接合器的设置，《建规》强调设置；而《高规》对超过消防车供水能力的楼层不强调设置。消防水泵的设置，《高规》强调设置；《建规》并未规定多层建筑一定要设置。消防备用泵的设置，《高规》强调设置；《建规》允许消防用水量少的建筑可不设置。

但有的条文两个规范应该一致而未能一致，如：消防电梯前室消火栓是否计入同层消火栓总数的条文规定。《建规》的条文说明说不计入，《高规》在 1995 年修订时将原《高规》“不计入同层消火栓总数”这句话去掉了，但是否计入在条文和条文说明中未予明确，当时考虑这可由工程设计人员自行确定消防电梯前室消火栓是专用还是兼用。如确定专用或是兼用，都应配套相应的技术措施。《建规》和《高规》合并后，就从根本上解决了两本规范条文规定应一致而不一致的问题。

《建规》和《高规》合并为《新建规》。《新建规》的主编单位为：公安部天津消防研究所、公安部四川消防研究所。解释单位为：公安部消防局组织天津、四川消防研究所负责具体技术内容的解释。

2.《新建规》条文示例

(1) 关于前言修订内容1的条文示例

1）条文示例一：

1.0.2　本规范适用于下列新建、扩建和改建的建筑：

1　厂房；

2　仓库；

3　民用建筑；

4　甲、乙、丙类液体储罐（区）；

5　可燃、助燃气体储罐（区）；

6　可燃材料堆场；

7　城市交通隧道。

第1.0.2条“民用建筑”一词既包括《建规》第1.0.2条的四类建筑：9层及9层以下的居住建筑、建筑高度小于等于24m的公共建筑、建筑高度大于24m的单层公共建筑、4地下、半地下建筑；也包括《高规》第1.0.3条的两类建筑：十层及十层以上的居住建筑、建筑高度超过24m的公共建筑。

2）条文示例二：

2.1.1　高层建筑：建筑高度大于27m的住宅建筑和建筑高度大于24m的非单层厂房、仓库和其他民用建筑。

“高层建筑”的定义，非常明确地规定住宅不按层数而按建筑高度来区分多层建筑或是高层建筑，原因：按建筑高度较为准确，而按层数则会有较大出入。同时也说明了对住宅建筑的要求宽于对公共建筑的要求（住宅建筑为27m，其他建筑为24m)。

为了说明按建筑高度要比按层数准确，示例如下：某工程，无架空层，9层，每层层高2.8m，总建筑高度为2.8×9=25.2m；而另一工程，有架空层，架空层高度2.1m，9层，每层层高3.0m，顶层为跃层，总建筑高度为2.1+3.0×9+3.0=32.1m。两工程层数相同都为9层，而建筑高度相差32.1-25.2=6.9m。

3）条文示例三：

1.0.6 建筑高度大于250m的建筑，除应符合本规范的要求外，尚应结合实际情况采取更加严格的防火措施，其防火设计应提交国家消防主管部门组织专题研究、论证。

第1.0.6条来自《高规》，1990—1993年编制1995年版《高规》时，突破了《高规》建筑高度100m的限制，又设定了建筑高度250m的上限，当时考虑的理由是：

① 火灾次数。高层建筑的火灾次数一般为一次，当建筑物的建筑高度再高，其面积和人数达到《建规》两次火灾标准时，火灾次数不应再按一次计算。

② 消防电梯速度。消防电梯速度要求在1min内从底层到顶层，当年消防电梯速度为

2.5m/s，250m的高层建筑需时100s，即1.67min，已略低于标准要求，但未超过2min。

③ 电源保证。一类建筑和二类建筑分别对供电有明确规定，当建筑高度再高时，电源保证的要求更高，当时在我国难以做到。

④ 工程案例：当时国内已建、拟建的建筑，建筑高度一般均在250m以下。建筑高度超过250m的高层建筑，有称为超限建筑的（指超过上限值的高层建筑），有称为超超建筑的（指超过超高层建筑的高层建筑），国内尚未统一，本人较为倾向于称为超限建筑。一般认为建筑高度超过100m的建筑，也有称为超高层建筑的。达到152m的称为摩天大楼。建筑高度为250m～1000m的高层建筑怎么命名，也是一个问题。

4）条文示例四：

2.1.4 商业服务网点：设置在住宅建筑的首层或首层及二层，每个分隔单元建筑面积不大于300m^2的商店、邮政所、储蓄所、理发店等小型营业性用房。

第2.1.4条对建筑面积不大于300m^2，是总面积还是分隔单元面积作了明确，避免产生歧义。

（2）关于前言修订内容2的条文示例

1）条文示例一：

7.3.4 符合消防电梯要求的客梯或货梯可兼作消防电梯。

第7.3.4条意味着消防电梯今后有可能不只一台，而是有可能为多台。这就涉及电梯井底的排水问题，符合消防电梯要求的客梯或货梯兼作消防电梯时，也应按消防电梯要求进行排水。还涉及消防电梯和兼作消防电梯的客梯或货梯排水泵专用、共用的问题。

2）条文示例二：

7.4.2 直升机停机坪应符合下列规定：

……

4 在停机坪的适当位置应设置消火栓；

……

以前规范规定停机坪设置消火栓较为详细，第7.4.2条所指的适当位置指不影响直升机的升降和有利于消火栓的防冻、灭火的位置。

3）条文示例三：

《新建规》新增了第8章，第8章共有5节，章节名称如下：

8 消防设施的设置

8.1 一般规定（该节相当于《建规》8.2节“室外消防用水量、消防给水管道和消火栓”）

8.2 室内消火栓系统（该节相当于《建规》8.3节“室内消火栓等的设置场所”）

8.3 自动灭火系统（该节相当于《建规》8.5节“自动灭火系统的设置场所”）

8.4 火灾自动报警系统

8.5 防烟和排烟设施

4）条文示例四：

8.1.2 城镇（包括居住区、商业区、开发区、工业区等）应设可通行消防车的街道设置市政消火栓系统。

民用建筑、厂房、仓库、储罐（区）和堆场周围应设置室外消火栓系统。

用于消防救援和消防车停靠的屋面上，应设置室外消火栓系统。

注：耐火等级不低于二级且建筑体积不大于 3000m³ 的戊类厂房，居住区人数不超过 500 人且建筑层数不超过两层的居住区，可不设置室外消火栓系统。

第 8.1.2 条规定了设或不设室外消火栓系统的条件，消火栓系统是最基本、最主要的灭火设施，室外地面和上消防车的屋面都要设。耐火等级不低、建筑体积不大、生产火灾危险性低、人数少且建筑层数低的场所可不设。条文规定的第一段和第三段沿用《建规》条文，而第二段是新增加的。有的建筑裙房屋顶可以上消防车，这有利于高出裙房部分高层建筑消防。

室外消火栓用途有：

① 通过消防车加压直接用于建筑物下层的火灾扑救（不限于建筑高度 24m）；

② 向邻近建筑物淋水降温，防止火灾蔓延；

③ 向水泵接合器送水，通过水泵接合器向建筑物的上层供水。

条文涉及的消火栓系统不单指消火栓单体，而是指室外消火栓、管道、阀门、供水设施等。

5）条文示例五：

8.1.10　建筑外墙设置有玻璃幕墙或采用火灾时可能脱落的墙体装饰材料或构造时，供灭火救援用的水泵接合器、室外消火栓等室外消防设施，应设置在距离建筑外墙相对安全的位置或采取安全防护措施。

第 8.1.10 条与《建规》的规定不相同，《建规》考虑水泵接合器、消火栓等室外消防设施与建筑外墙的距离一般为 5m。考虑建筑物上部有坠落物下坠时，不致伤及消防队员。而现在考虑建筑物的墙体外倾等因素，“与建筑外墙一定距离”难以规定具体数字，改为距离建筑外墙相对安全的位置或采取安全防护措施。安全防护措施包括设置雨篷等措施。规定相对安全位置的目的是防止高空物体坠落（包括玻璃、广告牌、霓虹灯、幕墙、墙体装饰材料等）。

6）条文示例六：

8.3.8　下列场所应设置自动灭火系统，并宜采用水喷雾灭火系统：

1　单台容量在 40MV・A 及以上的厂矿企业油浸变压器，单台容量在 90MV・A 及以上的电厂油浸变压器，单台容量在 125MV・A 及以上的独立变电站油浸变压器；

2　飞机发动机试验台的试车部位；

3　充可燃油并设置在高层民用建筑内的高压电容器和多油开关室。

注：设置在室内的油浸变压器、充可燃油的高压电容器和多油开关室，可采用细水雾灭火系统。

第 8.3.8 条新加了一个注，即关于细水雾灭火系统可以采用的规定，这是细水雾灭火系统第一次上《建规》，上通用标准。既表示细水雾灭火系统得到认可，也表示细水雾灭火系统的前程坎坷。因为没有单列条文，而仅仅只是一条注。但回过头来，列上总比不列要好。不管怎么说这是细水雾第一次列入《建规》条文，也是第一次在消防母规范中对细水雾作出肯定。细水雾灭火系统有比水喷雾灭火系统更突出的优点，但该条文规定适用范围较窄。

7）条文示例七：

8.3.11　餐厅建筑面积大于 1000m² 的餐馆或食堂，其烹饪操作间的排油烟罩及烹饪部位应设置自动灭火装置，并应在燃气或燃油管道上设置与自动灭火装置联动的自动切断装置。

食品工业加工场所内有明火作业或高温食用油的食品加工部位宜设置自动灭火装置。

第 8.3.11 条规定了餐馆或食堂的防火。原来规定厨房建筑面积，现在规定餐厅建筑面积，更便于操作。现时的厨房烹饪设备是高能量输入的高效烹饪设备；食用油是高自燃温度的食用油。厨房火灾特点是：起火次数频繁，油温高，不易扑灭，易复燃，因此灭火必须加强。灭火装置为自动灭火装置，包括：细水雾灭火装置或泡沫灭火装置，都为瓶组式。

（3）关于前言修订内容 4 的条文示例

条文示例：

撤销了第 8 章消防给水和灭火设施

第 8 章及第 8 章有关节的名称如下：

8　消防给水和灭火设施

8.1　一般规定

8.2　室外消防用水量、消防给水管道和消火栓

8.3　室内消火栓等的设置场所

8.4　室内消防用水量及消防给水管道、消火栓和消防水箱

8.5　自动灭火系统的设置场所

8.6　消防水池与消防水泵房

第 8 章一经撤销，有关内容分别由相应的国家标准作出规定。相应的国家标准即《消防给水及消火栓系统技术规范》、《自动喷水灭火系统设计规范》等有关专用标准。

（4）关于前言修订内容 6 的条文示例

条文示例：

5.3.6　当餐饮、商店等商业设施通过有顶棚的步行街连接，且步行街两侧的建筑需利用步行街进行安全疏散时，应符合下列规定：

……

8　步行街两侧建筑的商铺外应每隔 30m 设置 *DN*65 的消火栓，并应配备消防软管卷盘或消防水龙。商铺内应设置自动喷水灭火系统和火灾自动报警系统，每层回廊均应设置自动喷水灭火系统。步行街内宜设置自动跟踪定位射流灭火系统；

……

第 5.3.6 条补充了有顶步行街进行安全疏散时的防火要求。

3. 要关注《新建规》其他章节的内容

（1）条文示例一：

3.3.3　厂房内设置自动灭火系统时，每个防火分区的最大允许建筑面积可按本规范第 3.3.1 条的规定增加 1.0 倍。当丁、戊类的地上厂房内设置自动灭火系统时，每个防火分区的最大允许建筑面积不限。厂房内局部设置自动灭火系统时，其防火分区增加的面积可按该局部面积的 1.0 倍计算。

第 3.3.3 条规定了设了喷淋系统，防火分区面积可以扩大。也就是说设置喷淋系统有两个目的：一是为了防火、灭火、控火；二是为了扩大防火分区面积或是增长疏散距离等。

（2）条文示例二：

5.4.8　高层建筑内的观众厅、会议厅、多功能厅等人员密集的场所，宜布置在首层、

二层或三层。确需布置在其他楼层时，除本规范另有规定外，尚应符合下列规定：

1 ……；

2 应设置火灾自动报警系统和自动喷水灭火系统等自动灭火系统；

3 ……

第5.4.8条规定，高层建筑内的观众厅、会议厅、多功能厅等人员密集的场所，当布置在其他楼层时应设置自动喷水灭火系统等自动灭火系统。因为这些场所人员密集，容易发生火灾，容易发生群伤群亡事故，应采取有效措施。

（3）条文示例三：

5.4.13 布置在民用建筑内的柴油发电机房应符合下列规定：

……

6 建筑内其他部位设置自动喷水灭火系统时，柴油发电机房应设置自动喷水灭火系统。

（4）条文示例四：

5.5.23 建筑高度大于100m的公共建筑，应设置避难层（间）。避难层（间）应符合下列规定：

……

6 应设置消火栓和消防软管卷盘；

……

第5.5.23条考虑到应保证避难层（间）是安全的，因此应有灭火设施的设置，其中包括消火栓和消防软管卷盘的设置。

4. 关于《自动喷水灭火系统设计规范》GB 50084—2001（2005年版）（简称《喷规》）与《自动喷水灭火系统施工及验收规范》GB 50261—2005（简称《喷施规》）的三同步

《喷规》与《喷施规》也要合并，在合并之前采取的措施是三同步。三同步指：这两本规范同步修订、同步审查、同步报批，以解决这两本规范在正式合并前的个别条文不一致的问题。如：末端试水装置的压力表设置位置，《喷规》的图示将压力表设置在最后一个球阀的下方；而《喷施规》的图示将压力表设置在最后一个球阀的上方。工地检查装了两个压力表，装在下方的以符合《喷规》的要求，装在上方的以符合《喷施规》的要求。实际上是多设了一个压力表。再如：干式系统和预作用系统的充水时间，《喷规》规定干式系统的充水时间为1min，预作用系统的充水时间为2min；而《喷施规》的规定则与此不同。

从灭火系统的角度，在1990—1993年修订《高规》时曾提出过一个观念：我们所处的时代是以消火栓系统为主向以喷淋系统为主的过渡时期。首先在建筑高度超过100m的高层建筑及其裙房全方位设置喷淋系统。同时，通过消防规范的每一次修订，扩大喷淋的设置部位和提高设置标准。

示例：2002年《建规》送审稿审查会有三份专题报告涉及喷淋系统。

示例：《高规》规定建筑高度不超过100m的一类高层公共建筑及其裙房也要求全方位设喷淋系统。

示例：《建规》规定从藏书量100万册的图书馆提高至藏书量50万册的图书馆要求设喷淋系统。

按地球村的理念，按深化改革开放的精神，我们要与国际接轨，要与发达国家的先进技术接轨。我国推进喷淋系统灭火技术的主要举措是与美国规范接轨。如：设置场所火灾危险等级的划分，系统的选型，喷水强度和作用面积等设计参数，特种喷头形式，喷头与障碍物的距离，配水管道控制的标准喷头数，水力计算方法等都来自美国规范。

按“以喷淋系统为主”和“与发达国家接轨”这两个理念，反映在《喷规》中，就是《喷规》每修订一次，就推出一些新的喷头

现行《喷规》推出的特种喷头有：

快速响应喷头；

边墙型扩展覆盖喷头；

早期抑制快速响应（ESFR）喷头。

《喷规》新一轮推出的特种喷头有：

非仓库类高大净空场所洒水喷头；

家用喷头；

特殊应用控火型（CMSA）喷头。

2.2 《建筑设计防火规范》GB 50016—2014之单、多层建筑是否进行自喷设计探讨

《建筑设计防火规范》GB 50016—2014对单、多层是否设立自喷有如下条文规定：

8.3.4 除本规范另有规定和不宜用水保护或灭火的场所外，下列单、多层民用建筑或场所应设置自动灭火系统，并宜采用自动喷水灭火系统：

1 特等、甲等剧场，超过1500个座位的其他等级的剧场，超过2000个座位的会堂或礼堂，超过3000个座位的体育馆，超过5000人的体育场的室内人员休息室与器材间等；

2 任一层建筑面积大于1500m^2或总建筑面积大于3000m^2的展览、商店、餐饮和旅馆建筑以及医院中同样建筑规模的病房楼、门诊楼和手术部；

3 设置送回风道（管）的集中空气调节系统且总建筑面积大于3000m^2的办公建筑等；

4 藏书量超过50万册的图书馆；

5 大、中型幼儿园，总建筑面积大于500m^2的老年人建筑；

6 总建筑面积大于500m^2的地下或半地下商店；

7 设置在地下或半地下或地上四层及以上楼层的歌舞娱乐放映游艺场所（除游泳场所外），设置在首层、二层和三层且任一层建筑面积大于300m^2的地上歌舞娱乐放映游艺场所（除游泳场所外）。

第8.3.4条第2款包含的条件见表2-1。

是否设立自喷的条件 **表2-1**

<table>
<tr><th>条件</th><th>$S\leqslant 1500m^2$</th><th colspan="3">$1500m^2 < S \leqslant 3000m^2$</th><th>$S > 3000m^2$</th></tr>
<tr><td>单层</td><td>×</td><td colspan="3">待讨论</td><td>√</td></tr>
<tr><td rowspan="3">多层</td><td rowspan="3">×</td><td>分条件</td><td>任一层$>1500m^2$</td><td>任一层$<1500m^2$</td><td rowspan="3">√</td></tr>
<tr><td>总面积$\leqslant 3000m^2$</td><td>√</td><td>×</td></tr>
<tr><td>总面积$>3000m^2$</td><td>√</td><td>√</td></tr>
</table>

注：条件中S代表为总建筑面积。

对于单层超过 1500m² 但是不超过 3000m² 这种情况，是否需要设立自喷呢？某设计院对这个条文进行了讨论，有以下的观点：

（1）不论怎样，为了安全尽量设立，现在实行消防终生责任制，这是保证安全并且保护自己的一种最好的方式（偏主流，并且安全）。

（2）严格按照规范来执行，如果在规范安全内可以不做，那么没必要为了过度的安全做投资。好比一个单层建筑，你可以做消火栓系统、自喷系统、消防水炮、气体灭火等各种灭火系统，但是毫无用处。度的问题很难掌握。

（3）甲方代表：我认为按照规范，能不做就不做。现在行情不好，要控制成本。

（4）呵呵，我都行。我画图就行。

我带着热爱学习和工作的精神参与了讨论。我认为，规范对于我们设计人员就像法律对于律师一样，我们所设计的建筑就像法律人士为人辩护一样。可以说我们决定着建筑的质量甚至是人的生命安全，所以我们对待规范应该像律师对待法律一样，应该吃透。

首先来解析一下条文：

“任一层建筑面积大于 1500m² 或总建筑面积大于 3000m² 的展览、商店、餐饮和旅馆建筑以及医院中同样建筑规模的病房楼、门诊楼和手术部。”有个疑问，条文所说的任一层建筑是否代表着建筑层数不止一层，至少两层所以才有任一层之说。如果这种说辞合理的话，那么对于单层建筑 $1500m^2<S\leqslant3000m^2$ 这个范围，是可以不设自喷的。如果任一层这个概念适用于单层，那么该条文就可以理解为：“单层建筑面积大于 1500m² 或总建筑面积大于 3000m² 的展览、商店、餐饮和旅馆建筑以及医院中同样建筑规模的病房楼、门诊楼和手术部”。这里就有两个重复条件了：（1）$>1500m^2$；（2）$>3000m^2$。所以这个条文中“任一”的默认条件是：“大于一层建筑”？

另外还衍生出了另一个问题的讨论：对于含有夹层的建筑比如图 2-1 这种，右侧局部两层（或者说跃层）所占的比例很小，这种情况算一层还是两层？这个问题我查阅了《民用建筑设计通则》、《住宅设计规范》、《建筑工程建筑面积计算规范》，但是似乎没有对这个问题进行说明，而《建筑工程建筑面积计算规范》里对大于 2.2m 层高的跃层是全部算进建筑面积的。

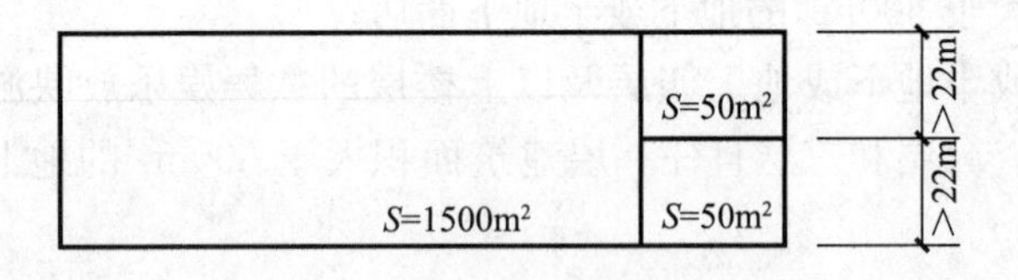

图 2-1　含有夹层的建筑平面图

对于这个问题，如果按照“任一”的默认前提是多层这种理解，我们画了下面这张图（见图 2-2）。显然，按照规范，图 2-1 需要设立自喷，图 2-2 不需要设立。图 2-2 为单层，并且面积刚好在（1500，3000］范围之内，按照上述理解，是可以不设立自喷的。但是对于上述这两种条件，很明显对于同类建筑图 2-2 的火灾危险性要大于图 2-1，应当要设立自喷的。这一点上“如果按照‘任一’的默认前提是多层这种理解”这个概念站不住脚。所以对于单层，只需要面积大于 1500m² 就应当设立自喷。

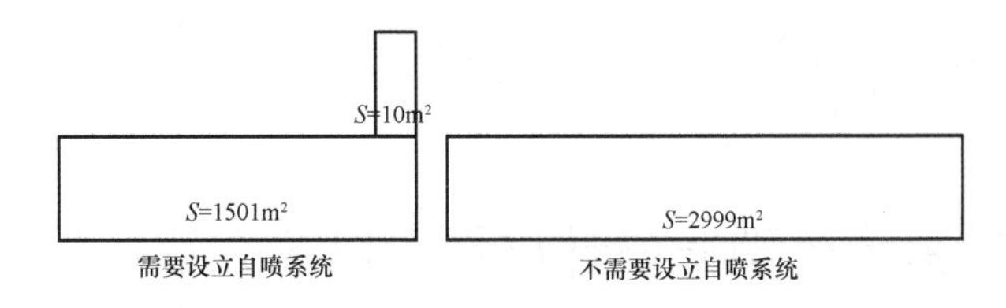

图 2-2 是否设立自喷系统的建筑平面图

2.3 《建筑设计防火规范》GB 50016—2014 水灭火规定的理解

8.3.3 除本规范另有规定和不宜用水保护或灭火的场所外，下列高层民用建筑或场所应设置自动灭火系统，并宜采用自动喷水灭火系统：

1 一类高层公共建筑（除游泳池、溜冰场外）及其地下、半地下室；

理解：一类高层公共建筑地上、地下除了不能用水灭火的以及游泳池和溜冰场外，其余所有部位都要做喷淋，包括卫生间、管道井、烟道、风道、垃圾通道。

2 二类高层公共建筑及其地下、半地下室的公共活动用房、走道、办公室和旅馆的客房、可燃物品库房、自动扶梯底部；

理解：二类高层公共建筑地上除了不能用水灭火的以及游泳池和溜冰场外，其余所有部位都要做喷淋，包括卫生间、管道井、烟道、风道、垃圾通道。

二类高层公共建筑地下部位的公共活动用房、走道、办公室和旅馆的客房、可燃物品库房、自动扶梯底部要做喷淋，其他部位如卫生间、机房、管道井、风道、烟道等可以不做。

3 高层民用建筑内的歌舞娱乐放映游艺场所；

4 建筑高度大于 100m 的住宅建筑。

8.3.4 除本规范另有规定和不宜用水保护或灭火的场所外，下列单、多层民用建筑或场所应设置自动灭火系统，并宜采用自动喷水灭火系统：

1 特等、甲等剧场，超过 1500 个座位的其他等级的剧场，超过 2000 个座位的会堂或礼堂，超过 3000 个座位的体育馆，超过 5000 人的体育场的室内人员休息室与器材间等；

2 任一层建筑面积大于 1500m² 或总建筑面积大于 3000m² 的展览、商店、餐饮和旅馆建筑以及医院中同样建筑规模的病房楼、门诊楼和手术部；

3 设置送回风道（管）的集中空气调节系统且总建筑面积大于 3000m² 的办公建筑等；

4 藏书量超过 50 万册的图书馆；

5 大、中型幼儿园，总建筑面积大于 500m² 的老年人建筑；

6 总建筑面积大于 500m² 的地下或半地下商店；

7 设置在地下或半地下或地上四层及以上楼层的歌舞娱乐放映游艺场所（除游泳场所外），设置在首层、二层和三层且任一层建筑面积大于 300m² 的地上歌舞娱乐放映游艺场所（除游泳场所外）。

理解：依据规范条文解释，多层建筑要做喷淋的地方也是所有部位，包括卫生间、管道井、风道井、烟道井、机房等。

2.4 《新建规》室内外消防设计流量可以这么取？

现有一项目，概况如下：一栋22层综合楼，底部4层是商业，上部为住宅，建筑总高度69.1m，裙楼商业部分建筑高度14.8m。住宅体积60840m^3，商业部分体积22200m^3。

看到《新建规》第5.4.10条及条文解释，室内外消防用水量不知道该如何取值了。

5.4.10　除商业服务网点外，住宅建筑与其他使用功能的建筑合建时，应符合下列规定：

1　……

2　……

3　住宅部分和非住宅部分的安全疏散、防火分区和室内消防设施配置，可根据各自的建筑高度分别按照本规范有关住宅建筑和公共建筑的规定执行；该建筑的其他防火设计应根据建筑的总高度和建筑规模按本规范有关公共建筑的规定执行。

第3款　条文解释：

本条第3款确定的设计原则为：住宅部分的安全疏散楼梯、安全出口和疏散门的布置与设置要求，室内消火栓系统、火灾自动报警系统等的设置，可以根据住宅部分的建筑高度，按照本规范有关住宅建筑的要求确定，但住宅部分疏散楼梯间内防烟与排烟系统的设置应根据该建筑的总高度确定；非住宅部分的安全疏散楼梯、安全出口和疏散门的布置与设置要求，防火分区划分，室内消火栓系统、自动灭火系统、火灾自动报警系统和防排烟系统等的设置，可以根据非住宅部分的建筑高度，按照本规范有关公共建筑的要求确定。该建筑与邻近建筑的防火间距、消防车道和救援场地的布置、室外消防给水系统设置、室外消防用水量计算、消防电源的负荷等级确定等，需要根据该建筑的总高度和本规范第5.1.1条有关建筑的分类要求，按照公共建筑的要求确定。

1. 室内消火栓设计流量

如果不参照第5.4.10条，而是直接按综合楼考虑，室内消防用水量根据《消防给水及消火栓系统技术规范》表3.5.2民用建筑-高层-一类公共建筑，$h>50$m时取40L/s。

如果参照第5.4.10条，室内消防用水量根据《消防给水及消火栓系统技术规范》表3.5.2民用建筑-高层-住宅，$h>54$m时取20L/s；单层及多层-商店，10000m$^3\leqslant V\leqslant$25000m^{3}时取25L/s。两者取大值25L/s。

2. 室外消火栓设计流量

如果不参照第5.4.10条，而是直接按综合楼考虑，室外消防用水量根据《消防给水及消火栓系统技术规范》表3.3.2一、二级-民用建筑-公共建筑-高层，$V>50000$m^{3}时取40L/s。

如果参照第5.4.10条，根据条文解释最后一句，该建筑属于一类高层公共建筑，室外消防用水量根据《消防给水及消火栓系统技术规范》表3.3.2一、二级-民用建筑-公共建筑-高层，$V>50000$m^{3}时取40L/s。

2.5 关于《新建规》第5.4.10条的讨论

讨论一：

《新建规》第5.4.10条第3款：住宅部分和非住宅部分的安全疏散、防火分区和室内消防设施配置，可根据各自的建筑高度分别按照本规范有关住宅建筑和公共建筑的规定执行；该建筑的其他防火设计应根据建筑的总高度和建筑规模按本规范有关公共建筑的规定执行。

在条文解释中对于消防水量的取值，室内未特意说明，但对室外消防水量的计算作了明确规定。那么室内消防水量的取值是否分别取值后按照大值进行计算，还是直接按照公共建筑取值？

有工程师认为应当按照公共建筑直接取值，我不这么认为，举个简单案例，某一商住楼，总高度99m，商业部分面积小于1000m²，体积小于5000m³，高度小于24m，按照防火规范，只对住宅进行室内消火栓配置，住宅消防水量为20L/s；但按照一类公共建筑直接取值消防水量为40L/s。故我认为应当分别取值后以大值进行室内消防水量计算。

讨论二：

我遇到一个建筑，18层住宅只有侧边设了一个两层的商业，其中两层商业的占地面积只有400m²，高度7.9m。

分析：

按照《新建规》第5.4.10条及条文解释要求：住宅部分室内消火栓用水量20L/s，两层商店由于体积小于5000m³查不到室内消火栓用水量，且两层商业面积较小达不到做喷淋的设计要求，即商业室内部分既不需要做消火栓也不需要做喷淋。

但按照《消防给水及消火栓系统技术规范》第7.4.3条，设置消火栓的建筑必须层层设置。

那么按照保守设计要求，我们把商业做上室内消火栓系统。室内消防用水量按照住宅建筑选取20L/s，室外消防用水量按照一类高层公共建筑选取40L/s。

那么消防水箱呢？也按照住宅建筑选取18m³（有地下车库）？

那么火灾延续时间呢？也按照住宅建筑选取2h？还是按照一类公共建筑选取3h？

怎么如此之多的问题呢？

窃以为，就设备专业而言，《新建规》第5.4.10条的目的是为了解释清楚住宅区域和非住宅区域应该做什么消防设施，比如住宅部分要不要做喷淋、要不要做火灾报警系统；而不是把问题复杂化、把消防级别降低化，毕竟不同功能的建筑建设在一起会增大各自的火灾危险性。同时也是为了解决《高层民用建筑设计防火规范》没有明确的问题。

2.6 建筑给水排水设计规范中易错问题汇总！

一、给水部分

1. 小区设计用水量中，消防用水量仅用于校核管网计算，不计入正常用水量。

2. 延时自闭式大便器冲洗阀的最低工作压力为0.10～0.15MPa。

3. 生活饮用水池（箱）的进水管口的最低点高出溢流边缘的空气间隙应等于进水管管径，但最低不小于25mm，最大可不大于150mm，当进水管管口为淹没出流时，应采取真空破坏器等防虹吸回流措施。

附：设置在地下室的水池，尤其是设置在地下二层或以下的水池，当池中的最高水位比建筑物的给水引入管管底低300mm以上时，此水池可认为不会产生虹吸倒流，可不采取防虹吸回流措施。

4. 生活饮用水管网向消防、中水和雨水回用等其他用水的贮水池（箱）补水时，其进水管口的最低点高出溢流边缘的空气间隙不应小于150mm。

5. 埋地式生活饮用水贮水池周围10m以内，不得有化粪池、污水处理构筑物、渗水井、垃圾堆放点等污染源；周围2m内不得有污水管和污染物。否则应采取防污染措施。

6. 建筑物内的生活饮用水水池（箱）体，应采用独立的结构形式，不得利用建筑物的本体结构。

7. 高层建筑生活给水系统应竖向分区，竖向分区压力应符合下列要求：

（1）各分区最低卫生器具配水点处的静水压力不宜大于0.45MPa。

（2）静水压力大于0.35MPa的入户管（或配水横管），宜设置减压或调压设施，住宅套内分户用水点的给水压力不应小于0.05MPa。

（3）各分区最不利配水点的水压，应满足用水水压要求。

8. 居住建筑入户管（生活给水管道进入住户至水表的管段）给水压力不应大于0.35MPa。

9. 减压阀前应设置阀门和过滤器，需拆卸阀体才能检修的减压阀后应设置管道伸缩器；检修时阀后水会倒流时，阀后应设置阀门。减压阀节点处的前后应装设压力表。

10. 给水管道中应设置管道过滤器的位置：减压阀、泄压阀、自动水位控制阀、温度调节阀等阀件前应设置；水加热器的进水管上、换热装置的循环冷却水的进水管上宜设置；水泵吸水管上宜设置。

附：管道过滤器不需串联重复设置。

11. 室外给水管道覆土深度：管顶最小覆土深度不得小于土壤冰冻线以下0.15m，行车道下的管线覆土深度不宜小于0.70m。

12. 室内给水管道不应穿越变配电房、电梯机房、通信机房、大中型计算机房、计算机网络中心、音像库房等遇水会损坏设备或引发事故的房间，并应避免从生产设备和配电柜上方通过。

13. 给水管道不得穿越大便槽和小便槽，且立管离大便槽和小便槽端部不得小于0.5m。

14. 给水管道穿越下列部位或接管时，应设置防水套管：

（1）穿越地下室或地下构筑物的外墙处；

（2）穿越屋面处（有可靠防水措施时，可不设）；

（3）穿越钢筋混凝土水池（箱）的壁板或底板连接管道时。

15. 水表水头损失：

（1）建筑物或小区引入管上的水表，在生活用水工况时，宜取0.03MPa；在校核消防工况时，宜取0.05MPa。

（2）住宅入户管上的水表，宜取0.01MPa。

16. 小区生活贮水池设计：

（1）生活用水调节量在资料不足时，可按小区最高日生活用量的15％～20％确定。

（2）贮水池宜分成容积基本相等的两格。

17. 建筑物内的生活用水低位贮水池（箱）的容积在资料不足时，可按建筑物最高日用量的20％～25％确定。设有人孔的池顶，顶板面与上面建筑本体板底的净空不应小于0.8m。

18. 设置水泵的房间，应设置排水设施；通风应良好，不得结冻。

19. 水泵基础高出地面的高度应便于水泵安装，不应小于0.1m；泵房内管道管外底距地面或管沟底面的距离，当管径小于等于150mm时，不应小于0.20m；当管径大于等于200mm时，不应小于0.25m。

20. 8层及8层以上的住宅建筑应设置室内消防给水设施，35层及35层以上的住宅建筑应设置自动喷水灭火系统。

二、排水部分

1. 排水管道不得穿越生活饮用水池部位的上方。

2. 排水横管不得布置在食堂、饮食业厨房的主副食操作、烹饪和备餐的上方，当受限制不能避免时，应采取防护措施。

3. 埋设于填层中的管道不得采用橡胶圈密封接口，推荐使用粘接和熔接。

4. 单根排水立管的排出管宜与排水立管管径相同；当排水立管采用内螺旋管时，排水立管底部宜采用长弯变径接头，且排出管管径宜放大一号。

5. 间接排水口的最小空气间隙，当管径＞50mm时，最小空气间隙150mm。

6. 室外排水管的连接处，应设检查井连接，且连接处的水流偏转角不得大于90°，当排水管的管径≤300mm，且跌落差大于0.3m时，可不受角度限制。

7. 小区排水定额宜为给水系统用水定额的85％～95％。大城市的小区取高值，小区埋地管采用塑料排水管、塑料检查井时取高值，小区地下水位高时取高值。

8. 室外生活排水管道（包括雨水）管径≥200mm时，检查井间距不宜大于40m。

9. 排水横管起点的清扫口与其端部相垂直的墙面的距离不得小于0.20m，排水管起点设置堵头代替清扫口时，堵头与墙面应有不小于0.40m的距离。

10. 下列排水管道应设置环形通气管：

连接4个及4个以上卫生器具且横支管的长度超过12m的排水横支管。

连接6个及6个以上大便器的污水横支管。

11. 设置有器具通气管。

12. 通气立管长度在50m以上时，其管径应与排水立管的管径相同。

13. 伸顶通气管管径应与排水立管管径相同，但在最冷月平均气温低于－13℃的地区，应在室内平顶或吊顶下0.3m处将管径放大一级。当两根或两根以上污水立管的通气管汇合连接时，汇合通气管的断面积应为最大一根通气管的断面积加其余通气管断面积之和的0.25倍。

14. 公共建筑物内应以每个生活污水集水池为单元设置一台备用泵。

注：地下室、设备机房、车库冲洗地面的排水，当有 2 台及 2 台以上排水泵时可不设备用泵。

15. 化粪池距离地下取水构筑物不得小于 30m。化粪池外壁距建筑物外墙不宜小于 5m，并不得影响建筑物基础。

16. 高层建筑裙房屋面的雨水应单独排放。

17. 地下车库出入口的明沟排水集水池的有效容积，不应小于最大一台排水泵 5min 的出水量。

三、热水部分

1. 热水用水定额的热水温度按 60℃计。

2. 膨胀管上严禁装设阀门。

3. 热水管道系统，应有补偿管道热胀冷缩的措施。

4. 上行下给式系统配水干管最高点应设置排气装置，下行上给式配水系统，可利用最高配水点放气，系统最低点应设泄水装置。

5. 疏水器口径应经计算确定，其前应装过滤器，其旁不宜附设旁通管。

四、寒冷和严寒地区建筑给水排水

1. 室内生活给水系统和消防系统：靠建筑物外墙的管道井温度较低，应考虑管道井与采暖管道井合用。地下室的设备房和屋顶水箱间应要求采暖。屋顶试验消火栓可设在采暖的屋顶楼梯间出口处或者水箱间内，若必须在室外或不采暖的室内设置给水或消防管道时，则需要设置电伴热系统保温。消火栓和喷淋立管最好布置于和采暖管道合用的管道井内，不宜布置于楼梯间等不采暖的部位。地下室如果不采暖的话，自动喷水灭火系统应采用干式系统，或者代替干式系统的预作用系统（可以不充气）。

2. 消火栓系统则要采用电伴热保温，这需要电气专业提供足够的电量；如果暖通专业采用值班采暖，自动喷水系统也可以采用湿式系统，局部与室外直接连通的部位（地下车库的入口处等）给水排水及消防管道可能会结冰，可考虑局部采用电伴热系统，或局部自动喷水灭火系统采用干式系统。在非采暖建筑（厂房、库房等）内设置消防系统时，一般可以采用干式消火栓系统和干式或预作用自动喷水系统。

3. 室内污水系统和雨水系统：污废水管道及雨水管道均应布置为内排水系统。住宅类建筑的屋面雨水管道应和建筑专业密切配合，以方便雨水立管及悬吊管均能布置在公共部位。由于阳台多为封闭阳台，景观阳台可以不设置排除阳台雨水的雨水立管和地漏，放洗衣机的生活阳台则需要设置排放洗衣机废水的排水立管和洗衣机专用地漏，如果对于阳台可能冰冻的地区则应采用相应的保温措施。

4. 室外给水系统和消防系统：室外给水和消防管道敷设的常规做法一般有直接埋地式和架空敷设两种，直接埋地式最为常用。架空敷设时应考虑管架和保温措施，在北方寒冷地区常采用蒸汽伴热管线外加保温材料进行保温，即要敷设相同长度的蒸汽管线以保证给水及消防管道不被冻坏。

5. 对于采暖室外计算温度低于－10℃的地区，各种室外水表井、阀门井、消火栓井、水泵接合器井、各种水池等均应做保温井口或采取其他保温措施，一般在人孔处设保温井口及木质保温盖。消火栓井盖高出周围地面 100mm 以上，以防雨雪水流入。为不影响交通，可将消火栓设置在绿化带上，并设标记。室外埋地的各种水池也应有防冻措施，水池应覆土保温，池顶覆土深度应尽量在冰冻线以下，确保水池高水位在冰冻线以下。

6. 室外污水系统和雨水系统：冻塞管道的原因一般有两个，一是埋深过浅，保温措施不够；另一个是管道坡度过小，排水流速较慢，污水的热量散失很快，在未进入检查井之前已经冻结。解决冻塞现象的根本办法是加大管道的埋设深度至冰冻线以下，这样可确保管道常年不结冰。

7. 给水管顶最小覆土深度不得小于土壤冰冻线以下 0.15m，且给水管道要在排水管道之上 0.1m。一般按给水管埋深－1.300m，排水管埋深－1.200m；或给水管埋深－1.400m，排水管埋深－1.300m。

五、其他

系统图绘制步骤：画总立管，标楼层，定标高；画顶层的支管布置图；画顶层通气及专门通气管；画检查口；画每层的支管大概走向，断管符号标出同顶层；立管编号；标管径，水流方向，距楼板尺寸，器具符号。

第3章 强制性条文热帖

3.1 【资料汇总】给水排水相关规范标准强制性条文汇编

一、水质和防回流污染

1.《建筑与小区雨水利用工程技术规范》GB 50400—2006

7.3.3 当采用生活饮用水补水时，应采取防止生活饮用水被污染的措施，并符合下列规定：

1 清水池（箱）内的自来水补水管出水口应高于清水池（箱）内溢流水位，其间距不得小于2.5倍补水管管径，严禁采用淹没式浮球阀补水；

2 向蓄水池（箱）补水时，补水管口应设在池外。

7.3.9 供水管道上不得装设取水龙头，并应采取下列防止误接、误用、误饮的措施：

1 供水管外壁应按设计规定涂色或标识；

2 当设有取水口时，应设锁具或专门开启工具；

3 水池（箱）、阀门、水表、给水栓、取水口均应有明显的“雨水”标识。

2.《建筑中水设计规范》GB 50336—2002

5.4.7 中水管道上不得装设取水龙头。当装有取水接口时，必须采取严格的防止误饮、误用的措施。

8.1.3 中水池（箱）内的自来水补水管应采取自来水防污染措施，补水管出水口应高于中水贮存池（箱）内溢流水位，其间距不得小于2.5倍管径。严禁采用淹没式浮球阀补水。

8.1.6 中水管道应采取下列防止误接、误用、误饮的措施：

1 中水管道外壁应按有关标准的规定涂色和标志；

2 水池（箱）、阀门、水表及给水栓、取水口均应有明显的“中水”标志；

3 公共场所及绿化的中水取水口应设带锁装置；

4 工程验收时应逐段进行检查，防止误接。

3.《管道直饮水系统技术规程》CJJ 110—2006

3.0.1 管道直饮水系统用户端的水质应符合国家现行标准《饮用净水水质标准》CJ 94—2005的规定。

8.0.1 管道直饮水系统应进行日常供水水质检验。水质检验项目及频率应符合表8.0.1的规定（见表3-1）。

水质检验项目及频率 表3-1

检验频率	日检	周检	年检	备注
检验项目	色 浑浊度 臭和味 肉眼可见物 pH值 耗氧量（未采用纳滤、反渗透技术） 余氯 臭氧（适用于臭氧消毒） 二氧化氯（适用于二氧化氯消毒）	细菌总数 总大肠菌群 粪大肠菌群 耗氧量（采用纳滤、反渗透技术）	《饮用净水水质标准》全部项目	必要时另增加检验项目

8.0.3 以下四种情况之一，应按国家现行标准《饮用净水水质标准》CJ 94—2005的全部项目进行检验：

1 新建、改建、扩建管道直饮水工程；

2 原水水质发生变化；

3 改变水处理工艺；

4 停产30d后重新恢复生产。

11.2.1 管道直饮水系统试压合格后应对整个系统进行清洗和消毒。

4.《人民防空地下室设计规范》GB 50038—2005

6.2.6 在防空地下室的清洁区内，每个防护单元均应设置生活用水、饮用水贮水池（箱）。贮水池（箱）的有效容积应根据防空地下室战时的掩蔽人员数量、战时用水量标准及贮水时间计算确定。

5.《游泳池给水排水工程技术规程》CJJ 122—2008

3.2.1 池水的水质应符合国家现行行业标准《游泳池水质标准》CJ 244—2007的规定。

6.1.1 游泳池的循环水净化处理系统中必须设有池水消毒工艺。

6.《看守所建筑设计规范》JGJ 127—2000

5.3.1 看守所给水排水系统应列入城市总体规划，生活用水和消防用水可采用自来水，远离市区的可采取打井等办法自备水源，但饮用水必须符合现行国家标准《生活饮用水卫生标准》GB 5749—2006。

7.《殡仪馆建筑设计规范》JGJ 124—1999

8.2.3 殡仪馆建筑给水的水质应符合现行国家标准《生活饮用水卫生标准》GB 5749—2006的规定。

8.2.7 遗体处置用房和火化间等的污水排放应符合现行国家标准《医疗机构水污染物排放标准》《医院污水排放标准》GB 18466—2005的规定。

8.《埋地聚乙烯给水管道工程技术规程》CJJ 101—2004

4.1.7 聚乙烯给水管道严禁在雨污水检查井及排水管渠内穿过。

9.《城镇供水厂运行、维护及安全技术规程》CJJ 58—2009

2.1.4 经净化后的出厂水水质必须能使管网水达到国家现行的《生活饮用水卫生标准》GB 5749—2006的规定。

2.2.1 城镇供水厂必须按照国家现行的《生活饮用水卫生标准》GB 5749—2006的

规定并结合本地区的原水水质特点对进厂原水进行水质监测。当原水水质发生异常变化时，应根据需要增加监测项目和频次。

3.1.2　制水生产工艺应保证供水水质符合现行国家标准《生活饮用水卫生标准》GB 5749—2006和企业自己制定的水质管理标准。

10.《镇（乡）村给水工程技术规程》CJJ 123—2008

5.1.6　对生活饮用水的水源，必须建立水源保护区。保护区内严禁建设任何可能危害水源水质的设施和一切有碍水源水质的行为。水源保护区应符合下列要求：

1　地下水水源保护

1）地下水水源保护区和井的影响半径范围应根据水源地所处的地理位置、水文地质条件、开采方式、开采水量和污染源分布等情况确定，单井保护半径应大于井的影响半径且不小于50m；

2）在井的影响半径范围内，不应使用工业废水或生活污水灌溉和施用持久性或剧毒的农药，不应修建渗水厕所和污废水渗水坑、堆放废渣和垃圾或铺设污水渠道，不得从事破坏深层土层的活动；

3）雨季时应及时疏导地表积水，防止积水入渗和漫溢到井内；

4）渗渠、大口井等受地表水影响的地下水源，其防护措施应遵照本条第2款执行。

2　地表水水源保护

1）取水点周围半径100m的水域内，严禁可能污染水源的任何活动；并应设置明显的范围标志和严禁事项的告示牌；

2）取水点上游1000m至下游100m的水域，不应排入工业废水和生活污水；其沿岸防护范围内，不应堆放废渣、垃圾及设立有毒、有害物品的仓库或堆栈；不得从事有可能污染该段水域水质的活动；

3）以水库、湖泊和池塘为供水水源或作预沉池（调蓄池）的天然池塘、输水明渠，应遵照本条第2款第1项执行。

7.1.17　非生活饮用水管网或自备生活饮用水供水系统，不得与镇（乡）村生活饮用水管网直接连接。

11.《城市公共厕所设计标准》CJJ 14—2005

3.5.8　在管道安装时，厕所下水和上水不应直接连接。洗手水必须单独由上水引入，严禁将回用水用于洗手。

12.《住宅设计规范》GB 50096—2011

8.2.1　住宅各类生活供水系统水质应符合国家现行标准的相关规定。

13.《房屋白蚁预防技术规程》DB 33/1017—2004

4.3.6　距水源6m以内区域、地下水位以下区域或经常遭受水浸区域，严禁设置药土屏障，以免污染水源。

14.《冷库设计规范》GB 50072—2010

8.1.2　冷库生活用水、制冰原料水和水产品冻结过程中加水的水质应符合现行国家标准《生活饮用水卫生标准》GB 5749—2006的规定。

15.《住宅建筑规范》GB 50368—2005

8.2.1　生活给水系统和生活热水系统的水质、管道直饮水系统的水质和生活杂用水系统的水质均应符合使用要求。

8.2.5　采用集中热水供应系统的住宅，配水点的水温不应低于45℃。

16.《公共浴场给水排水工程技术规程》CJJ 160—2011

6.2.3　公共热水浴池充水和补水的进水口必须位于浴池水面以下，其充水和补水管道上应采取有效防污染措施。

7.1.1　公共浴池循环水净化处理工艺流程中必须配套设置池水消毒工艺。

7.1.5　公共浴池严禁采用液态氯和液态溴对池水进行消毒。

13.5.1　公共浴池水质检测余氯时应使用二乙基对苯二胺（DPD）试剂，不得使用二氨基二甲基联苯（OTO）试剂。

17.《游泳池水质标准》CJ 244—2007

4.1　游泳池原水和补充水水质要求

4.1.1　游泳池原水和补充水水质必须符合《生活饮用水卫生标准》GB 5749—2006的要求。

4.3.1　游泳池池水水质常规检验项目及限值应符合表1的规定（见表3-2）。

游泳池池水水质常规检验项目及限值　　**表3-2**

序号	项目	限值
1	浑浊度	≤1 NTU
2	pH值	7.0～7.8
3	尿素	≤3.5mg/L
4	菌落总数［(36±1)℃，48h)	≤200CFU/mL
5	总大肠菌群［(36±1)℃，24h)	每100mL不得检出
6	游离性余氯	0.2～1.0mg/L
7	化合性余氯	≤0.4mg/L
8	臭氧（采用臭氧消毒时）	≤0.2mg/m³（水面上空气中）
9	水温	23～30℃

18.《民用建筑节水设计标准》GB 50555—2010

4.1.5　景观用水水源不得采用市政自来水和地下井水。

5.1.2　民用建筑采用非传统水源时，处理出水必须保障用水终端的日常供水水质安全可靠，严禁对人体健康和室内卫生环境产生负面影响。

19.《埋地塑料排水管道工程技术规程》CJJ 143—2010

6.1.1　污水、雨污水合流管道及湿陷土、膨胀土、流砂地区的雨水管道，必须进行密闭性检验，检验合格后，方可投入运行。

20.《二次供水工程技术规程》CJJ 140—2010

3.0.2　二次供水不得影响城镇供水管网正常供水。

3.0.8　二次供水设施中的涉水产品应符合现行国家标准《生活饮用水输配水设备及防护材料的安全性评价标准》GB/T 17219的有关规定。

4.0.1　二次供水水质应符合现行国家标准《生活饮用水卫生标准》GB 5749—2006的有关规定。

6.4.4　严禁二次供水管道与非饮用水管道连接。

10.1.11　调试后必须对供水设备、管道进行冲洗和消毒。

11.3.6　水池（箱）必须定期清洗消毒，每半年不得少于一次，并应同时对水质进行检测。

21.《建筑给水排水设计规范》GB 50015—2003（2009 年版）

3.2.4A　卫生器具和用水设备、构筑物等的生活饮用水管配水件出水口应符合下列规定：

1　出水口不得被任何液体或杂质所淹没；

2　出水口高出承接用水容器溢流边缘的最小空气间隙，不得小于出水口直径的 2.5 倍。

3.2.4C　从生活饮用水管网向消防、中水和雨水回用等其他用水的贮水池（箱）补水时，其进水管口最低点高出溢流边缘的空气间隙不应小于 150mm。

3.2.5　从给水饮用水管道上直接供下列用水管道时，应在这些用水管道的下列部位设置倒流防止器：

1　从城镇给水管网的不同管段接出两路及两路以上的引入管，且与城镇给水管形成环状管网的小区或建筑物，在其引入管上；

2　从城镇生活给水管网直接抽水的水泵的吸水管上；

3　利用城镇给水管网水压且小区引入管无倒流防止设施时，向商用的锅炉、热水机组、水加热器、气压水罐等有压容器或密闭容器注水的进水管上。

3.2.5A　从小区或建筑物内生活饮用水管道系统上接至下列用水管道或设备时，应设置倒流防止器：

1　单独接出消防用水管道时，在消防用水管道的起端；

2　从生活饮用水贮水池抽水的消防水泵出水管上。

3.2.5B　生活饮用水管道系统上接至下列含有对健康有危害物质等有害有毒场所或设备时，应设置倒流防止设备：

1　贮存池（罐）、装置、设备的连接管上；

2　化工剂罐区、化工车间、实验楼（医药、病理、生化）等除按本条第 1 款设置外，还应在其引入管上设置空气间隙。

3.2.5C　从小区或建筑物内生活饮用水管道上直接接出下列用水管道时，应在这些用水管道上设置真空破坏器：

1　当游泳池、水上游乐池、按摩池、水景池、循环冷却水集水池等的充水或补水管道出口与溢流水位之间的空气间隙小于出口管径 2. 5 倍时，在其充（补）水管上；

2　不含有化学药剂的绿地等喷灌系统，当喷头为地下式或自动升降式时，在其管道起端；

3　消防（软管）卷盘；

4　出口接软管的冲洗水嘴与给水管道连接处。

3.2.6　严禁生活饮用水管道与大便器（槽）、小便斗（槽）采用非专用冲洗阀直接连接冲洗。

3.2.10　建筑物内的生活饮用水水池（箱）体，应采用独立结构形式，不得利用建筑物的本体结构作为水池（箱）的壁板、底板及顶盖。

生活饮用水水池（箱）与其他用水水池（箱）并列设置时，应有各自独立的分隔墙。

3.9.14　使用瓶装氯气消毒时，氯气必须采用负压自动投加方式，严禁将氯直接注入游泳池水中的投加方式。加氯间应设置防毒、防火和防爆装置，并应符合国家现行有关标准的规定。

3.9.18A 家庭游泳池等小型游泳池当采用生活饮用水直接补（充）水时，补充水管应采取有效的防止回流污染的措施。

4.5.10A 严禁采用钟罩（扣碗）式地漏。

二、管道布置

1.《图书馆建筑设计规范》JGJ 38—2015

7.1.2 书库内不应设置供水点。给水排水管道不应穿过书库。生活污水立管不应安装在与书库相邻的内墙上。

2.《人民防空地下室设计规范》GB 50038—2005

6.2.13 防空地下室给水管道上防护阀门的设置及安装应符合下列要求：

1 当给水管道从出入口引入时，应在防护密闭门的内侧设置；当从人防围护结构引入时，应在人防围护结构的内侧设置；穿过防护单元之间的防护密闭隔墙时，应在防护密闭隔墙两侧的管道上设置；

2 防护阀门的公称压力不应小于1.0MPa；

3 防护阀门应采用阀芯为不锈钢或铜材质的闸阀或截止阀。

3.《建筑与小区雨水利用工程技术规范》GB 50400—2006

1.0.6 严禁回用雨水进入生活饮用水给水系统。

7.3.1 雨水供水管道应与生活饮用水管道分开设置。

4.《建筑中水设计规范》GB 50336—2002

5.4.1 中水供水系统必须独立设置。

8.1.1 中水管道严禁与生活饮用水给水管道连接。

5.《管道直饮水系统技术规程》CJJ 110—2006

5.0.1 管道直饮水系统必须独立设置。

10.4.2 塑料管严禁明火烘弯。

6.《生物安全实验室建筑技术规范》GB 50346—2011

6.2.2 三级和四级生物安全实验室半污染区和污染区的排水应通过专门的管道收集至独立的装置中进行消毒灭菌处理。

7.《游泳池给水排水工程技术规程》CJJ 122—2008

13.6.4 各种承压管道系统和设备，均应做水压试验；非承压管道系统和设备应做灌水试验。

8.《看守所建筑设计规范》JGJ 127—2000

5.3.2 监室用水应通过暗敷管道供给，管径不得小于25mm，便器阀门安装部位距地面不得大于0.5m，下水设备应在地坪下埋设S弯，用直径150mm铸铁管引入室外窨井，并以直径不小于300mm的水泥管排入化粪池。

5.3.3 监室内排水泛水系数不得小于10‰。

9.《殡仪馆建筑设计规范》JGJ 124—1999

8.2.1 殡仪馆建筑应设给水、排水及消防给水系统。

8.2.2 殡仪馆内各区生活用水量不应低于表8.2.2的规定（见表3-3）。

生活用水量 表 3-3

用水房间名称	单位	生活用水定额（最高日）（L）	小时变化系数
业务区、殡仪区和火化区用房	每人每班	60（其中热水 30）	2.0～2.5
职工食堂	每人每班	15	1.5～2.0
办公用房	每人每班	60	2.0～2.5
浴池	每人每次	170（其中热水 110）	2.0
办公区（饮用水）	每人每班	2	1.5
殡仪区（饮用水）	每人每次	0.3	1.0

8.2.4 遗体处置用房应设给水、排水设施。

8.2.6 遗体处置用房和火化间应采用防腐蚀排水管道，排水管内径不应小于 75mm。上述用房内均应设置地漏。

8.2.8 殡仪馆绿地应设洒水栓。

10.《民用建筑修缮工程查勘与设计规程》JGJ 117—1998

12.1.1 本章适用于室内给水排水管道、卫生洁具、采暖管道和设备，以及通风管道的查勘修缮。

12.1.2 给水排水、卫生、采暖和通风工程查勘修缮，除应符合本规程外，尚应符合现行国家标准《建筑给水排水设计规范》GB 50015—2003（2009 年版）和《建筑给水排水及采暖工程施工质量验收规范》GB 50242—2002 的有关规定。

12.1.3 室内给水、排水、采暖、通风管道的修缮查勘与设计，应先分别查清管道走向，出具管道系统图，注明原有管道各管段的管径、长度、配水点种类和额定设计流量等。

12.2.1 给水排水、卫生洁具、采暖和通风等设备、管道的管材均应符合国家规定的安全、技术标准。

12.2.2 拆换给水管宜采用镀锌钢管或给水塑料管。当管径大于 80mm 时，可采用给水铸铁管。使用其他材质给水管的化学性能应符合国家规定的卫生要求。

12.2.4 拆换排水管可采用镀锌钢管、排水铸铁管、钢筋水泥管或塑料管等。

12.2.5 给水管、采暖管和排水管的管件应与管材相适应，不得用其他材料的管件代替。

12.3.1 给水管道有下列情况之一，应全部拆换：

（1）镀锌钢管的摩擦阻力大于本规程图 12.3.1 所示值（见图 3-1）；

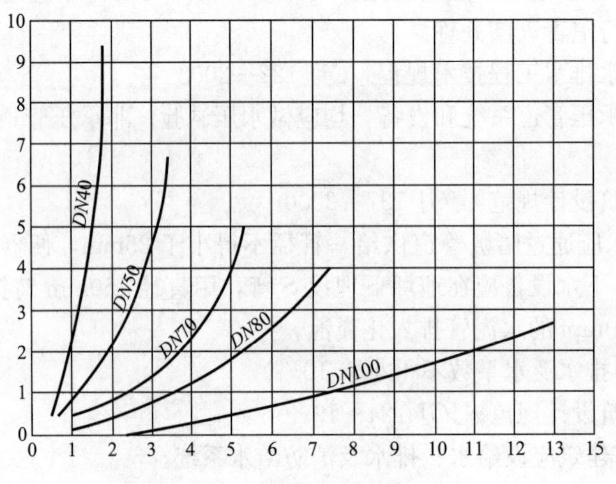

图 3-1 镀锌钢管摩擦阻力值

（2）镀锌钢管被腐蚀深度大于本规程表12.3.1时（见表3-4），经局部拆换的长度超过总长的30％；

镀锌钢管腐蚀深度　　表3-4

钢管直径（mm）	腐蚀深度（mm）	钢管直径（mm）	腐蚀深度（mm）
15～20	1.00	40～70	1.30
25～32	1.20	80～150	1.50

（3）配水点流量小、压力低，有断水现象，经水力计算后引入口压力不能满足设计流量；

（4）正常养护不能维持一个大修周期；

（5）经破坏性测试检查的管道。

12.3.2　局部拆换管道的立管、干管长度不宜小于500mm，支管长度不宜小于300mm。

12.3.3　拆换的给水管道除经水力计算重新确定的管径外，不宜改变原有管道的管径。

12.3.4　过门口的给水管道拆换时，应改线敷设。如不能改线时，应做防结露或保温处理。

12.3.5　埋设的给水管道拆换时，室内管道的埋深：北方地区不得小于400mm，南方地区应视气候温度情况敷设。室外管道埋深，不应被地面上车辆损坏，且应在当地冻土层以下，并做防腐处理。

12.3.6　由城市给水管网直接供水的室内给水管道，应在接近用水高峰时测定引入管的压力。当压力值不能使最不利配水点流量达到额定流量50％时，应根据水力计算结果改变直径，或增设加压设备。

12.3.7　因房屋使用要求增加供水量时，应校核引入管的最大供水量，以及水箱和泵房的容量。

12.4.1　排水管开裂、漏水及严重锈蚀，应予拆换。

12.4.2　镀锌钢管、焊接钢管外表面腐蚀深度大于本规程表12.3.1（即表3-4）所示值的，应予拆换。

12.4.3　支管流量小于本规程表12.4.3所示值时（见表3-5），应予拆换。当一根立管有1/2以上支管需拆换时，宜拆换该立管上所有支管。

排水支管最小流量　　表3-5

卫生器具名称	最小流量（L/s）	卫生器具名称	最小流量（L/s）
污水盆	0.20	单格洗涤盆	0.40
双格洗涤盆	0.60	大便器（自闭式冲洗阀）	0.90
大便器（高水箱）	0.90	大便器（低水箱）	1.20
大便槽（每蹲位）	0.90	小便槽（每米长）	0.03
小便器（手动冲洗阀）	0.03	小便器（自动冲洗阀）	0.10
洗脸盆	0.15	浴盆	0.40

12.4.4　排水立管断面缩小1/3及其以上时，应全部拆换。

12.4.5　排水立管局部拆换的长度不宜小于1.50m；当拆换长度超过立管长度25％，

或立管上有1/3以上支管需拆换时，宜将该立管全部拆换。

12.4.6　通气管损坏应予检修；凡开裂、腐蚀严重的应予拆换。

12.4.7　通气管不得接入烟道或风道内。

12.4.8　原有排水立管无检查口，应增设检查口，并应符合设计规范规定。

12.4.9　凡拆换过立管的排出管应同时拆换；在排出管和立管的连接处，应有防止堵塞的措施。

12.4.10　增设卫生洁具时，应校核各排水管段的排水流量，其流量不得大于本规程表12.4.10的规定（见表3-6）。

无专用透气立管的排水立管临界流量值　表3-6

管径（mm）	50	75	100	150
立管的临界流量值（L/s）	1.00	2.50	4.50	10.00

12.4.11　铸铁排水管除建筑设计对色调有特殊要求外，均应涂刷沥青一遍。

11.《城市供水管网漏损控制及评定标准》CJJ 92—2002

6.1.1　城市供水企业管网基本漏损率不应大于12%。

6.2.1　当居民用水按户抄表的水量大于70%时，漏损率应增加1%。

6.2.2　评定标准应按单位供水量管长进行修正，修正值应符合表6.2.2的规定（见表3-7）。

单位供水量管长的修正值　表3-7

供水管径（mm）	单位供水量管长 L_q [km/(km^3·d)]	修正值
≥75	L_q<1.40	减2%
≥75	1.40≤L_q≤1.64	减1%
≥75	2.06≤L_q≤2.40	加1%
≥75	2.41≤L_q≤2.70	加2%
≥75	L_q≥2.70	加3%

6.2.3　评定标准应按年平均出水压力值进行修正，修正值应符合下列规定：

1　年平均出厂压力大于0.55MPa小于等于0.75MPa时，漏损率应增加1%；

2　年平均出厂压力大于0.75MPa时，漏损率应增加2%。

12.《埋地聚乙烯给水管道工程技术规程》CJJ 101—2004

3.1.3　埋地聚乙烯给水管道系统应选用最小要求强度（MBS）不小于8.0MPa的聚乙烯混配料生产的管材和管件。

3.3.6　采用聚乙烯（PE80、PE100）管件焊制二次加工成型的管件，所选管材的公称压力等级，不应小于管道系统所选管材压力等级的1.25倍。

4.2.4　管道与热力管道间的距离，应在保证聚乙烯管道表面温度不超过40℃的条件下计算确定。最小不得小于1.5m。

6.1.7　管道从河底穿越时，应符合下列规定：

1　管道至规划河底的覆土厚度，应根据水流冲刷条件、航运状况、疏浚的安全余量，并与航运管理部门协商确定。

2　必须在埋设聚乙烯给水管道位置的河流上、下游两岸分别按规定设立标志。

13.《城镇排水管渠与泵站维护技术规程》CJJ 68—2007

3.1.6　在分流制排水地区，严禁雨污水混接。

3.3.8　对人员进入管内检查的管道，其直径不得小于 800mm，流速不得大于 0.5m/s，水深不得大于 0.5m。

3.3.12　采用潜水检查的管道，其管径不得小于 1200mm，流速不得大于 0.5m/s。

3.4.1　重力流排水管道严禁采用上跨障碍物的敷设方式。

3.4.4　封堵管道必须经排水管道部门批准；封堵前应做好临时排水措施。

3.4.15　主管的废除和迁移必须经排水管理部门批准。

14.《住宅设计规范》GB 50096—2011

8.1.1　住宅应设置室内给水排水系统。

8.2.2　入户管的供水压力不应大于 0.35MPa。

8.2.6　厨房和卫生间的排水立管应分别设置。排水管道不得穿越卧室。

15.《冷库设计规范》GB 50072—2010

8.2.3　冷风机水盘排水、蒸发式冷凝器排水、贮存食品或饮料的冷藏库房的地面排水不得与污废水管道系统直接连接，应采取间接排水的方式。

8.2.9　冲（融）霜排水管道出水口应设置水封或水封井。寒冷地区的水封及水封井应采取防冻措施。

16.《住宅建筑规范》GB 50368—2005

8.1.1　住宅应设室内给水排水系统。

8.1.4　住宅的给水总立管、雨水立管、消防立管、采暖供回水总立管和电气、电信干线（管），不应布置在套内。公共功能的阀门、电气设备和用于总体调节和检修的部件，应设在共用部位。

8.1.5　住宅的水表、电能表、热量表和燃气表的设置应便于管理。

8.2.2　生活给水系统应充分利用城镇给水管网的水压直接供水。

8.2.3　生活饮用水供水设施和管道的设置，应保证二次供水的使用要求。供水管道、阀门和配件应符合耐腐蚀和耐压的要求。

8.2.4　套内分户用水点的给水压力不应小于 0.05MPa，入户管的给水压力不应大于 0.35MPa。

8.2.7　住宅厨房和卫生间的排水立管应分别设置。排水管道不得穿越卧室。

8.2.9　地下室、半地下室中卫生器具和地漏的排水管，不应与上部排水管连接。

17.《公共浴场给水排水工程技术规程》CJJ 160—2011

12.6.3　塑料管道严禁明火烘弯。已安装的塑料管道不得作为吊架、拉盘等功能使用。

18.《建筑地面工程施工质量验收规范》GB 50209—2010

4.9.3　有防水要求的建筑地面工程，铺设前必须对立管、套管和地漏与楼板节点之间进行密封处理，并应进行隐蔽验收；排水坡度应符合设计要求。

19.《民用建筑节水设计标准》GB 50555—2010

4.2.1　设有市政或小区给水、中水供水管网的建筑，生活给水系统应充分利用城镇供水管网的水压直接供水。

20.《埋地塑料排水管道工程技术规程》CJJ 143—2010

4.1.8 塑料排水管道不得采用刚性管基基础，严禁采用刚性桩直接支撑管道。

4.5.2 塑料排水管道在外压荷载作用下，其最大环截面（拉）压应力设计值不应大于抗（拉）压强度设计值。管道环截面强度计算应采用下列极限状态表达式：

$$\gamma_0 \sigma \leqslant f \tag{3-1}$$

式中 σ——管道最大环向（拉）压应力设计值，MPa；可根据不同管材种类分别按本规程公式（4.5.3-1）、公式（4.5.3-3）计算；

γ_0——管道重要性系数，污水管（含合流管）可取 1.0；雨水管道可取 0.9；

f——管道环向弯曲抗（拉）压强度设计值，MPa；可按本规程表 3.1.2-1、表 3.1.2-2 的规定取值。

4.5.4 塑料排水管道截面压屈稳定性应依据各项作用的不利组合进行计算，各项作用均应采用标准值，且环向稳定性抗力系数 K_s 不得低于 2.0。

4.5.5 在外部压力作用下，塑料排水管道管壁截面的环向稳定性计算应符合下式要求：

$$\frac{F_{cr,k}}{F_{vk}} \geqslant K_s \tag{3-2}$$

式中 $F_{cr,k}$——管壁失稳临界压力标准值，kN/m^2；应按本规程公式（4.5.7）计算；

F_{vk}——管顶在各项作用下的竖向压力标准值，kN/m^2；应按本规程公式（4.5.6）计算；

K_s——管道的环向稳定性抗力系数。

4.5.9 塑料排水管道的抗浮稳定性计算应符合下列要求：

$$F_{G,k} \geqslant K_f F_{fw,k} \tag{3-3}$$

$$F_{G,k} = \sum F_{sw,k} + \sum F'_{sw,k} + G_p \tag{3-4}$$

式中 $F_{G,k}$——抗浮永久作用标准值，kN；

$\sum F_{sw,k}$——地下水位以上各层土自重标准值之和，kN；

$\sum F'_{sw,k}$——地下水位以下至管顶处各竖向作用标准值之和，kN；

G_p——管道自重标准值，kN；

$F_{fw,k}$——浮托力标准值，等于管道实际排水体积与地下水密度之积，kN；

K_f——管道的抗浮稳定性抗力系数，取 1.10。

4.6.3 在外压荷载作用下，塑料排水管道竖向直径变形率不应大于管道允许变形率 $[\rho]=0.05$，即应满足下式的要求：

$$\rho = \frac{w_d}{D_0} \leqslant [\rho] \tag{3-5}$$

式中 ρ——管道竖向直径变形率；

$[\rho]$——管道允许竖向直径变形率；

w_d——管道在外压作用下的长期竖向挠曲值，mm；可按本规程公式（4.6.2）计算；

D_0——管道计算直径，mm。

5.3.6 塑料排水管道地基基础应符合设计要求，当管道天然地基的强度不能满足设计要求时，应按设计要求加固。

5.5.11 塑料排水管道管区回填施工应符合下列规定：

1　管底基础至管顶以上0.5m范围内，必须采用人工回填，轻型压实设备夯实，不得采用机械推土回填。

2　回填、夯实应分层对称进行，每层回填土高度不应大于200mm，不得单侧回填、夯实。

3　管顶0.5m以上采用机械回填压实时，应从管轴线两侧同时均匀进行，并夯实、碾压。

6.2.1　当塑料排水管道沟槽回填至设计高程后，应在12～24h内测量管道竖向直径变形量，并应计算管道变形率。

21.《建筑给水排水设计规范》GB 50015—2003（2009年版）

3.2.3A　中水、回用雨水等非生活饮用水管道严禁与生活饮用水管道连接。

3.2.4　生活饮用水不得因管道内产生虹吸、背压回流而受污染。

4.3.3A　排水管道不得穿越卧室。

4.3.4　排水管道不得穿越生活饮用水池部位的上方。

4.3.6　排水横管不得布置在食堂、饮食业厨房的主副食操作、烹调和备餐的上方。当受条件限制不能避免时，应采取防护措施。

4.3.6A　厨房间和卫生间的排水立管应分别设置。

22.《建筑排水金属管道工程技术规程》CJJ 127—2009

4.2.5　当建筑排水金属管道穿过地下室或地下构筑物外墙时，应采取有效的防水措施。对有严格防水要求的建筑物，必须采用柔性防水套管。

6.1.1　埋地及所有隐蔽的生活排水金属管道，在隐蔽前，根据工程进度必须做灌水试验或分层灌水试验，并应符合下列规定：

1　灌水高度不应低于该层卫生器具的上边缘或底层地面高度；

2　试验时应连续向试验管段灌水，直至达到稳定水面（即水面不再下降）；

3　达到稳定水面后，应继续观察15min，水面应不再下降，同时管道及接口应无渗漏，则为合格，同时应做好灌水试验记录。

三、设备与水处理

1.《建筑中水设计规范》GB 50336—2002

1.0.5　缺水城市和缺水地区适合建设中水设施的工程项目，应按照当地有关规定配套建设中水设施。中水设施必须与主体工程同时设计、同时施工、同时使用。

1.0.10　中水工程设计必须采取确保使用、维修的安全措施，严禁中水进入生活饮用水给水系统。

3.1.6　综合医院污水作为中水水源时，必须经过消毒处理，产出的中水仅可用于独立的不与人直接接触的系统。

3.1.7　传染病医院、结核病医院污水和放射性废水，不得作为中水水源。

6.2.18　中水处理必须设有消毒设施。

2.《实验动物设施建筑技术规范》GB 50447—2008

6.1.3　屏障环境设施的净化区和隔离环境设施的用水应达到无菌要求。

3.《游泳池给水排水工程技术规程》CJJ 122—2008

4.10.2　池底回水口的设置应符合下列规定：

1　回水口数量应满足循环水流量的要求，每座游泳池的回水口数量不应少于2个；

2　回水口的位置应使各给水口水流均匀一致；

3　回水口应采用坑槽形式，坑槽顶面应设格栅盖板并与游泳池底表面相平；格栅盖板、盖座与坑槽之间应固定牢靠，紧固件应设有防止伤害游泳者的措施；

4　回水口格栅盖板开口孔隙的宽度不应大于8mm，且孔隙的水流速度不应大于0.2m/s。

4.《殡仪馆建筑设计规范》JGJ 124—1999

8.2.5　遗体处置用房和火化间的洗涤池均应采用非手动开关，并应防止污水外溅。

5.《老年人建筑设计规范》JGJ 122—1999

4.7.5　独用卫生间应设坐便器、洗脸盆和浴盆淋浴器。坐便器高度不应大于0.40m，浴盆及淋浴座椅高度不应大于0.40m。浴盆一端应设不小于0.30m宽度坐台。

4.7.8　卫生间宜选用白色卫生洁具，平底防滑式浅浴盆。冷、热水混合式龙头宜选用杠杆式或掀压式开关。

6.《民用建筑修缮工程查勘与设计规程》JGJ 117—1998

12.5.1　卫生洁具及冲洗水箱的部件损坏，应予检修；凡锈蚀严重、漏水或开关失灵影响正常使用的部件，应予拆换。

12.5.2　根据需要增加大、小便槽蹲位长度时，应校核冲洗水箱的容量。

12.5.3　各类钢铁构件、设备均应作防腐处理，锈蚀严重的应予拆换。

7.《城市供水管网漏损控制及评定标准》CJJ 92—2002

3.1.2　除消防和冲洗管网用水外，水厂的供水、生产运营用水、公共服务用水、居民家庭用水、绿化用水、深井回灌等都必须安装水量计量仪表。

3.1.6　水表强制鉴定应符合国家《强制检定的工作计量器具实施检定的有关规定》的要求。管径$DN15$～$DN25$的水表，使用期限不得超过六年；管径$DN>25$的水表，使用期限不得超过四年。

3.1.7　有关出厂供水计量校核数据、用户用水计量水表换表统计、未计量有效用水量的计算依据，必须存档备查。

8.《埋地聚乙烯给水管道工程技术规程》CJJ 101—2004

7.3.1　管道分段试压合格后应对整条管道进行冲洗消毒。

9.《城镇排水管渠与泵站维护技术规程》CJJ 68—2007

3.2.6　当发现井盖缺失或损坏后，必须及时安放护栏和警示标志，并应在8h内恢复。

10.《城镇供水厂运行、维护及安全技术规程》CJJ 58—2009

4.1.1　地表水取水口防护应符合下列规定：

1　在国家规定的防护地带内上游1000m至下游100m段（有潮汐的河道可适当扩大），定期进行巡视。

2　汛期应组织专业人员了解上游汛情，检查取水口构筑物的完好情况，防止洪水危害和污染。冬季结冰的取水口，应有防结冰措施及解冻时防冰凌冲撞措施。

4.1.3　移动式取水口的运行，应符合下列规定：

1　取水头部应符合本规程第4.1.2条第3款的规定。

2　为防冲击，应加设防护桩并应装设信号灯或其他形式的明显标志。

3　在杂草旺盛季节，应设专人清理取水口，及时清扫。

11.《生活垃圾卫生填埋场封场技术规程》CJJ 112—2007

6.0.6 填埋场内贮水和排水设施竖坡、陡坡高差超过1m时，应设置安全护栏。

12.《城市公共厕所设计标准》CJJ 14—2005

3.3.15 公共厕所必须设置洗手盆。公共厕所每个厕位应设置坚固、耐腐蚀挂物钩。

4.0.13 化粪池（贮粪池）四壁和池底应做防水处理，池盖必须坚固（特别是可能行车的位置）、严密合缝，检查井、吸粪口不宜设在低洼处，以防雨水浸入。化粪池（贮粪池）的位置应设置在人们不经常停留、活动之处，并应靠近道路以方便清洁车抽吸。化粪池与地下水源、取水构筑物的距离不得小于30m，化粪池壁与其他建筑物的距离不得小于5m。

13.《交通客运站建筑设计规范》JGJ/T 60—2012

14.《住宅设计规范》GB 50096—2011

5.1.1 住宅应按套型设计，每套住宅应设卧室、起居室（厅）、厨房和卫生间等基本功能空间。

5.3.3 厨房应设置洗涤池、案台、炉灶及排油烟机、热水器等设施或为其预留位置。

5.4.4 卫生间不应直接布置在下层住户的卧室、起居室（厅）、厨房和餐厅的上层。

8.1.4 住宅计量装置的设置应符合下列规定：

1 各类生活供水系统应设置分户水表；

2 设有集中采暖（集中空调）系统时，应设置分户热计量装置；

3 设有燃气系统时，应设置分户燃气表；

4 设有供电系统时，应设置分户电能表。

8.1.7 下列设施不应设置在住宅套内，应设置在共用空间内：

1 公共功能的管道，包括给水总立管、消防立管、雨水立管、采暖（空调）供回水总立管和配电和弱电干线（管）等，设置在开敞式阳台的雨水立管除外；

2 公共的管道阀门、电气设备和用于总体调节和检修的部件，户内排水立管检修口除外；

3 采暖管沟和电缆沟的检查孔。

8.2.10 无存水弯的卫生器具和无水封的地漏与生活排水管道连接时，在排水口以下应设存水弯；存水弯和有水封地漏的水封高度不应小于50mm。

8.2.11 地下室、半地下室中低于室外地面的卫生器具和地漏的排水管，不应与上部排水管连接，应设置集水设施用污水泵排出。

15.《住宅建筑规范》GB 50368—2005

8.2.6 卫生器具和配件应采用节水型产品，不得使用一次冲水量大于6L的坐便器。

8.2.8 设有淋浴器和洗衣机的部位应设置地漏，其水封深度不得小于50mm。构造内无存水弯的卫生器具与生活排水管道连接时，在排水口以下应设存水弯，其水封深度不得小于50mm。

8.2.10 适合建设中水设施和雨水利用设施的住宅，应按照当地的有关规定配套建设中水设施和雨水利用设施。

8.2.11 设有中水系统的住宅，必须采取确保使用、维修和防止误饮误用的安全措施。

16.《公共浴场给水排水工程技术规程》CJJ 160—2011

6.2.12 当公共浴池设有触摸开关时，应符合下列规定：

1　应具有明显的识别标志；

2　应具有延时设定功能；

3　应使用12V电压；

4　防护等级应为IP68。

17.《建筑地面工程施工质量验收规范》GB 50209—2010

3.0.5　厕浴间和有防滑要求的建筑地面应符合设计防滑要求。

3.0.18　厕浴间、厨房和有排水（或其他液体）要求的建筑地面面层与相连接各类面层的标高差应符合设计要求。

4.10.13　防水隔离层严禁渗漏，排水的坡向应正确、排水通畅。

18.《建筑给水排水设计规范》GB 50015—2003（2009年版）

3.9.20A　游泳池和水上游乐池的进水口、池底回水口和泄水口的格栅孔隙的大小，应防止卡入游泳者手指、脚趾。泄水口的数量应满足不会产生负压造成对人体的伤害。

3.9.24　比赛用跳水池必须设置水面制波和喷水装置。

4.2.6　当构造内无存水弯的卫生器具与生活污水管道或其他可能产生有害气体的排水管道连接时，必须在排水口以下设存水弯。存水弯的水封深度不得小于50mm。严禁采用活动机械密封替代水封。

3.2　【精彩分享】给水排水专业规范强制性条款示例

《建筑给水排水及采暖工程施工质量验收规范》GB 50242—2002应用图解如下：

1. 地下室或地下构筑物外墙有管道穿过的，应采取防水措施。对有严格防水要求的建筑物，必须采用柔性防水套管。如图3-2所示。

(*a*)

(*b*)

图3-2　防水套管设置

(*a*) 错误做法；(*b*) 正确做法

2. 管道安装坡度，当设计未注明时，应符合下列规定：

(1) 汽、水同向流动的热水供暖管道和汽、水同向流动的蒸汽管道及凝结水管道，坡度应为3‰，不得小于2‰；检验方法：观察，水平尺、拉线、尺量检查。如图3-3所示。

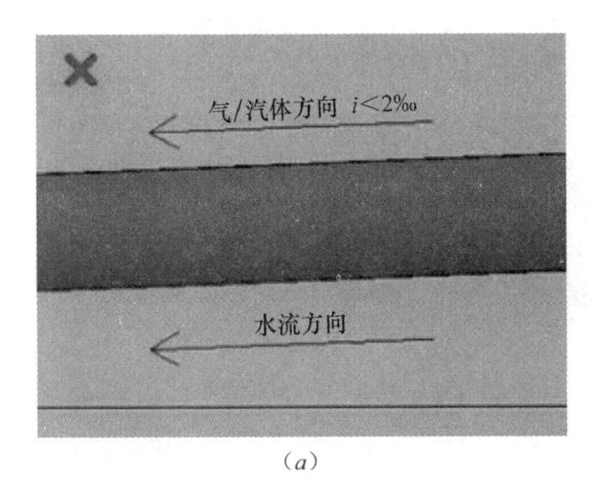

(a)

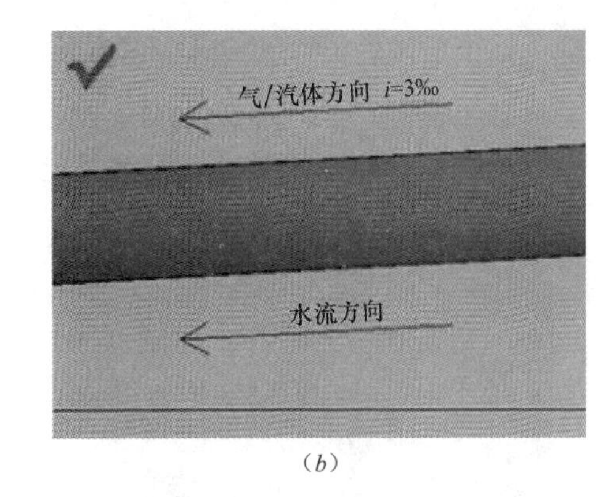

(b)

图 3-3　气/汽水同向流动时管道坡度要求

(a) 错误的坡度设置；(b) 正确的坡度设置

(2) 汽、水逆向流动的热水供暖管道和汽、水逆向流动的蒸汽管道，坡度不应小于5‰；检验方法：观察，水平尺、拉线、尺量检查。如图 3-4 所示。

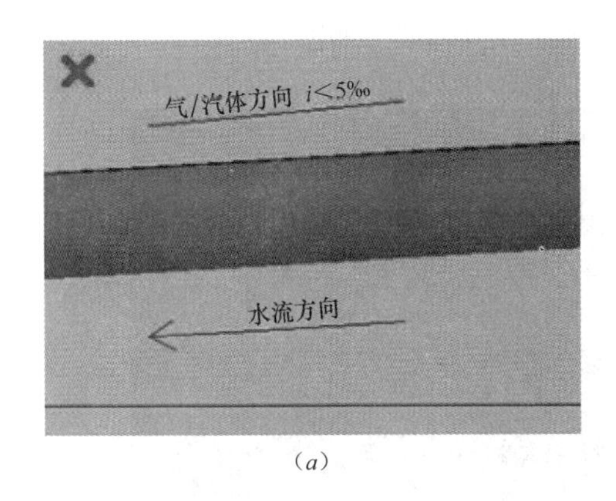

(a)

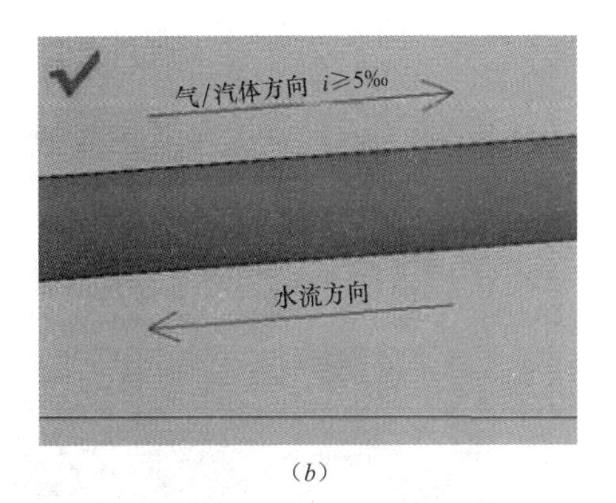

(b)

图 3-4　气/汽水逆向流动时管道坡度要求

(a) 错误的坡度设置；(b) 正确的坡度设置

(3) 散热器支管的坡度应为1%，坡向应利于排气和泄水。如图 3-5 所示。

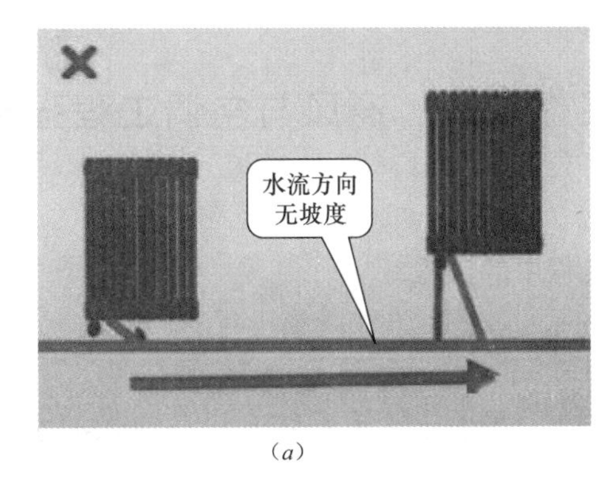

(a)

(b)

图 3-5　散热器支管坡度要求

(a) 水流方向支管无坡度（错误做法）；(b) 水流方向支管坡度1%（正确做法）

3. 地面下敷设的盘管埋地部分不应有接头。如图 3-6 的示。

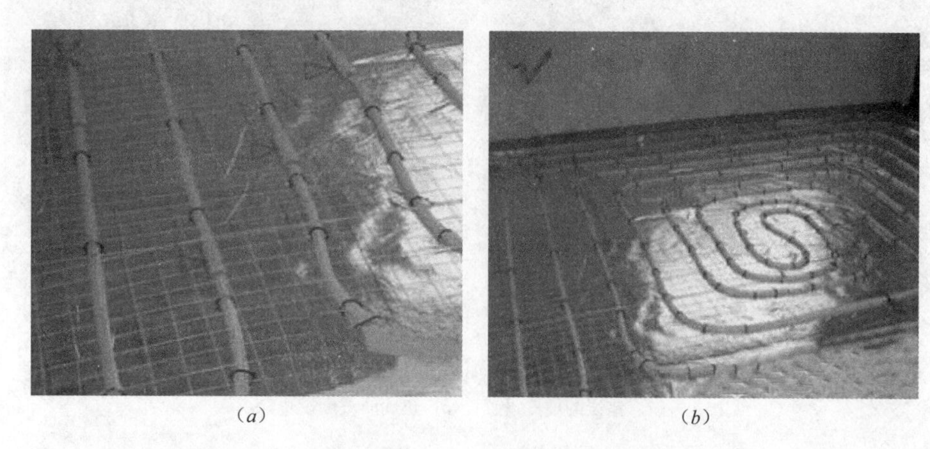

(a)　　(b)

图 3-6　盘管埋地部分要求

(a) 有接头（错误做法）；(b) 无接头（正确做法）

4. 排水管道的坡度必须符合设计要求，严禁无坡或倒坡。如图 3-7 所示。

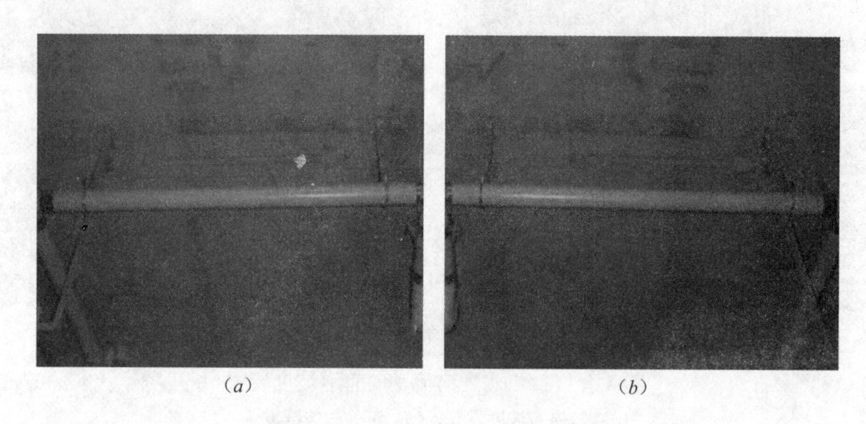

(a)　　(b)

图 3-7　排水管道坡度要求

(a) 无坡（错误做法）；(b) 正坡（正确做法）

3.3 【娜写小细节】给水排水、采暖工程、通风与空调工程强制性条文在工程中的实施

一、给水排水、采暖工程强制性条文在工程中的实施

1. 地下室或地下构筑物外墙有管道穿过的，应采取防水措施。对有严格防水要求的建筑物，必须采用柔性防水套管。如图 3-8 所示。

2. 各种承压管道系统和设备应做水压试验，非承压管道系统和设备应做灌水试验。如图 3-9 所示。

3. 给水管道必须采用与管材相适应的管件，生活给水系统所涉及的材料必须达到饮用水卫生标准。如图 3-10 所示。

图 3-8 外墙套管加工及安装

图 3-9 风机盘管进场打压和排水管道闭水试验

4. 生活给水系统管道在交付使用前必须冲洗和消毒，并经有关部门取样检验，符合现行国家标准《生活饮用水卫生标准》GB 5749—2006 方可使用。检验方法：检查有关部门提供的检测报告。

图 3-10 给水系统铜管及配套铜管件

5. 室内消火栓系统安装完成后应取屋顶层（或水箱间内）试验消火栓和首层取两处消火栓做试射试验，达到设计要求为合格。如图 3-11 所示。

6. 隐蔽或埋地的排水管道在隐蔽前必须做灌水试验，其灌水高度应不低于底层卫生器具的上边缘或底层地面高度。如图 3-12 所示。

图 3-11　屋顶消火栓的喷射试验

图 3-12　排水管道灌水试验

7. 管道安装坡度，当设计未注明时，应符合下列规定：

(1) 汽、水同向流动的热水采暖管道和汽、水同向流动的蒸汽管道及凝结水管道，坡度应为 3‰，不得小于 2‰；

(2) 汽、水逆向流动的热水采暖管道和汽、水逆向流动的蒸汽管道，坡度不应小于 5‰；

(3) 散热器支管的坡度应为 1%，坡向应利于排气和泄水。如图 3-13 所示。

图 3-13　散热器安装，支管 1%坡度

8. 散热器组对后，以及整组出厂的散热器在安装之前应做水压试验。试验压力如设计无要求时应为工作压力的 1.5 倍，但不得小于 0.6MPa。如图 3-14 所示。

9. 地面下敷设的盘管埋地部分不应有接头。如图 3-15 所示。

图 3-14　整组散热器安装前的水压试验

图 3-15　盘管埋地隐蔽无接头

10. 盘管隐蔽前必须进行水压试验，试验压力为工作压力的1.5倍，但不得小于0.6MPa。如图3-16所示。

图3-16 埋地盘管隐蔽前的水压试验

11. 采暖系统安装完毕，管道保温之前应进行水压试验。试验压力应符合设计要求。当设计未注明时，应符合下列规定：

（1）蒸汽、热水采暖系统，应以系统顶点工作压力加0.1MPa作水压试验，同时在系统顶点的试验压力不小于0.3MPa。

（2）高温采暖系统，试验压力应为系统顶点工作压力加0.4MPa。

（3）使用塑料管及复合管的热水采暖系统，应以系统顶点工作压力加0.2MPa做水压试验，同时在系统顶点的试验压力不小于0.4MPa。

12. 系统冲洗完毕应充水、加热，进行试运转和调试。

13. 给水管道在竣工后，必须对管道进行冲洗，饮用水管道还要在冲洗后进行消毒，满足饮用水卫生要求。

14. 排水管道的坡度必须符合设计要求，严禁无坡或倒坡。如图3-17所示。

图3-17 排水管道坡度达到设计要求

15. 管道冲洗完毕应通水、加热，进行试运行和调试。当不具备加热条件时，应延期进行。

16. 锅炉的汽、水系统安装完毕后，必须进行水压试验。水压试验的压力应符合表3-8的规定。

水压试验压力规定 **表3-8**

项次	设备名称	工作压力 P（MPa）	试验压力（MPa）
1	锅炉本体	$P<0.59$	$1.5P$ 但不小于0.2
2		$0.59\leqslant P\leqslant 1.18$	$P+0.3$
3		$P>1.18$	$1.25P$
4	可分式省煤器	P	$1.25P+0.5$
5	非承压锅炉	大气压力	0.2

注：1. 工作压力 P 对于蒸汽锅炉指炉筒工作压力，对于热水锅炉指锅炉额定出水压力；

2. 铸铁锅炉水压试验同热水锅炉；

3. 非承压锅炉水压试验压力为0.2MPa，试验期间压力应保持不变。

17. 锅炉和省煤器安全阀的定压和调整应符合表 3-9 的规定。锅炉上装有两个安全阀时，其中一个按表中较高值定压，另一个按较低值定压。装有一个安全阀时，应按较低值定压。

安全阀定压规定 表 3-9

项次	工作设备	安全阀开启压力（MPa）
1	蒸汽锅炉	工作压力+0.02
2		工作压力+0.04
3	热水锅炉	1.12 倍工作压力，但不小于工作压力+0.07
4		1.14 倍工作压力，但不小于工作压力+0.10
5	省煤器	1.1 倍工作压力

18. 锅炉的高低水位报警器和超温、超压报警器及连锁保护装置必须按照设计要求安装齐全和有效。

19. 锅炉在烘炉、煮炉合格后，应进行 48h 的带负荷连续试运行，同时应进行安全阀的热状态定压检验和调整。

20. 热交换器应以最大工作压力的 1.5 倍做水压试验，蒸汽部分应不低于蒸汽压力加 0.3MPa；热水部分应不低于 0.4MPa。

21. 自动喷水灭火系统的施工必须由具有相应等级资质的施工队伍承担。

22. 喷头的现场检验应符合下列要求：

（1）喷头的商标、型号、公称动作温度、响应时间指数（RTI）、制造厂及生产日期等标志应齐全。

（2）喷头的型号、规格等应符合设计要求。

（3）喷头外观应无加工缺陷和机械损伤。

（4）喷头螺纹密封面应无伤痕、毛刺、缺丝或断丝现象。

（5）闭式喷头应进行严密性试验，以无渗漏、无损伤为合格。试验数量宜从每批中抽检 1%，但不得少于 5 个，试验压力应为 3.0MPa；保压时间不得少于 3min。当两个及两个以上不合格时，不得使用该批喷头。当仅有一个不合格时，应再抽检 2%，但不得少于 10 个，并重新进行严密性试验；当仍有不合格时，亦不得使用该批喷头。

23. 喷头安装应在系统试压、冲洗合格后进行。

24. 喷头安装时，不得对喷头进行拆装、改动，并严禁给喷头附加任何装饰性涂层。

25. 喷头安装应使用专用扳手，严禁使用喷头的框架施拧；喷头的框架、溅水盘产生变形或释放原件损伤时，应采用规格、型号相同的喷头更换。

26. 管网安装完毕后，应对其进行强度试验、严密性试验和冲洗。

27. 系统竣工后，必须进行工程验收，验收不合格不得投入使用。

28. 系统工程质量验收判定条件：

（1）系统工程质量缺陷应按《建筑给水排水及采暖工程施工质量验收规范》GB 50242—2002 附录 F 要求划分为：严重缺陷项（A），重缺陷项（B），轻缺陷项（C）。

（2）系统试验合格判定应为：A=0，且 B≤2，且 B+C≤6 为合格，否则为不合格。

二、通风与空调工程强制性条文在工程中的实施

1. 防火风管的本体、框架与固定材料、密封垫料必须为不燃材料，其耐火等级应符合设计的规定。如图 3-18 所示。

2. 复合材料风管的覆面材料必须为不燃材料，内部的绝热材料应为不燃或难燃 B1 级，且对人体无害的材料。如图 3-19 所示。

图 3-18　排烟风管用薄钢板制作，密封垫料采用石棉板（厚度≥3mm）

图 3-19　铝箔复合玻纤风管

3. 防爆风阀的制作材料必须符合设计规定，不得自行替换。

4. 防排烟系统柔性短管的制作材料必须为不燃材料。如图 3-20 所示。

5. 当风管穿过需要密闭的防火、防爆的墙体或楼板时，应设预埋管或防护套管，其钢板厚度不应小于 1.6mm。风管与防护套管之间，应用不燃且对人体无危害的柔性材料封堵。如图 3-21 所示。

图 3-20　防排烟系统柔性短管采用硅酸钛金制作

图 3-21　人防密闭套管预埋安装

6. 风管安装必须符合下列规定：

（1）风管内严禁其他管线穿越。

（2）输送含有易燃、易爆气体或安装在易燃、易爆环境的风管系统应有良好的接地，通过生活区或其他辅助生产房间时必须严密，并不得设置接口。

（3）室外立管的固定拉索严禁拉在避雷针或避雷网上。

7. 输送空气温度高于 80℃的风管，应按设计规定采取防护措施。

8. 通风机传动装置的外露部位以及直通大气的进、出口，必须装设防护罩（网）或采取其他安全措施。如图 3-22 所示。

9. 静电空气过滤器金属外壳接地必须良好。

10. 电加热器的安装必须符合下列规定：连接电加热器的风管的法兰垫片，应采用耐热不燃材料。如图 3-23 所示。

图 3-22　风机进、出口加防护罩

图 3-23　电加热器的风管法兰垫片采用石棉垫片

11. 燃油管道系统必须设置可靠的防静电接地装置，其管道法兰应采用镀锌螺栓连接或在法兰处用铜导线进行跨接，且接合良好。

12. 燃气系统管道与机组的连接不得使用非金属软管。燃气管道的吹扫和压力试验应采用压缩空气或氮气，严禁用水。当燃气供气管压力大于 0.005MPa 时，焊缝的无损检测的执行标准应按设计规定。当设计无规定，且采用超声波探伤时，应全数检测，以质量不低于Ⅱ级为合格。

13. 通风与空调工程安装完毕，必须进行系统的测试和调整（简称调试）。系统调试应包括下列项目：

（1）设备单机无负荷试运转及调试。

（2）系统无生产负荷的联合试运转及调试。

14. 防排烟系统联合试运行与调试的结果（风量及正压），必须符合设计与消防的规定。

15. 非金属风管材料应符合下列规定：非金属风管材料的燃烧性能应符合现行国家标准《建筑材料及制品燃烧性能分级》GB 8624—2012 中不燃 A 级或难燃 B1 级的规定。

16. 隐蔽工程的风管在隐蔽前必须经监理工程师验收及认可签证。

3.4　给水排水管道验收强制性条文

一、强制性条文

1.0.3　给水排水管道工程所用的原材料、半成品、成品等产品的品种、规格、性能必须符合国家有关标准的规定和设计要求；接触饮用水的产品必须符合有关卫生要求。严禁使用国家明令淘汰、禁用的产品。

3.1.9　工程所用的管材、管道附件、构（配）件和主要原材料等产品进入施工现场时必须进行进场验收并妥善保管。进场验收时应检查每批产品的订购合同、质量合格证书、性能检验报告、使用说明书、进口产品的商检报告及证件等，并按国家有关标准规定进行复验，验收合格后方可使用。

3.1.15　给水排水管道工程施工质量控制应符合下列规定：

1　各分项工程应按照施工技术标准进行质量控制，每分项工程完成后，必须进行检验；

2　相关各分项工程之间，必须进行交接检验，所有隐蔽分项工程必须进行隐蔽验收，未经检验或验收不合格不得进行下道分项工程。

3.2.8　通过返修或加固处理仍不能满足结构安全或使用功能要求的分部（子分部）工程、单位（子单位）工程，严禁验收。

9.1.10　给水管道必须水压试验合格，并网运行前进行冲洗与消毒，经检验水质达到标准后，方可允许并网通水，投入运行。

9.1.11　污水、雨污水合流管道及湿陷土、膨胀土、流砂地区的雨水管道，回填土前必须经严密性试验合格后方可投入运行。

二、验收规定事项（非强制性条文）

5.2.3　砂石基础施工应符合下列规定

1　铺设前应先对槽底进行检查，槽底高程及槽宽须符合设计要求，且不应有积水和软泥；

2　柔性管道的基础结构，设计无要求时宜铺设厚度不小于100mm的中粗砂垫层；软土地基宜铺垫一层厚度不小于150mm的砂砾或5～40mm粒径碎石，其表面再铺厚度不小于50mm的中、粗砂垫层；

3　刚性管道的基础结构，设计无要求时一般土质地段可铺设砂垫层，亦可铺设25mm以下粒径碎石、表面再铺20mm厚的砂垫层（中、粗砂），垫层总厚度应符合表5.2.3的规定（见表3-10）；

刚性管道砂石垫层总厚度　　**表3-10**

管径	垫层总厚度
300～800	150
900～1200	200
1350～1500	250

注：表中单位为mm。

4　管道有效支承角范围必须用中、粗砂填充插捣密实，与管底紧密接触，不得用其他材料填充。

5.3.4　下管前应先检查管节的内外防腐层，合格后方可下管。

5.3.7　管节组对焊接时应先修口、清根，管端端面的坡口角度、钝边、间隙，应符合设计要求，设计无要求时应符合表5.3.7的规定（见表3-11）；不得在对口间隙夹焊帮条或用加热法缩小间隙施焊。

电弧焊管端倒角各部尺寸　　**表3-11**

倒角形式		间隙 b（mm）	钝边 p（mm）	坡口角度 a（°）
图示	壁厚 t（mm）			
	4～9	1.5～3.0	1.0～1.5	60～70
	10～26	2.0～4.0	1.0～2.0	60±5

5.3.8 对口时应使内壁齐平，错口的允许偏差应为壁厚的20%，且不得大于2mm。

5.3.11 管道上开孔应符合下列规定：

1 不得在干管的纵向、环向焊缝处开孔；

2 管道上任何位置不得开方孔；

3 不得在短节上或管件上开孔；

4 开孔处的加固补强应符合设计要求。

5.3.19 管道法兰连接时，应符合下列规定：

1 法兰应与管道保持同心，两法兰间应平行；

2 螺栓应使用相同规格；且安装方向应一致，螺栓应对称紧固，紧固好的螺栓应露出螺母之外；

3 与法兰接口两侧相邻的第一至第二个刚性接口或焊接接口，待法兰螺栓紧固后方可施工；

4 法兰接口埋入土中时，应采取防腐措施。

5.4.1 管体的内外防腐层宜在工厂内完成，现成连接的补口按设计要求处理。

5.4.4 埋地管道外防腐层应符合设计要求，其构造应符合表5.4.4-1、表5.4.4-2及表5.4.4-3的规定（见表3-12～表3-14）。

石油沥青涂料外防腐层构造 **表3-12**

材料种类	普通级（三油二布）		加强级（四油三布）		特加强级（五油四布）	
	构造	厚度（mm）	构造	厚度（mm）	构造	厚度（mm）
石油沥青涂料	1. 底料一层 2. 沥青（厚度≥1.5mm） 3. 玻璃布一层 4. 沥青（厚度1.0～1.5mm） 5. 玻璃布一层 6. 沥青（厚度1.0～1.5mm） 7. 聚氯乙烯工业薄膜一层	≥4.0	1. 底料一层 2. 沥青（厚度≥1.5mm） 3. 玻璃布一层 4. 沥青（厚度1.0～1.5mm） 5. 玻璃布一层 6. 沥青（厚度1.0～1.5mm） 7. 玻璃布一层 8. 沥青（厚度1.0～1.5mm） 9. 聚氯乙烯工业薄膜一层	≥5.5	1. 底料一层 2. 沥青（厚度≥1.5mm） 3. 玻璃布一层 4. 沥青（厚度1.0～1.5mm） 5. 玻璃布一层 6. 沥青（厚度1.0～1.5mm） 7. 玻璃布一层 8. 沥青（厚度1.0～1.5mm） 9. 玻璃布一层 10. 沥青（厚度1.0～1.5mm） 11. 聚氯乙烯工业薄膜一层	≥7.0

环氧煤沥青涂料外防腐层构造 **表3-13**

材料种类	普通级（三油）		加强级（四油一布）		特加强级（六油二布）	
	构造	厚度（mm）	构造	厚度（mm）	构造	厚度（mm）
环氧煤沥青涂料	1. 底料 2. 面料 3. 面料 4. 面料	≥0.2	1. 底料 2. 面料 3. 面料 4. 玻璃布 5. 面料 6. 面料	≥0.4	1. 底料 2. 面料 3. 面料 4. 玻璃布 5. 面料 6. 面料 7. 玻璃布 8. 面料 9. 面料	≥0.6

环氧树脂玻璃钢外防腐层构造 表3-14

材料种类	加强级	
	构造	厚度（mm）
环氧树脂玻璃钢	1. 底层树脂 2. 面层树脂 3. 玻璃布 4. 面层树脂 5. 玻璃布 6. 面层树脂 7. 面层树脂	≥3

5.4.5 石油沥青涂料外防腐层施工应符合下列规定：

1 涂底料前管体表面应清除油垢、灰渣、铁锈，人工除氧化皮、铁锈时，其质量标准应达St3级；喷砂或化学除锈时，其质量标准应达Sa2.5级；

2 涂底料时基面应干燥，基面除锈后与涂底料的间隔时间不得超过8h。应涂刷均匀、饱满，不得有凝块、起泡现象，底料厚度宜为0.1～0.2mm，管两端150～250mm范围内不得涂刷；

3 沥青涂料熬制温度宜在230℃左右，最高温度不得超过250℃，熬制时间宜控制在4～5h，每锅料应抽样检查，其性能应符合表5.4.5的规定（见表3-15）。

石油沥青涂料性能 表3-15

项目	性能指标
软化点（环球法）	≥125℃
针入度（25℃，100g）	5～20（0.1mm）
延度（25℃）	≥10mm

4 沥青涂料应涂刷在洁净、干燥的底料上，常温下刷沥青涂料时，应在涂底料后24h之内实施；沥青涂料涂刷温度以200～230℃为宜；

5 涂沥青后应立即缠绕玻璃布，玻璃布的压边宽度应为20～30mm；接头搭接长度应为100～150mm，各层搭接接头应相互错开，玻璃布的油浸透率应达到95%以上，不得出现大于50mm×50mm的空白；管端或施工中断处应留出长150～250mm的缓坡型接茬；

6 包扎聚氯乙烯薄膜保护层作业时，不得有褶皱、脱壳现象，压边宽度应为20～30mm，搭接长度应为100～150mm；

7 沟槽内管道接口处施工，应在焊接、试压合格后进行，接茬处应粘结牢固、严密。

9.2.1 水压试验前，施工单位应编制的试验方案，其内容应包括：

1 后背及堵板的设计；

2 进水管路、排气孔及排水孔的设计；

3 加压设备、压力计的选择及安装的设计；

4 排水疏导措施；

5 升压分段的划分及观测制度的规定；

6 试验管段的稳定措施和安全措施。

第4章 《室外排水设计规范》热帖

4.1 2014年版《室外排水设计规范》局部修订解读

一、规范修订背景

近年来，全球极端气候致使暴雨、特大暴雨频发，我国多个城市发生内涝灾害，严重危及人民群众的生命财产安全和城市的正常运行。城市内涝造成的危害和影响，暴露了我国在城市化水平不断提高、城市规模不断扩大的状况下，市政基础设施建设与安全保障不相适应的矛盾。与发达国家和地区相比，我国存在排水标准偏低、应对特大暴雨的内涝防治系统缺乏、相应的预警及应急措施不完善等问题，直接削弱了城市抵御暴雨灾害的能力。

2013年3月25日，颁布了《国务院办公厅关于做好城市排水防涝设施建设工作的通知》（国办发〔2013〕23号，以下简称《通知》），明确提出："各地区应根据本地降雨规律和暴雨内涝风险情况，合理确定城市排水防涝设施建设标准"，并对《室外排水设计规范》GB 50014—2006（2011年版）提出了修订要求。根据《通知》指示精神，住房和城乡建设部下发"建标标函〔2013〕46号文"，要求编制单位对《室外排水设计规范》进行局部修订，在住房和城乡建设部标准司、城建司的直接领导下，在各位专家的具体指导和各设计院的共同努力下，局部修订在较短时间内得以完成。住建部于2014年2月10日以第311号公告批准局部修订条文，并颁布实施。

本次局部修订的重点是调整和补充与内涝防治相关的技术内容。包括调整雨水排水管渠设计重现期、增加内涝防治系统设计重现期、补充雨水设计流量相关计算、增加雨水利用和内涝防治工程设施等。

二、新版规范局部修订内容详细解读

1. 关于排水工程设计应与相关专项规划协调的规定

《室外排水设计规范》GB 50014—2006（2014年版）（以下简称新版规范）中增加了我国排水工程设计应与相关专项规划相协调的补充规定，要求排水工程设计应依据城镇排水与污水处理规划，并与城市防洪、河道水系、道路交通、园林绿地、环境保护、环境卫生等专项规划和设计相协调。排水设施的设计应根据城镇规划蓝线和水面率的要求，充分利用自然蓄排水设施，并应根据用地性质规定不同地区的高程布置，满足不同地区的排水要求。

排水工程设施，包括内涝防治设施、雨水调蓄和利用设施，是维持城镇正常运行和资源利用的重要基础设施。在降雨频繁、河网密集或易受内涝灾害的地区，排水工程设施尤为重要。排水工程应与城市防洪、道路交通、园林绿地、环境保护和环境卫生等专项规划

和设计密切联系。排水工程的设计应与这些相关专业规划相协调。同时，排水工程设计应满足城市平面和竖向规划中的相关控制指标，从城市整体规划角度考虑排水设施的建设。

2. 关于排水体制选择原则的补充规定

新版规范明确了加大排水管网改造力度的要求："现有合流制排水系统，应按照城镇排水规划的要求，实施雨污分流；暂时不具备雨污分流条件的，应采取截流、调蓄和处理相结合的措施，提高截流倍数，加强降雨初期的污染防治。"

根据目前我国排水管网建设情况，新版规范提出，应结合城镇排水规划的要求，加快城镇排水管网的改造，实施雨污分流。同时，应提高截流倍数，采取截流、调蓄和处理相结合的措施减少合流污水和初期雨水的污染。

3. 关于采取综合措施进行内涝防治的规定

新版规范增加了采取综合措施防治内涝的规定："城镇内涝防治应采取工程性和非工程性相结合的综合控制措施。"

城镇内涝防治措施包括工程性措施和非工程性措施。通过源头控制、排水管网完善、城镇涝水行泄通道建设和优化运行管理等综合措施防治城镇内涝。工程性措施包括建设雨水渗透设施、调蓄设施、利用设施和雨水行泄通道，还包括对市政排水管网和泵站进行改造、对城市内河进行整治等。非工程性措施包括建立内涝防治设施的运行监控体系、预警应急机制以及相应法律法规等。

4. 关于提高综合生活污水量总变化系数的规定

新版规范规定："新建分流制排水系统，宜提高综合生活污水量总变化系数；既有地区可结合城区和排水系统改造，提高综合生活污水量总变化系数。"

我国现行综合生活污水量总变化系数参考了全国各地51座污水处理厂总变化系数取值资料，按照污水平均日流量数值而制定。国外大多按照人口当量确定综合生活污水量总变化系数，并设定最小值。例如，日本采用Babbitt公式，即 $K=5/(P/1000)^{0.2}$ （P 为人口总数，0.2为幂），规定中等规模以上的城市，K 值取1.3～1.8，小规模城市 K 值取1.5以上，也有超过2.0以上的情况。与发达国家相比，我国目前的综合生活污水量总变化系数取值偏低。本次修订提出，为有效控制降雨初期的雨水污染，针对新建分流制地区，应根据排水总体规划，参照国外先进和有效的标准，适当提高综合生活污水量总变化系数。

5. 关于雨水设计流量计算的补充规定

新版规范对雨水设计流量的计算方法和适用范围做了补充规定，提出："当汇水面积超过 $2km^2$ 时，宜考虑降雨在时空分布的不均匀性和管网汇流过程，采用数学模型法计算雨水设计流量。"

推理公式适用于较小规模排水系统的计算，当应用于较大规模排水系统的计算时会产生较大误差。所以，本次修订参考了国外一些城市采用推理公式计算雨水设计流量的适用范围。在总结国内外资料的基础上，提出汇水面积超过 $2km^2$ 的地区，雨水设计流量宜采用数学模型进行计算。

6. 关于以径流量作为区域开发控制指标的规定

新版规范增加了以径流量作为区域开发控制指标的规定，并将本条列为强制性条文："当地区整体改建时，对于相同的设计重现期，改建后的径流量不得超过原有径流量。"

本条为强制性条文。本次修订提出以径流量作为地区开发改建控制指标的规定。地区开发应充分体现低影响开发理念，除应执行规划控制的综合径流系数指标外，还应执行径流量控制指标。规定整体改建地区应采取措施确保改建后的径流量不超过原有径流量。可采取的综合措施包括建设下凹式绿地，设置植草沟、渗透池等，人行道、停车场、广场和小区道路等可采用渗透性路面，促进雨水下渗，既达到雨水资源综合利用的目的，又不增加径流量。

7. 关于暴雨强度计算公式的规定

新版规范提出，应按年最大值法确定暴雨强度公式。具体规定如下："具有 20 年以上的自动雨量记录地区的排水系统，设计暴雨强度公式应采用年最大值法。"

由于以前国内自动雨量记录资料不多，因此多采用年多个样法。现在我国许多地区已具有 40 年以上的自动雨量记录资料，具备采用年最大值法的条件。所以，规定具有 20 年以上的自动雨量记录地区，应采用年最大值法。

8. 关于调整雨水管渠设计重现期的规定

新版规范对雨水管渠设计重现期进行了重新调整，这是本次局部修订的重点内容，见表 4-1。具体规定如下："经济条件较好，且人口密集、内涝易发的城镇，宜采用规定的上限；新建地区应按本规定执行，原有地区应结合地区改建、道路建设等更新排水系统，并按本规定执行；同一排水系统可采用不同的设计重现期。"

雨水管渠设计重现期（年） **表 4-1**

城镇类型	城区类型			
	中心城区	非中心城区	中心城区的重要地区	中心城区地下通道和下沉式广场等
特大城市	3～5	2～3	5～10	30～50
大城市	2～5	2～3	5～10	20～30
中等城市和小城市	2～3	2～3	3～5	10～20

注：1. 按表中所列重现期设计暴雨强度公式时，均采用年最大值法；
2. 雨水管渠应按重力流、满管流计算；
3. 特大城市指市区人口在 500 万人以上的城市；大城市指市区人口在 100 万～500 万人的城市；中等城市和小城市指市区人口在 100 万人以下的城市。

本次修订提出按照城镇类型和城区类型，适当提高雨水管渠的设计重现期。其中，城镇类型按人口数量划分为"特大城市"、"大城市"和"中等城市和小城市"；城区类型分为"中心城区"、"非中心城区"、"中心城区的重要地区"和"中心城区地下通道和下沉式广场等"。中心城区的重要地区主要指行政中心、交通枢纽、学校、医院和商业聚集区等。

目前我国雨水管渠设计标准与国外发达国家相比整体偏低。以美国、日本为例，美国、日本等国在防治城镇内涝的设施上投入较大，城镇雨水管渠设计重现期一般采用 5～10 年。日本将设计重现期不断提高，《日本下水道设计指南》（2009 年版）中规定，排水系统设计重现期在 10 年内应提高到 10～15 年。本次修订的雨水排水管渠设计重现期与原规范相比有所提高，超过这一标准的安全措施不是仅仅靠雨水排水管渠能够达到的，为保证城市安全，应建立城市内涝防治体系。

9. 关于内涝防治系统设计重现期的规定

本次局部修订增加了内涝防治系统设计重现期的内容，见表 4-2。具体规定如下："内涝防治设计重现期，应根据城镇类型、积水影响程度和内河水位变化等因素，经技术经济比较后确定。经济条件较好，且人口密集、内涝易发的城市，宜采用规定的上限；目前不具备条件的地区可分期达到标准；当地面积水不满足表 4-2 的要求时，应采取渗透、调蓄、设置雨洪行泄通道和内河整治等措施；对超过内涝设计重现期的暴雨，应采取包括非工程性措施在内的综合应对措施。”

内涝防治设计重现期 **表 4-2**

城镇类型	重现期（年）	地面积水设计标准
特大城市	50～100	1. 居民住宅和工商业建筑物的底层不进水； 2. 道路中一条车道的积水深度不超过 15cm
大城市	30～50	
中等城市和小城市	20～30	

注：1. 按表中所列重现期设计暴雨强度公式时，均采用年最大值法；
2. 特大城市指市区人口在 500 万人以上的城市；大城市指市区人口在 100 万～500 万人的城市；中等城市和小城市指市区人口在 100 万人以下的城市。

城镇内涝防治的主要目的是将降雨期间的地面积水控制在可接受的范围。鉴于我国还没有专门针对内涝防治的设计标准，本次修订增加了内涝防治设计重现期和积水深度标准，用以规范和指导内涝防治设施的设计。

发达国家和地区均建有城市内涝防治系统，主要包含雨水管渠、坡地、道路、河道和调蓄设施等所有雨水径流可能流经的区域。美国、日本、欧盟等国家和地区均对内涝设计重现期做了明确规定。参考国外相关标准，本次修订增加了内涝防治系统设计重现期，用以指导我国城镇内涝防治系统的建设。

10. 关于取消折减系数 m 的规定

新版规范取消了原规范降雨历时计算公式中的折减系数 m。折减系数 m 是根据我国对雨水空隙容量的理论研究成果提出的数据。近年来，我国许多地区发生严重内涝，给人民生活和生产造成了极不利影响。为防止或减少类似事件，有必要提高城镇排水系统设计标准，而采用折减系数降低了设计标准。发达国家一般不采用折减系数。为有效应对日益频发的城镇暴雨内涝灾害，提高我国城镇排水安全性，本次修订取消了折减系数 m。

11. 关于提高截流倍数的规定

新版规范对截流倍数进行了调整，规定截流倍数 n_0 “宜采用 2～5”。

根据国外资料，英国截流倍数为 5，德国为 4，美国为 1.5～30，日本为最大时污水量的 3 倍以上。我国的截流倍数选取与发达国家相比偏低，在实际运行的合流制中，有的城市截流倍数仅为 0～0.5。本次修订针对我国目前实际情况，为有效控制初期雨水污染，将截流倍数 n_0 提高为 2～5。

12. 关于检查井的相关规定

新版规范增加了“排水系统检查井应安装防坠落装置”的规定。为避免在检查井盖损坏或缺失时发生行人坠落检查井的事故，规定污水、雨水和合流污水检查井应安装防坠落装置。防坠落装置应牢固可靠，具有一定的承重能力，并具备较大的过水能力，避免暴雨期间雨水从井底涌出时被冲走。

13. 关于雨水口设计的相关规定

新版规范对雨水口设计应考虑的因素、计算方法、高程设置等都进行了详细规定：“立箅式雨水口的宽度和平箅式雨水口的开孔长度和开孔方向应根据设计流量、道路纵坡和横坡等参数确定。”“合流制系统中的雨水口应采取防止臭气外溢的措施。”“雨水口和雨水连通管流量应采用雨水管渠设计重现期所计算流量的1.5～3倍。”“道路边沟横坡坡度不应小于1.5%，平箅式雨水口的箅面标高应比附近路面标高低3～5cm，立箅式雨水口进水处路面标高应比周围路面标高低5cm。当设置于下凹式绿地中时，平箅式雨水口的箅面标高应根据雨水调蓄设计要求确定，且应高于周围绿地平面标高。”

本次修订增加了对雨水口设计的详细规定，为暴雨发生时雨水口能充分发挥排除道路积水功能提供了保障。

14. 关于立体交叉道路排水设计的相关规定

新版规范调整了立体交叉道路的排水设计重现期，规定：“立体交叉道路的雨水管渠设计重现期应不小于10年，位于中心城区的重要地区，设计重现期应为20～30年”。本次修订对立体交叉地道的设计重现期要求有了较大提高。同时，还对立体交叉道路排水系统的汇水面积、泵站及调蓄设施的设计等都做了补充。

15. 关于分流制排水系统雨水调蓄池的计算规定

新版规范对合流制排水系统和分流制排水系统中调蓄池的设计进行了区分。在原规范基础上，增加了分流制排水系统用于面源污染控制时，雨水调蓄池的计算方法。

同时，对调蓄池出水做了补充规定：“用于控制径流污染的雨水调蓄池出水应接入污水管网，当下游污水处理系统不能满足雨水调蓄池放空要求时，应设置雨水调蓄池出水处理装置”。

本次修订提出，当调蓄池下游污水系统满负荷运行或下游污水系统的容量不能满足调蓄池放空速度的要求时，宜设置处理装置对调蓄池的出水进行处理后排放。

16. 关于削减雨水径流量的相关规定

在削减雨水径流量方面，新版规范做了进一步补充规定：“新建城区硬化地面中可渗透地面面积所占比例不宜低于40%，有条件的既有地区应对现有硬化地面进行透水性改造；绿地标高宜低于周边地面标高5～25cm”。“当进行区域开发和改造时，宜保留天然可渗透性地面。”

本次修订补充规定新建城区硬化地面的可渗透地面面积所占比例不宜低于40%，有条件的建成区应对现有硬化地面进行透水性改造。区域开发和改造过程中，保留砂石地面、自然地面等天然可渗透性地面，体现了低影响开发的理念。

17. 关于雨水综合利用的相关规定

本次修订增加了“雨水综合利用”一节。对雨水利用的原则、方式、汇水面的选择、初期雨水弃流、雨水利用设施设计等做了一系列规定，关于雨水利用的主要原则规定如下：

（1）水资源缺乏、水质性缺水、地下水位下降严重、内涝风险较大的城市和新建开发区等宜进行雨水综合利用；

（2）雨水经收集、储存、就地处理后可作为冲洗、灌溉、绿化和景观用水等，也可经过自然或人工渗透设施渗入地下，补充地下水资源；

（3）雨水利用设施的设计、运行和管理应与城镇内涝防治相协调。

随着城市化和经济的高速发展，水资源不足的矛盾和城市生态安全问题在我国许多地区愈显突出，雨水资源的利用日益受到关注。我国城市应根据当地的水资源情况和经济发展水平，合理利用水资源。雨水利用包括雨水直接利用和雨水间接利用两种类型。雨水直接利用是指雨水经收集、储存、就地处理等程序后用于冲洗、灌溉、绿化和景观等；雨水间接利用一般指通过雨水渗透设施把雨水转化为土壤水，其手段或设施主要有地面渗透、埋地渗透管渠、渗透池等。

城镇雨水利用、污染控制和内涝防治是城镇雨水综合管理的有机组成部分。

18. 关于内涝防治工程措施的相关规定

新版规范新增“内涝防治设施”一节。对内涝防治设施的布置、规模、种类以及采用公用设施进行雨水调蓄等都做了具体规定：“内涝防治设施应与城镇平面规划、竖向规划和防洪规划相协调，根据当地地形特点、水文条件、气候特征、雨水管渠系统、防洪设施现状和内涝防治要求等综合分析后确定。”“内涝防治设施应包括源头控制设施，雨水管渠设施和综合防治设施。”

城镇内涝防治设施是用来排除超过城镇雨水管渠设施设计重现期暴雨、但不超过内涝设计重现期暴雨的雨水。目前发达国家普遍制定了完善的内涝灾害风险管理策略，在编制内涝风险评估的基础上，确定内涝防治设施的布置和规模。

为保障城市在内涝设计重现期标准下不受灾，我国也应进行内涝风险评估，根据评估结果在排水能力较弱或径流量较大的地方设置内涝防治设施。

本次修订对内涝防治设施的种类做了基本规定，并对其功能做了详细说明。对我国内涝防治系统的建设起到了指导作用。

三、结语

与 2011 年版《室外排水设计规范》相比，新版规范的修订内容主要体现在提高排水标准、完善内涝防治措施方面。本次修订充分参考了发达国家和地区，如美国、英国、德国、澳大利亚、日本等在内涝防治方面的先进理念和设计标准，并结合我国排水设施的实际建设发展，确定了适应我国国情的城镇排水标准。为提高我国排水安全、建立完善的城镇内涝防治系统、有效抵御暴雨自然灾害，提供了保障。

城镇排水系统的发展有赖于对传统设计理念和设计方法的更新，本次《室外排水设计规范》的局部修订对更新我国排水系统设计理念、加快内涝防治技术研究和设施建设、促进我国城镇排水和内涝防治系统标准体系的建立，将起到重要作用。

4.2 【新规范解读】2014 年版《室外排水设计规范》雨洪管理相关内容争议

2014 年 2 月 10 日，我国住房和城乡建设部发布公告，批准《室外排水设计规范》GB 50014—2006（2014 年版）（简称新版规范）自发布日起正式实施。

新版规范经住房和城乡建设部召集，仍由以上海市政工程设计研究总院（集团）有限公司为首的八家国内顶尖的市政工程设计院共同参与修订而成。笔者对新版规范中与雨洪管理相关的部分条文进行了初步的分析探讨。

1. 雨水设计流量的计算

(1) 径流系数的概念

即使是同一区域，在不同的降雨中，其径流系数并非一成不变，径流系数的大小与降雨特征、地表特性、土壤特性等因素密切相关。因此，在对径流系数进行概化使用时，可以粗略认为某一特定区域的径流系数基本稳定；但在模型模拟中，如果条件具备，应当进行长期多降雨事件的模拟，从而规避单场降雨事件模拟所可能引起的误差。

（2）地区径流总量的控制

作为本次规范修编中增加的唯一强制性条文，3.2.2A 中规定："地区整体改建时，对于相同的设计重现期，改建后的径流量不得超过原有径流量"。笔者认为，本条文的提出，作为地区开发的综合性控制要求，具有重要的理论意义和现实意义。然而在实际应用中，本条文仍需相关的补充说明或技术导则加以明确。

例如，"地区开发"的范畴应如何理解，是否有具体的面积标准？改建后的径流量如何确定，是相对径流量还是绝对径流量？"绝对径流量"很好理解，在相同重现期下，如果要求开发后的绝对总径流水量维持不变，则开发后因地表状况改变产生的多余径流量需主要通过渗透、蒸发蒸腾加以消化。

新版规范的补充说明也提到："可采取的综合措施包括建设下凹式绿地，设置植草沟、渗透池等，人行道、停车场、广场和小区道路等可采用渗透性路面，促进雨水下渗。"上述措施在一定程度上可有效削减径流总量，如果能够实现则是最理想的情况。但是，如果为新建地区，从未开发状况整体转变为开发状况，若不采取任何控制措施，径流系数可能从 0.10～0.30 升高到 0.45～0.70。在部分较极端情况下，单靠提高地表的渗透可能无法完全解决多产生的径流量。

针对这一状况，美国的部分州目前应用的是"相对径流量"的概念。即要求在相同降雨重现期下，开发后降雨径流的峰值流量不超过开发前的水平。这样并不要求径流总量保持绝对不变，而是尽可能延缓、削减洪峰，充分利用排水系统的排水能力，同时避免过高的流量对排水管道和受纳水道造成严重的冲刷和侵蚀。可供选择的控制手段也从单一的促进渗透丰富为渗透、过滤、调蓄、延缓排放等多种综合手段，整体效果更佳。

（3）暴雨强度公式的选择

新版规范中的条文 3.2.3 规定："具有 20 年以上自动雨量记录地区的排水系统，设计暴雨强度公式应采用年最大值法"。

但是，笔者发现目前绝大部分城市中市政排水工程的设计仍沿用 2000 年以前，甚至 1980 年以前编写的暴雨强度公式，而且受到编写当时降雨资料和其他条件的限制，公式多为年多个样法的短历时暴雨强度公式，而目前国内水利防洪基本采用年最大值法的暴雨公式。受此影响，在建立城市内涝防治体系时，常常遇到城区排水与流域防洪的设计重现期无法匹配，进而导致市政排水标准和流域防洪标准无法衔接的问题。

本次条文修编从基础上为市政排水与流域防洪标准的衔接创造了条件，有利于进一步实现二者设计重现期的匹配问题。

2. 模型应用的综合思考

（1）模型方法的适用性分析

新版规范的条文 3.2.1 中要求：采用推理公式法计算雨水设计流量。当汇水面积超过 $2km^2$ 时，宜采用数学模型法。该要求亦是本次规范修编的亮点之一。

近年来，模型技术的不断成熟、应用范围的日益扩大以及成功应用范例的逐渐增多，为城市排水工程设计和优化提供了更多的途径和可能。笔者认为，应当尽快编制模型法应用的相关技术导则和规范，对新版规范起到重要的补充作用，从而推动其落到实处，发挥应有的作用。

（2）模型方法的准确性分析

模型的准确性与模型技术的成熟度以及基础数据的完善度密不可分。

目前，用于城市排水系统模拟的最为广泛的综合性模型主要是SWMM、InfoWorks和MOUSE三类，这3大类模型均具有数量不等的产流、汇流模块，可以实现对水量、水质的连续模拟。然而，目前在国内的模型应用过程中，仍主要存在3个方面的问题：①基础数据不足，且精确度欠缺；②模型参数本地化水平不足，限制了模型的应用；③模型概化过于简单，效果难以充分验证。

3. 内涝防治体系的思考

（1）内涝防治体系的构建

新版规范中首次提出了内涝防治系统的概念，并明确了内涝防治设计重现期，并要求根据城镇类型、积水影响程度和内河水位变化等因素，经技术经济比较后确定。

其中特大城市的重现期规定为50～100年，地面积水标准细化为：居民住宅和工商业建筑物的底层不进水；道路中一条车道的积水深度不超过15cm。本次修编体现出对城市内涝防治工作的重视，同时明确的地面积水标准也使其更具可行性和操作性。与此同时，上述新内容也对道路设计和排水设计提出了新的要求。

（2）工程性措施与非工程性措施相结合

在新版规范的总则中，添加了以下条文1.0.4B："城镇内涝防治应采取工程性和非工程性相结合的综合控制措施"。

笔者认为，这对于实际的排水工程设计和运行管理具有鲜明的意义。近年来，国内外许多大城市都遭受了较为严重的内涝灾害，这一方面要归咎于极端天气的频发；另一方面，部分城市的受灾程度与非工程性措施的不到位有一定关系，因此强调工程性措施与非工程性措施相结合非常必要。

（3）局部重点区域的考虑

新版规范对中心城区地下通道、下沉式广场、立体交叉道路等重点区域的排水标准进行了进一步的提升。

以立体交叉道路为例，将其雨水管渠设计重现期从3年提高到10年，且位于中心城区的重要地区要达到20～30年，同时明确不具备自流条件的，应设泵站排除；同时针对立体交叉道路应控制汇水面积，宜采取设置调蓄池等综合措施达到规定的设计重现期等。上述标准的提高反映了近年来许多城市防汛排涝的宝贵经验教训。笔者认为，新版规范对于局部重点区域的排水提标非常必要。

（4）雨水渗透的相关要求

新版规范将内涝防治设施具体为：源头控制设施、雨水管渠设施和综合防治设施，而又将作为源头控制措施之一的雨水渗透设施作为单独章节，可见对于雨水渗透设施的重视。规范明确要求新建地区硬化地面中可渗透地面面积不宜低于40%，同时下凹式绿地标高宜低于周边地面标高5～25cm。不难发现，新版规范提出的量化要求具有更高的可操作性，有利于从源头上实现径流的渗透和削减。

4.3 讨论 2014 年版《室外排水设计规范》4.7.1A

2014 年版《室外排水设计规范》4.7.1A 规定雨水口和雨水口连接管流量应为雨水管渠设计重现期计算流量的 1.5～3 倍，这句话有什么指导作用呢？如果用雨水流量公式 $Q=\psi qF$ 计算雨水口的汇水面积（其中：Q 为雨水口的泄水能力，ψ 为道路的径流系数，q 为该地区的设计暴雨强度，F 为雨水口的汇水面积），规范上说的 1.5～3 倍对于计算雨水口的汇水面积有影响吗？

解释：

可参见《室外排水设计规范》GB 50014—2006（2014 年版）：

4.7.1A（设计规定）雨水口和雨水连接管流量应为雨水管渠设计重现期计算流量的 1.5～3 倍。

（条文说明）关于雨水口和雨水连接管流量设计的规定。

雨水口易被路面垃圾和杂物堵塞，平箅式雨水口在设计中应考虑 50% 被堵塞，立箅式雨水口应考虑 10% 被堵塞。在暴雨期间排除道路积水的过程中，雨水管道一般处于承压状态，其所能排除的水量要大于重力流情况下的设计流量，因此本次修订规定雨水口和雨水连接管流量按照雨水管渠设计重现期所计算流量的 1. 5～3 倍计，通过提高路面进入地下排水系统的径流量，缓解道路积水。

结论：设计雨水口泄水能力≥（1.5～3 倍）雨水设计流量。

第5章 《建筑给水排水设计规范》热帖

5.1 【规范大集结】建筑给水排水重点规范

1.《建筑给水排水设计规范》GB 50015—2003（2009年版）

3.2.3 城镇给水管道严禁与自备水源的供水管道直接连接。

3.2.3A 中水、回用雨水等非生活饮用水管道严禁与生活饮用水管道连接。

3.2.4 生活饮用水不得因管道内产生虹吸、背压回流而受污染。

3.2.4A 卫生器具和用水设备、构筑物等的生活饮用水管配水件出水口应符合下列规定：

1 出水口不得被任何液体或杂质所淹没；

2 出水口高出承接用水容器溢流边缘的最小空气间隙，不得小于出水口直径的2.5倍。

3.2.4C 从生活饮用水管网向消防、中水和雨水回用水等其他用水的贮水池（箱）补水时，其进水管口最低点高出溢流边缘的空气间隙不应小于150mm。

3.2.5 从生活饮用水管道上直接供下列用水管道时，应在这些用水管道的下列部位设置倒流防止器：

1 从城镇给水管网的不同管段接出两路及两路以上的引入管，且与城镇给水管形成环状管网的小区或建筑物，在其引入管上；

2 从城镇生活给水管网直接抽水的水泵的吸水管上；

3 利用城镇给水管网水压且小区引入管无防回流设施时，向商用的锅炉、热水机组、水加热器、气压水罐等有压容器或密闭容器注水的进水管上。

3.2.5A 从小区或建筑物内生活饮用水管道系统上接至下列用水管道或设备时，应设置倒流防止器：

1 单独接出消防用水管道时，在消防用水管道的起端；

2 从生活饮用水贮水池抽水的消防水泵出水管上。

3.2.5B 生活饮用水管道系统上接至下列含有对健康有危害物质等有害有毒场所或设备时，应设置倒流防止设施：

1 贮存池（罐）、装置、设备的连接管上；

2 化工剂罐区、化工车间、实验楼（医药、病理、生化）等除按本条第1款设置外，还应在其引入管上设置空气间隙。

3.2.5C 从小区或建筑物内生活饮用水管道上直接接出下列用水管道时，应在这些用水管道上设置真空破坏器：

1 当游泳池、水上游乐池、按摩池、水景池、循环冷却水集水池等的充水或补水管道出口与溢流水位之间的空气间隙小于出口管径 2.5 倍时，在其充（补）水管上；

2　不含有化学药剂的绿地喷灌系统，当喷头为地下式或自动升降式时，在其管道起端；

3　消防（软管）卷盘；

4　出口接软管的冲洗水嘴与给水管道连接处。

3.2.6　严禁生活饮用水管道与大便器（槽）、小便斗（槽）采用非专用冲洗阀直接连接冲洗。

3.2.9　埋地式生活饮用水贮水池周围 10m 以内，不得有化粪池、污水处理构筑物、渗水井、垃圾堆放点等污染源；周围 2m 以内不得有污水管和污染物。当达不到此要求时，应采取防污染的措施。

3.2.10　建筑物内的生活饮用水水池（箱）体，应采用独立结构形式，不得利用建筑物的本体结构作为水池（箱）的壁板、底板及顶盖。生活饮用水水池（箱）与其他用水水池（箱）并列设置时，应有各自独立的分隔墙。

3.2.14　在非饮用水管道上接出水嘴或取水短管时，应采取防止误饮误用的措施。

3.5.8　室内给水管道不得布置在遇水会引起燃烧、爆炸的原料、产品和设备的上面。

3.9.9　水上游乐池滑道润滑水系统的循环水泵，必须设置备用泵。

3.9.12　游泳池和水上游乐池的池水必须进行消毒杀菌处理。

3.9.14　使用瓶装氯气消毒时，氯气必须采用负压自动投加方式，严禁将氯直接注入游泳池水中的投加方式。加氯间应设置防毒、防火和防爆装置，并应符合国家现行有关标准的规定。

3.9.18A　家庭游泳池等小型游泳池当采用生活饮用水直接补（充）水时，补充水管应采取有效的防止回流污染的措施。

3.9.20A　游泳池和水上游乐池的进水口、池底回水口和泄水口的格栅孔隙的大小，应防止卡入游泳者手指、脚趾。泄水口的数量应满足不会产生负压造成对人体的伤害。

3.9.24　比赛用跳水池必须设置水面制波和喷水装置。

4.2.6　当构造内无存水弯的卫生器具与生活污水管道或其他可能产生有害气体的排水管道连接时，必须在排水口以下设存水弯。存水弯的水封深度不得小于 50mm。严禁采用活动机械密封替代水封。

4.3.3A　排水管道不得穿越卧室。

4.3.4　排水管道不得穿越生活饮用水池部位的上方。

4.3.5　室内排水管道不得布置在遇水会引起燃烧、爆炸的原料、产品和设备的上面。

4.3.6　排水横管不得布置在食堂、饮食业厨房的主副食操作、烹调和备餐的上方。当受条件限制不能避免时，应采取防护措施。

4.3.6A　厨房间和卫生间的排水立管应分别设置。

4.3.13　下列构筑物和设备的排水管不得与污废水管道系统直接连接，应采取间接排水的方式：

1　生活饮用水贮水箱（池）的泄水管和溢流管；

2　开水器、热水器排水；

3　医疗灭菌消毒设备的排水；

4 蒸发式冷却器、空调设备冷凝水的排水；

5 贮存食品或饮料的冷藏库房的地面排水和冷风机溶霜水盘的排水。

4.3.19 室外排水沟与室外排水管道连接处，应设水封装置。

4.5.9 带水封的地漏水封深度不得小于50mm。

4.5.10A 严禁采用钟罩（扣碗）式地漏。

4.8.4 化粪池距离地下取水构筑物不得小于30m。

4.8.8 医院污水必须进行消毒处理。

5.4.5 燃气热水器、电热水器必须带有保证使用安全的装置。严禁在浴室内安装直接排气式燃气热水器等在使用空间内积聚有害气体的加热设备。

5.4.20 膨胀管上严禁装设阀门。

2.《消防给水及消火栓系统技术规范》GB 50974－2014

4.1.5 严寒、寒冷等冬季结冰地区的消防水池、水塔和高位消防水池等应采取防冻措施。

4.1.6 雨水清水池、中水清水池、水景和游泳池必须作为消防水源时，应有保证在任何情况下均能满足消防给水系统所需的水量和水质的技术措施。

4.3.4 当消防水池采用两路供水且在火灾情况下连续补水能满足消防要求时，消防水池的有效容积应根据计算确定，但不应小于100m^3，当仅设有消火栓系统时不应小于50m^3。

4.3.8 消防用水与其他用水共用的水池，应采取确保消防用水量不作他用的技术措施。

4.3.9 消防水池的出水、排水和水位应符合下列要求：

1 消防水池的出水管应保证消防水池的有效容积能被全部利用；

2 消防水池应设置就地水位显示装置，并应在消防控制中心或值班室等地点设置显示消防水池水位的装置，同时应有最高和最低报警水位；

3 消防水池应设置溢流水管和排水设施，并应采用间接排水。

4.3.11 高位消防水池的最低有效水位应能满足其所服务的水灭火设施所需的压力和流量，且其有效容积应满足火灾延续时间内所需消防用水量，并应符合下列规定：

1 高位消防水池有效容积、出水、排水和水位应符合本规范第4.3.8条和第4.3.9条的有关规定；

……

4.4.4 当室外消防水源采用天然水源时，应采取防止冰凌、漂浮物、悬浮物等物质堵塞消防水泵的技术措施，并应采取确保安全取水的措施。

4.4.5 当天然水源作为消防水源时，应符合下列规定：

1 当地表水作为室外消防水源时，应采取确保消防车、固定和移动消防水泵在枯水位取水的技术措施；当消防车取水时，最大吸水高度不应超过6.0m；

2 当井水作为消防水源时，还应设置探测水井水位的水位测试装置。

4.4.7 设有消防车取水口的天然水源，应设置消防车到达取水口的消防车道和消防车回车场或回车道。

5.1.6 消防水泵的选择和应用应符合下列规定：

1　消防水泵的性能应满足消防给水系统所需流量和压力的要求；

2　消防水泵所配驱动器的功率应满足所选水泵流量扬程性能曲线上任何一点运行所需功率的要求；

3　当采用电动机驱动的消防水泵时，应选择电动机干式安装的消防水泵；

……

5.1.8　当采用柴油机消防水泵时应符合下列规定：

1　柴油机消防水泵应采用压缩式点火型柴油机；

2　柴油机的额定功率应校核海拔高度和环境温度对柴油机功率的影响；

3　柴油机消防水泵应具备连续工作的性能，试验运行时间不应小于24h；

4　柴油机消防水泵的蓄电池应保证消防水泵随时自动启泵的要求；

5.1.9　轴流深井泵宜安装于水井、消防水池和其他消防水源上，并应符合下列规定：

1　轴流深井泵安装于水井时，其淹没深度应满足其可靠运行的要求，在水泵出流量为150％额定流量时，其最低淹没深度应是第一个水泵叶轮底部水位线以上不少于3.2m，且海拔高度每增加300m，深井泵的最低淹没深度应至少增加0.3m；

2　轴流深井泵安装在消防水池等消防水源上时，其第一个水泵叶轮底部应低于消防水池的最低有效水位线，且淹没深度应根据水力条件经计算确定，并应满足消防水池等消防水源有效储水量或有效水位能全部被利用的要求；当水泵额定流量大于125L/s时，应根据水泵性能确定淹没深度，并应满足水泵气蚀余量的要求；

3　轴流深井泵的出水管与消防给水管网连接应符合本规范第5.1.13条第3款的有关规定；

……

5.1.12　消防水泵吸水应符合下列规定：

1　消防水泵应采取自灌式吸水；

2　消防水泵从市政管网直接抽水时，应在消防水泵出水管上设置减压型倒流防止器；

……

5.1.13　离心式消防水泵吸水管、出水管和阀门等，应符合下列规定：

1　一组消防水泵，吸水管不应少于两条，当其中一条损坏或检修时，其余吸水管应仍能通过全部消防给水设计流量；

2　消防水泵吸水管布置应避免形成气囊；

3　一组消防水泵应设不少于两条的输水干管与消防给水环状管网连接，当其中一条输水管检修时，其余输水管应仍能供应全部消防给水设计流量；

4　消防水泵吸水口的淹没深度应满足消防水泵在最低水位运行安全的要求，吸水管喇叭口在消防水池最低有效水位下的淹没深度应根据吸水管喇叭口的水流速度和水力条件确定，但不应小于600mm，当采用旋流防止器时，淹没深度不应小于200mm；

……

5.2.4　高位消防水箱的设置应符合下列规定：

1　当高位消防水箱在屋顶露天设置时，水箱的人孔以及进出水管的阀门等应采取锁具或阀门箱等保护措施；

……

5.2.5 高位消防水箱间应通风良好，不应结冰，当必须设置在严寒、寒冷等冬季结冰地区的非采暖房间时，应采取防冻措施，环境温度或水温不应低于5℃。

5.2.6 高位消防水箱应符合下列规定：

1 高位消防水箱的有效容积、出水、排水和水位等应符合本规范第4.3.8条和第4.3.9条的有关规定；

2 高位消防水箱的最低有效水位应根据出水管喇叭口和防止旋流器的淹没深度确定，当采用出水管喇叭口时应符合本规范第5.1.13条第4款的规定；但当采用防止旋流器时应根据产品确定，不应小于150mm的保护高度；

……

5.3.2 稳压泵的设计流量应符合下列规定：

1 稳压泵的设计流量不应小于消防给水系统管网的正常泄漏量和系统自动启动流量；

……

5.3.3 稳压泵的设计压力应符合下列要求：

1 稳压泵的设计压力应满足系统自动启动和管网充满水的要求；

……

5.4.1 下列场所的室内消火栓给水系统应设置消防水泵接合器：

1 高层民用建筑；

2 设有消防给水的住宅、超过五层的其他多层民用建筑；

3 地下建筑和平战结合的人防工程；

4 超过四层的厂房和库房，以及最高层楼板超过20m的厂房或库房；

5 四层以上多层汽车库和地下汽车库；

6 城市市政隧道。

5.4.2 自动喷水灭火系统、水喷雾灭火系统、泡沫灭火系统和固定消防炮灭火系统等水灭火系统，均应设置消防水泵接合器。

5.5.9 消防水泵房的设计应根据具体情况设计相应的采暖、通风和排水设施，并应符合下列规定：

1 严寒、寒冷等冬季结冰地区采暖温度不应低于10℃，但当无人值守时不应低于5℃；

……

5.5.12 消防水泵房应符合下列规定：

1 独立建造的消防水泵房耐火等级不应低于二级，与其他产生火灾暴露危害的建筑的防火距离应根据计算确定，但不应小于15m，石油化工企业还应符合现行国家标准《石油化工企业设计防火规范》GB 50160—2008的有关规定；

2 附设在建筑物内的消防水泵房，应采用耐火极限不低于2.0h的隔墙和1.50h的楼板与其他部位隔开，其疏散门应靠近安全出口，并应设甲级防火门；

3 附设在建筑物内的消防水泵房，当设在首层时，其出口应直通室外；当设在地下室或其他楼层时，其出口应直通安全出口。

6.1.9 当室内采用临时高压消防给水系统时，应设置高位消防水箱，并应符合下列规定：

1 高层民用建筑、总建筑面积大于10000m^{2}且层数超过2层的公共建筑和其他重要建筑，必须设置高位消防水箱；

……

6.2.5　采用减压水箱减压分区供水时应符合下列规定：

1　减压水箱有效容积、出水、排水和水位、设置场所应符合本规范第4.3.8条、第4.3.9条和第5.2.5条、第5.2.6条第2款的有关规定；

……

7.1.2　室内环境温度不低于4℃，且不高于70℃的场所，应采用湿式室内消火栓系统。

7.2.8　设有市政消火栓的给水管网平时运行工作压力不应小于0.14MPa，消防时水力最不利消火栓的出流量不应小于15L/s，且供水压力从地面算起不应小于0.10MPa。

7.3.10　室外消防给水引入管当设有减压型倒流防止器时，应在减压型倒流防止器前设置一个室外消火栓。

7.4.3　设置室内消火栓的建筑，包括设备层在内的各层均应设置消火栓。

8.3.5　室内消防给水系统由生活、生产给水系统管网直接供水时，应在引入管处设置倒流防止器。当消防给水系统采用减压型倒流防止器时，减压型倒流防止器应设置在清洁卫生的场所，其排水口应采取防止被水淹没的技术措施。

9.2.3　消防电梯的井底排水设施应符合下列规定：

1　排水泵集水井的有效容量不应小于2.00m^3；

2　排水泵的排水量不应小于10L/s。

9.3.1　有毒有害危险场所应采取消防排水收集、储存措施。

11.0.1　消防水泵控制柜应设置在消防水泵房或专用消防水泵控制室内，并应符合下列要求：

1　消防水泵控制柜在平时应使消防水泵处于自动启泵状态；

……

11.0.2　消防水泵不应设置自动停泵的控制功能，停泵应由具有管理权限的工作人员根据火灾扑救情况确定。

11.0.5　消防水泵应能手动启停和自动启动。

11.0.7　在建筑消防控制中心或建筑值班室应设置消防给水设施的下列控制和显示功能：

1　控制柜或控制盘应设置开关量或模拟信号手动硬拉线直接启泵的按钮；

……

11.0.9　消防水泵控制柜设置在独立的控制室时，其防护等级不应低于IP30；与消防水泵设置在同一空间时，其防护等级不应低于IP55。

11.0.12　消防水泵控制柜应设置手动机械启泵功能，并应保证在控制柜内的控制线路发生故障时由有管理权限的人员在紧急时启动消防水泵。手动时应在报警5min内正常工作。

12.1.1　消防给水及消火栓系统的施工必须由具有相应等级资质的施工队伍承担。

12.4.1　消防给水及消火栓系统试压和冲洗应符合下列要求：

1　管网安装完毕后，应对其进行强度试验、冲洗和严密性试验；

……

13.2.1　系统竣工后，必须进行工程验收，验收应由建设单位组织质检、设计、施工、监理参加，验收不合格不应投入使用。

3.《建筑中水设计规范》GB 50336—2002

1.0.5 缺水城市和缺水地区适合建设中水设施的工程项目，应按照当地有关规定配套建设中水设施。中水设施必须与主体工程同时设计、同时施工、同时使用。

1.0.10 中水工程设计必须采取确保使用、维修的安全措施，严禁中水进入生活饮用水给水系统。

3.1.6 综合医院污水作为中水水源时，必须经过消毒处理，产出的中水仅可用于独立的不与人直接接触的系统。

3.1.7 传染病医院、结核病医院污水和放射性废水，不得作为中水水源。

5.4.1 中水供水系统必须独立设置。

5.4.7 中水管道上不得装设取水龙头。当装有取水接口时，必须采取严格的防止误饮、误用的措施。

6.2.18 中水处理必须设有消毒设施。

8.1.1 中水管道严禁与生活饮用水给水管道连接。

8.1.3 中水池（箱）内的自来水补水管应采取自来水防污染措施，补水管出水口应高于中水贮存池（箱）内溢流水位，其间距不得小于2.5倍管径。严禁采用淹没式浮球阀补水。

8.1.6 中水管道应采取下列防止误接、误用、误饮的措施：

1 中水管道外壁应按有关标准的规定涂色和标志；

2 水池（箱）、阀门、水表及给水栓、取水口均应有明显的“中水”标志；

3 公共场所及绿化的中水取水口应设带锁装置；

4 工程验收时应逐段进行检查，防止误接。

4.《住宅建筑规范》GB 50368—2005

8.1.4 住宅的给水总立管、雨水立管、消防立管、采暖供回水总立管和电气、电信干线（管），不应布置在套内。公共功能的阀门、电气设备和用于总体调节和检修的部件，应设在共用部位。

8.1.5 住宅的水表、电能表、热量表和燃气表的设置应便于管理。

8.2.1 生活给水系统和生活热水系统的水质、管道直饮水系统的水质和生活杂用水系统的水质均应符合使用要求。

8.2.2 生活给水系统应充分利用城镇给水管网的水压直接供水。

8.2.3 生活饮用水供水设施和管道的设置，应保证二次供水的使用要求。供水管道、阀门和配件应符合耐腐蚀和耐压的要求。

8.2.4 套内分户用水点的给水压力不应小于0.05MPa，入户管的给水压力不应大于0.35MPa。

8.2.5 采用集中热水供应系统的住宅，配水点的水温不应低于45℃。

8.2.6 卫生器具和配件应采用节水型产品，不得使用一次冲水量大于6L的坐便器。

8.2.7 住宅厨房和卫生间的排水立管应分别设置。排水管道不得穿越卧室。

8.2.8 设有淋浴器和洗衣机的部位应设置地漏，其水封深度不得小于50mm。构造内无存水弯的卫生器具与生活排水管道连接时，在排水口以下应设存水弯，其水封深度不得小于 50mm。

8.2.9 地下室、半地下室中卫生器具和地漏的排水管，不应与上部排水管连接。

8.2.10 适合建设中水设施和雨水利用设施的住宅，应按照当地的有关规定配套建设中水设施和雨水利用设施。

8.2.11 设有中水系统的住宅，必须采取确保使用、维修和防止误饮误用的安全措施。

5.《气体灭火系统设计规范》GB 50370—2005

3.1.4 两个或两个以上的防护区采用组合分配系统时，一个组合分配系统所保护的防护区不应超过 8 个。

3.1.5 组合分配系统的灭火剂储存量，应按储存量最大的防护区确定。

3.1.15 同一防护区内的预制灭火系统装置多于 1 台时，必须能同时启动，其动作相应时差不得大于 2s。

3.1.16 单台热气溶胶预制灭火系统装置的保护容积不应大于 $160m^3$；设置多台装置时，其相互间的距离不得大于 10m。

3.2.7 防护区应设置泄压口，七氟丙烷灭火系统的泄压口应位于防护区净高的 2/3 以上。

3.2.9 喷防灭火剂前，防护区内除泄压口外的开口应能自行关闭。

3.3.1 七氟丙烷灭火系统的灭火设计浓度不应小于灭火浓度的 1.3 倍，惰化设计浓度不应小于惰化浓度的 1.1 倍。

3.3.7 在通信机房和电子计算机等防护区，设计喷放时间不应大于 8s；在其他防护区，设计喷放时间不应大于 10s。

3.3.16 七氟丙烷气体灭火系统的喷头工作压力的计算结果，应符合下列规定：

1 一级增压储存容器的系统 $P_c \geqslant 0.6$（MPa，绝对压力）；

二级增压储存容器的系统 $P_c \geqslant 0.7$（MPa，绝对压力）；

三级增压储存容器的系统 $P_c \geqslant 0.8$（MPa，绝对压力）。

2 $P_c = \frac{P_m}{2}$（MPa，绝对压力）

3.4.1 IG541 混合气体灭火系统的灭火设计浓度不应小于灭火浓度的 1.3 倍，惰化设计浓度不应小于灭火浓度的 1.1 倍。

3.4.3 当 IG541 混合气体灭火剂喷放至设计用量的 95%时，其喷放时间不应大于 60s，且不应小于 48s。

3.5.1 热气溶胶预制灭火系统的灭火设计密度不应小于灭火密度的 1.3 倍。

3.5.5 在通信机房、电子计算机房等防护区，灭火剂喷放时间不应大于 90s，喷口温度不应大于 150℃；在其他防护区，喷放时间不应大于 120s，喷口温度不应大于 180℃。

6.《建筑灭火器配置设计规范》GB 50140—2005

4.1.3 在同一灭火器配置场所，当选用两种或两种以上类型灭火器时，应采用灭火剂相容的灭火器。

4.2.1 A 类火灾场所应选择水型灭火器、磷酸铵盐干粉灭火器、泡沫灭火器或卤代烷灭火器。

4.2.2 B类火灾场所应选择泡沫灭火器、碳酸氢钠干粉灭火器、磷酸铵盐干粉灭火器、二氧化碳灭火器、灭B类火灾的水型灭火器或卤代烷灭火器。极性溶剂的B类火灾场所应选择灭B类火灾的抗溶性灭火器。

4.2.3 C类火灾场所应选择磷酸铵盐干粉灭火器、碳酸氢钠干粉灭火器、二氧化碳灭火器或卤代烷灭火器。

4.2.4 D类火灾场所应选择扑灭金属火灾的专用灭火器。

4.2.5 E类火灾场所应选择磷酸铵盐干粉灭火器、碳酸氢钠干粉灭火器、卤代烷灭火器或二氧化碳灭火器，但不得选用装有金属喇叭喷筒的二氧化碳灭火器。

5.1.1 灭火器应设置在位置明显和便于取用的地点，且不得影响安全疏散。

5.1.5 灭火器不得设置在超出其使用温度范围的地点。

5.2.1 设置在A类火灾场所的灭火器，其最大保护距离应符合表5.2.1的规定（见表5-1）。

A类火灾场所的灭火器最大保护距离（m）　　表5-1

危险等级 \ 灭火器形式	手提式灭火器	推车式灭火器
严重危险级	15	30
中危险级	20	40
轻危险级	25	50

5.2.2 设置在B、C类火灾场所的灭火器，其最大保护距离应符合表5.2.2的规定（见表5-2）。

B、C类火灾场所的灭火器最大保护距离（m）　　表5-2

危险等级 \ 灭火器形式	手提式灭火器	推车式灭火器
严重危险级	9	18
中危险级	12	24
轻危险级	15	30

5.2 【规范解读】建筑排水立管是否需设置通气立管?

《建筑给水排水设计规范》GB 50015—2003（2009年版）（以下简称“09版规范”）第4.6.2条是对建筑排水立管是否需设置通气立管的规定。在工程应用中，由于对条文的理解不同，往往使业主、设计、审图三方对条文理解产生争执。下面将从几个方面给大家阐述议点。

1. “09版规范”4.6.2条文及存在的问题

(1)“09版规范”4.6.2条文内容

下列情况下应设置通气立管或特殊配件单立管排水系统：

生活排水立管所承担的卫生器具排水设计流量，当超过本规范表4.4.11中仅设伸顶通气管的排水立管最大设计排水能力时；建筑标准要求较高的多层住宅、公共建筑、10

层及10层以上高层建筑卫生间的生活污水立管应设置通气立管。

（2）“09版规范”条文及条文说明存在的问题

1）条文第1款中的“仅设伸顶通气管”是《建筑给水排水设计规范》GB 50015—2003（以下简称“03版规范”）的用词，在“09版规范”表4.4.11中为“伸顶通气”，虽然其含义是一致的，也不会造成误解，但考虑规范用词的严谨性，前后应一致。应将“仅设伸顶通气管”改为“伸顶通气”，以便与表4.4.11对应。

2）条文第2款中的“生活污水立管”应改为“生活排水立管”。根据“09版规范”第2章术语对“生活污水”的解释，规范中“生活污水”是特指粪便污水，而对排水立管是否需设置通气管，不应仅局限为生活污水立管，且与条文第1款的用词一致。

3）条文说明中：本条将原条文“设置专用通气立管”改成“设置通气立管”，涵盖了设置主、副通气立管的内容。应该是涵盖了设置主通气立管、专用通气立管的内容。因为本条是对排水立管设置通气管的规定，而副通气立管仅与环形通气管连接，并不与排水立管连接，故副通气立管的设置不在本条规定范畴。

2. 对条文的理解

本条文是对建筑排水立管是否需设置通气管的规定。在条文的执行过程中，对第1款基本无异议，对第2款分歧较大。第2款条文最早进入规范是“03版规范”第4.6.2条，在《建筑给水排水设计规范》GBJ 15—1988（1997年版）中无此条文。为了更好地理解该条文，查阅“03版规范”的条文及条文说明。

（1）“03版规范”4.6.2条文内容

下列情况下应设置专用通气管：

生活排水立管所承担的卫生器具排水设计流量，当超过表4.4.11-1、表4.4.11-2中仅设伸顶通气管的排水立管最大设计排水能力时，应设专用通气立管；建筑标准要求较高的多层住宅和公共建筑、10层及10层以上高层建筑的生活污水立管宜设置专用通气立管。

（2）“03版规范”4.6.2条文说明

本条规定了生活排水管设置专用通气管的条件。第1款是按生活排水立管最大排水能力决定要否设置专用通气立管。第2款中虽然生活排水秒流量尚未达到排水立管的最大通水能力，但为了改善排水管道系统通气条件，也可根据建筑标准、建筑高度等设置专用通气立管，如宾馆、高级公寓等。

3.“09版规范”与“03版规范”条文比较

（1）“09版规范”将“03版规范”条文“设置专用通气立管”改成“设置通气立管”，涵盖了设置主通气立管、专用通气立管的内容，表述更准确、严谨。

（2）将条文第2款中“宜设置”改为“应设置”。根据规范用词说明，表述严格，在正常情况下均应这样做的，正面词采用“应”；表述允许稍有选择，在条件许可时首先应这样做的，正面词采用“宜”。笔者认为还是采用“宜设置”较妥，允许根据工程的不同情况稍有选择。

（3）将条文第2款中“和”改为“、”已清晰表明“多层住宅”、“公共建筑”、“10层及10层以上高层建筑”三者属并列关系，而“建筑标准要求较高”的限定语，是同时对三者的限定。“03版规范”中的条文可以理解为“建筑标准要求较高的多层住宅和公共建筑”、“10层及10层以上高层建筑”属并列关系并无不妥，从条文说明中“可根据建筑标准、建筑高度等设置专用通气立管”得到印证。

4. 对条文执行过程中的问题探讨

（1）按建筑标准设置通气管

“建筑标准要求较高”如何界定，难于掌握。标准要求较高的建筑，对排水管道系统来说，就是对卫生、安静要求较高，根据“规范”第4.6.4条宜设置器具通气管，而设有器具通气管时，根据“规范”第4.6.3条应设置环形通气管，设有环形通气管时，根据“规范”第4.6.5条应设置主、副通气立管，但这些规定并不是排水立管应设置通气管的必要条件。从降低排水立管噪声方面来看，对排水立管设置通气管来降低排水立管的噪声作用有限，可以从管道材质及对立管采取包封、隔离等工程措施解决。对标准要求较高，且又有条件设置通气管的建筑，如高等级的宾馆等公共建筑，应优先设置；而设置条件确有困难时，可以允许选择采用其他措施，规范不应限定太死。

（2）按建筑高度设置通气管

第4.6.2条第2款中列举的建筑，既有按建筑用途分类，也有按建筑高度分类，容易造成误解、产生歧义。甚至有人理解为凡是10层及10层以上的高层建筑卫生间的生活排水立管均应设置通气立管，而忽略“建筑标准要求较高”的前提条件。例如，某15层普通住宅，卫生间设置自闭冲洗阀蹲式大便器1具、洗脸盆1个、淋浴器1个，每个卫生间的排水当量为4.8，底层单独排出，排水立管负担的总当量数为67.2，排水管道设计秒流量为2.68L/s，排水立管为PVC-U塑料管，管径*dn*110，设伸顶通气，立管与横支管采用90°顺水三通连接，查“09版规范”表4.4.11，排水立管最大排水能力为3.2L/s，根据表注：排水层数在15层以上时，宜乘以0.9系数，其排水能力修正为2.88L/s，排水立管设计秒流量小于规范规定的最大排水能力，可以不设通气立管，但审图方要求应设通气立管，理由是大于10层的高层建筑应设通气立管。笔者认为，普通住宅不宜以建筑高度来判断是否需设置通气管，因普通住宅的卫生间面积往往有限，如设置双立管排水系统，势必占用卫生间的有效使用面积，亦增加工程投资。当排水立管设计秒流量接近或超过选定的管径对应于规范规定的最大排水能力时，亦可采取放大管径的方式来满足其排水能力。

5. 结论

众所周知，对排水立管设置通气管的主要作用是平衡管内气压，减少气压波动幅度，防止水封破坏，提高管道的排水能力。对于排水立管最大排水能力，“09版规范”表4.4.11中的数据是根据“排水立管排水能力”的研究报告进行修订的，对比“03版规范”的数值已做了较大修正，可以认为只要排水立管设计秒流量小于规范规定的最大排水能力，排水管道系统内的气压波动在规范允许的幅度范围内，可以保证管道系统安全运行。

第 6 章　其他重要规范热帖

6.1 【分享】《雨水控制与利用工程设计规范》DB11/685—2013 市政工程部分解读

北京市雨水控制与利用从推广到大范围应用，历经近 20 年，形成了较为完善的体系。截至 2012 年底，共建设雨水控制与利用项目 808 项，年综合利用雨水量达到 5706.3 万 m^3，对节约用水、降低开发区域外排水量发挥了重要作用，但基本上以建筑与小区为主，市政工程范围内的雨水控制与利用相对较少。产生这种现象的原因，除部分政策、规划、标准规范相对滞后外，也受到市政工程范围内用地权属复杂、相关市政行业技术要求和行业利益限制等影响，致使市政工程范围内雨水控制与利用工程的推广困难。为进一步在北京市推广雨水控制与利用，减轻城市内涝，实现雨水资源化管理，北京市规划委员会和北京市水务局联合组织编制了北京市地方标准《雨水控制与利用工程设计规范》DB11/685—2013（以下简称“雨控规”），“雨控规”对近年来北京市雨水控制与利用工程的设计和实践经验进行了总结，在国内首次对市政工程内雨水控制与利用做了较为详细的规定。本节结合“雨控规”编制的体系框架和主要内容，详细介绍市政工程部分编制内容，并对重要条款进行解读，以便工程设计人员和相关审批人员在实际工程中准确把握。

一、“雨控规”体系框架

“雨控规”共分 5 章：1. 总则；2. 术语、符号；3. 设计计算；4. 建筑与小区；5. 市政工程，编制条文总数 148 条，其中强制性条文 9 条（第 1.0.3、1.0.7、4.1.11、4.4.2、4.6.1、4.8.9、5.4.4、5.6.4、5.6.5 条）。

设计计算部分（第三章）汇总了雨水计算常用的方法和相关参数，该部分内容适用于建筑与小区和市政工程相关计算。

建筑与小区（第四章）与市政工程（第五章）根据各自应用范围的特点，按照雨水控制与利用的形式进行编制。这两章均结合北京市相关雨水控制与利用实施情况，特别对雨水控制与利用规划做了相应规定，主要考虑雨水控制与利用工程的建设应先从规划阶段进行控制，这样可保证从规划阶段与总体规划和其他相关专项规划协调，能够对建设工程所需的技术、经济、资源、环境等进行综合分析、论证。此外，从北京市目前基建程序考虑，编制雨水控制与利用规划有利于工程建设和推广。

二、市政工程部分与相关法规、规范标准的联系

1. 与《城镇排水与污水处理条例》的联系

《城镇排水与污水处理条例》（以下简称“条例”）经 2013 年 9 月 18 日国务院第 24 次常务会议通过，2013 年 10 月 2 日中华人民共和国国务院令第 641 号公布，自 2014 年 1 月

1日起施行，是我国城镇排水与污水处理领域第一部国家层面专门的法律法规，对推动实现城镇水系统的健康循环具有举足轻重的积极作用。

“条例”将“尊重自然”作为城镇排水与污水处理统领性原则，并在第一条、第四条、第六条、第八条、第十二条、第十三条、第十八条、第十九条对雨水控制与利用提出明确要求。综合分析以上条款，关于雨水控制与利用有如下特点：

（1）“条例”总结了近年来国内外研究和实践的先进经验，强调解决水的问题要从源头、过程、末端实行全过程控制，要求在城镇建设和改造过程中减少对环境的冲击，做到生态排水，提出了“蓄、滞、渗、用、排”相结合的雨水综合管理的理念，提倡构建与自然相适应的城镇排水系统，体现了行业发展的特点和技术进步。

（2）“条例”多次提到“削减雨水径流”、“雨水径流控制”等要求，并相应地提出有关措施，包括增加绿地、砂石地面、可渗透路面和自然地面对雨水的滞渗，利用建筑物、停车场、广场、道路等建设雨水收集利用设施，削减雨水径流等，体现了低影响开发理念和尊重自然的原则。

（3）“条例”从规划、设施建设及政策鼓励等方面制定了一系列促进雨水资源化利用的制度措施。同时，明确了初期雨水收集与处理的方式，对初期雨水的调控排放和污染防治提出了要求，这对于防止城市水环境污染，特别是合流制地区下游污水处理厂正常运行十分重要，也为雨水资源的综合利用创造了条件。

对比分析“条例”与“雨控规”，两者均体现了尊重自然、雨水综合利用的原则，强调规划建设中贯彻低影响开发理念和规划先行，同时特别提出初期雨水控制的重要性。

2. 与《室外排水设计规范》GB 50014—2006 的联系

“雨控规”市政工程中关于雨水调蓄排放的相关条款借鉴了《室外排水设计规范》（2011年版）“4.14 雨水调蓄池”中的内容，在此基础上将用于控制面源污染的调蓄设施容积计算分为分流制排水区域和合流制排水区域。

2014年2月10日《室外排水设计规范》（2014年版）颁布实施。本次修订的重点是调整和补充与内涝防治和雨水利用相关的技术内容，包括调整雨水排水管渠设计重现期、增加内涝防治系统设计重现期、补充雨水设计流量相关计算、增加雨水利用和内涝防治工程设施等。与2011年版《室外排水设计规范》相比，2014年版规范的修订内容主要体现在提高排水标准、完善内涝防治措施方面，对更新我国排水系统设计理念、加快内涝防治技术研究和设施建设、促进我国城镇排水和内涝防治系统标准体系的建立，将起到重要作用。此外，特别强调了排水工程在城市发展建设和长期发展战略中的重要地位。

2014年版《室外排水设计规范》进一步结合雨水控制与利用新理念和最新工程实践经验，补充完善了雨水调蓄、雨水渗透及雨水综合利用的相关规定。

对比分析2014年版《室外排水设计规范》与“雨控规”相关内容，前者在相关设施（如雨水口）设置标准上有所提高，但总体上两者是协调统一的。

3. 与《城市雨水系统规划设计暴雨径流计算标准》DB11/T 969—2013 的联系

北京市地方标准《城市雨水系统规划设计暴雨径流计算标准》（以下简称“雨径标”）于2013年7月1日实施，涉及雨水流量计算、暴雨强度公式、径流系数、重现期以及降雨雨型选取等内容。“雨控规”除径流系数外其他完全采纳了“雨径标”的内容。“雨控规”的径流系数借鉴了国家标准《建筑与小区雨水利用工程技术规范》的分类方法，将径流系数分为雨量径流系数和流量径流系数，一般流量径流系数大于雨量径流系数。在径流系数选取上，市政工程应选雨量径流系数，取值相当于“雨径标”的径流系数。

4. 与《下凹桥区雨水调蓄排放设计规范》DB11/T 1068－2014 的联系

北京市地方标准《下凹桥区雨水调蓄排放设计规范》（以下简称“桥蓄规”）自 2014 年 6 月 1 日起实施，主要对下凹桥区雨水调蓄排放形式、计算方法与标准、相关设施作出规定，旨在规范北京市下凹式立交桥区雨水排放系统的升级改造。“桥蓄规”借鉴了 2014 年版《室外排水设计规范》关于特别重要地区雨水排放系统的校核标准（50 年或以上），并结合了北京市其他相关防洪排涝规划成果，是北京市内涝防治工程的重要成果之一。

对比分析“桥蓄规”与“雨控规”相关内容，两者在设计标准上是协调统一的，实际工程中，涉及下凹桥区雨水调蓄排放系统设计时，应按“桥蓄规”标准执行。

三、“雨控规”市政工程部分重要条文解读

1. 一般规定

【条文 5.1.1】 市政工程雨水控制与利用范围：城市道路、郊区公路、城市广场、地下空间、公园绿地、市政场站等市政工程内的雨水控制与利用。

解读：市政工程属于城市基础设施，是指城市建设中的各种交通、给水排水、燃气、动力、通信、城市防洪、环境卫生及照明等基础设施，是城市赖以生存和发展的基础。

“雨控规”将郊区公路纳入市政雨水控制与利用范围，主要基于：(1) 北京周边郊区公路网较密集，雨水控制与利用空间较大；(2) 北京城乡一体化进程较快，郊区公路周边用地逐步发展为城市用地，郊区公路逐渐承担起城市道路的功能；(3) 郊区公路多途经城市重要卫生防护区和水源地，雨天存在径流污染的可能；(4) 部分郊区公路现况雨水系统不完善。

“雨控规”将地下空间纳入市政雨水控制与利用范围，主要基于：(1) 城市地下空间是一个巨大且丰富的空间资源，据统计，2012 年我国城市建设用地总面积为 32.28 万 hm^2，按照 40%的可开发系数和 30m 的开发深度计算，可供合理开发的地下空间资源量就达到 3873.6 亿 m^3，若得到合理开发，将对扩大城市空间、实现城市集约化发展具有重要的意义；(2) 地下空间设置的出地面孔、口往往会成为雨水倒灌的通道，在地下空间区域范围内或周边建设雨水控制与利用工程，可确保地面不出现大的积水或出现积水也不会倒灌入地下空间内。

【条文 5.1.2】 市政工程雨水控制与利用的目的是以削减地表径流与控制面源污染为主、雨水收集利用为辅。

解读：“雨控规”从防灾减灾和保护城市水环境的角度出发，对市政工程雨水控制与利用的目的做了规定。“雨控规”基于：(1) 市政工程范围内不透水下垫面占大多数，径流系数较大，由降雨径流冲刷引起的面源污染严重地影响了城市水环境；(2) 极端降雨事件引起的水患对城市公共安全造成较大的威胁；(3) 北京雨季时间较短，降水量多集中在 6—8 月（约占年雨量的 75%），雨水收集利用的工程效益不明显。

【条文 5.1.3】 雨水控制与利用工程的建设不应降低市政工程范围内的雨水排放系统设计降雨重现期标准。

解读：“雨控规”主要基于：(1) 根据北京市历年降雨量资料统计，7 月下旬—8 月上旬多为降雨高峰期，降水不仅高度集中，还常以暴雨形式出现；(2) 基于降雨事件的随机性，在连续性降雨、特大暴雨事件情况下，由于雨水控制与利用工程的建设而降低市政排水标准将对排水安全造成极大威胁；（3）当前我国工程建设普遍起点高，但后期管理薄弱，难以保证雨水控制与利用工程管理做到与市政排水系统的管理协调一致。

2. 雨水控制与利用规划

【条文5.2.4】 规划及新建污水处理厂处理水量应包括流域范围内初期雨水量。

解读："雨控规"主要基于：（1）目前北京市已建成的污水处理厂很少考虑区域初期雨水量，新建污水处理厂从规划及建设阶段应考虑区域初期雨水量增加，有利于控制市政工程范围内的面源污染；（2）由北京市历年降雨情况、初期雨水收集量及水质分析，新建污水处理厂增加初期雨水量对处理工艺和投资影响不大。

3. 雨水控制与利用形式

【条文5.3.1】 雨水控制与利用形式：入渗、调蓄排放、收集回用等形式及组合。

解读：目前北京市建筑小区的雨水控制与利用形式较多，而市政工程范围内雨水控制与利用进展缓慢，采用何种技术形式应与市政工程的具体特点相适应，并应经过技术经济比较确定。总结北京市目前已建成的市政雨水控制与利用工程，并结合国家标准《建筑与小区雨水利用工程技术规范》分类，分为雨水入渗、雨水调蓄排放、雨水收集回用3种主要形式，其中雨水入渗主要为绿地入渗和硬化地面入渗；雨水调蓄排放主要为城市路段道路、下凹桥区、郊区公路、城市广场、地下空间；雨水收集回用主要为雨水弃流、雨水存储、雨水处理。在实际工程建设中，这三种形式可灵活组合。

4. 雨水入渗

【条文5.4.5】 渗透设施的日渗透能力不宜小于其汇水面上81mm的降雨量，渗透时间不应超过24h。

解读：本条款参考国家标准《建筑与小区雨水利用工程技术规范》第6.1.4条的相关规定确定。此外，北京市规划委员会《新建建设工程雨水控制与利用技术要点（暂行）》（市规发［2012］1316号文）也作出了相应规定。日降雨81mm相当于北京市2年一遇的日降雨总量，采用具体数值主要为了方便设计及审批人员使用。

【条文5.4.10】 新建（含改、扩建）城市道路绿化隔离带可结合用地条件和绿化方案设置下凹式绿地。

解读：道路范围内设置下凹式绿地有利于控制面源污染，但道路隔离带内设置下凹式绿地需具备一定条件，通常受隔离带宽度、行道树布置、市政管线敷设、道路景观的影响，鉴于目前北京市道路绿化工程建设特点，下凹式绿地设置需结合道路景观要求和周边用地条件。

【条文5.4.15】 人行道、自行车道、步行街、城市广场、停车场等轻型荷载路面的透水铺装结构应满足小时降雨量45mm表面不产生径流的标准。

解读：根据《北京市透水人行道设计施工技术指南》第3.1.3条和《透水砖路面技术规程》第3.0.3条的规定，考虑自行车道、步行街、城市广场、停车场均属于轻荷载硬化路面，一些属性与人行道类似，"雨控规"采用同一标准。小时降雨量45mm相当于北京市2年一遇持续1h的降雨量。

5. 雨水调蓄排放

【条文5.5.5】 调蓄设施的调蓄容积及调蓄控制需按区域降雨、地表径流系数、地形条件、周边雨水排放系统及用水情况综合考虑确定，有条件地区，调蓄设施设计宜采用数学模型法，计算需涵盖降雨重现期2、3、5、10、20、50年的降雨情况。

解读：城市雨水系统是由汇水街区、管线、沟渠、河道、泵站、检查井、雨水口、出水口、堰、孔口、调蓄设施及渗透设施等要素组成的一个拓扑结构复杂、规模庞大、变化随机性强、运行控制为多目标的网络系统。运行中的雨水系统，其状态随降雨量的变化而变化，加之结构的复杂性，很多参数和状态变量是不确定的，整个系统表现出强烈的动态、随机性。到目前为止，数学模型法是展示雨水系统运行状态的最有效方法。因此，“雨控规”规定在有条件区域调蓄设施设计宜采用数学模型法，该方法能动态地反映出调蓄设施的运行工况，有利于工程设计和后期维护管理。

排水工程常用的数学模型一般由降雨模型、产流模型、汇流模型、管网水动力模型等系列模型组成，可以更加准确地反映地表径流的产生过程和径流流量。目前应用较为广泛的主要有美国环境保护署（EPA）开发的SWMM（Storm Water Management Model，公用），英国Wallingford公司开发的InfoWorksCS/ICM（商用），丹麦水利研究所（DHI）开发的Mike－UrbanCS（商用）以及美国奔特力公司开发的CivilStorm（商用）等模型。

【条文5.5.13】 下凹桥区的排水形式应采用强排与调蓄相结合的方式。

解读：城市道路按照形态分布可分为路段道路和立体交叉道路，其中立体交叉道路又可分为上跨式和下穿式两种形式。常规情况下，上跨式立体交叉道路雨水通过重力排向下游，而下穿式立体交叉道路则有两种形式：（1）最低点高程较高，雨水通过重力流排除；（2）最低点高程较低，桥区雨水无法采用重力流排除，则需要设泵站提升排除。由低于周边地面的下穿式立体交叉道路形成的下凹桥区极易形成城市积滞水点，严重时可造成交通瘫痪，甚至人员伤亡。2012年“7·21”超标降雨，北京市多处下凹桥区发生严重积水，分析原因多为桥区排水标准偏低、大面积客水汇入及河道水位偏高引起的。“7·21”超标降雨后，北京市开始对雨水排除系统进行升级改造，市政府启动了《北京城区雨水泵站系统升级改造及雨洪控制利用三年工作计划》，计划分期、分批对中心城区84座下凹式立交桥区雨水泵站实施升级改造。改造内容主要包括雨水收集系统改造、水泵扩能、新建调蓄池和建设独立退水管线4部分内容，通过泵站升级改造、调蓄池建设、雨水控制利用等综合措施，实现城市环路、主干路、放射线等交通重要节点在10年一遇强度的降雨时道路通畅。

鉴于立体交叉道路雨水系统多为城市排水系统的一部分，立体交叉道路的雨水泵站排水标准提高并不能保证下游排水系统标准同步提高，因此，规范规定常规情况下下凹桥区排水形式采用强排与调蓄相结合的方式。目前，北京市改造完成的下凹桥区多采用雨水调蓄排放系统，其由雨水收集系统、调蓄系统、泵站提升系统和外排系统组成。

“桥蓄规”对下凹桥区的雨水排放形式、标准、相关要求做了相应规定，该规范特别提出下凹桥区雨水泵站设计标准应与调蓄、排放措施相结合，综合达到50年重现期校核标准。

【条文5.5.18】 城市广场的建设不应增加周边道路雨水径流总量，应自行消纳硬化后超标雨水量，并宜进行利用。

解读：“雨控规”基于：（1）无透水铺装的城市广场一般径流系数较高（0.6～0.9），规范从低影响开发（LID）的角度出发，规定城市广场超标雨水量自行消纳，以保证区域开发后径流零增长；（2）城市广场用地较为充裕，可采取多种雨水控制与利用措施，易于实现。

6. 雨水收集回用

【条文5.6.10】 新建市政雨水排放口处应设置径流污染控制设施，以去除雨水中的污染物。可采用雨水沉淀池、生态塘、人工湿地等。

解读：实际工程中在雨水排放口处设置径流污染控制设施的排水系统能拦截大量的悬浮物和泥沙，便于后期的维护管理，有利于水环境的保护。目前北京市区内现状雨水排放口大部分位于河道处，用地较为紧张，已不具备增加径流污染控制措施。“雨控规”规定在新建市政雨水排放口处根据用地情况设置径流污染控制措施。

四、结语

（1）“雨控规”市政工程部分与国家和北京市近期颁布实施的法规、规范标准是协调一致的，实际应用中在标准的选取上应综合分析，原则上选用高值。

（2）“雨控规”市政工程部分特别强调了雨水控制与利用工程前期规划工作的重要性，市政工程范围内更加侧重削减地表径流与控制面源污染，同时在规划设计中要尊重自然和贯彻低影响开发理念。

（3）“雨控规”在相关计算方法上推荐采用数学模型法。

6.2 【规范解读】《下凹桥区雨水调蓄排放设计规范》DB11/T 1068—2014

一、规范编制背景

下凹式立交桥等低洼区域积水问题，不仅会使其所在环线交通中断，还会影响周边道路及其他联络线的通行，影响人民正常生活，并给国家和人民的财产造成重大损失。目前我国城市雨水系统的规划设计思路都是直接排放，主要依据为《城市排水工程规划规范》GB 50318—2000、《室外排水设计规范》GB 50014—2006（2014年版）。北京已建的城市排水规划设计重现期一般地区为1年，重点地区为3～5年。对于超过设计重现期降雨所引发的积水或内涝，目前缺乏应对措施。如果能从源头减少地表径流的产生，并在雨水径流汇集和转输的过程中进行适当的滞蓄，就可减轻或避免发生局部严重积水现象。然而现行的规范，都缺乏从源头上对径流的削减和对进入管网系统的雨水的滞蓄的规定。

为保障北京城市排水系统安全可靠，减轻内涝灾害，市规划委、市水务局组织编制了北京市地方标准《下凹桥区雨水调蓄排放设计规范》DB11/T 1068－2014，自2014年6月1日起实施。

二、主要技术内容

3.0.1 下凹桥区雨水调蓄排放系统由雨水收集系统、调蓄系统、泵站提升系统和外排系统组成。

3.0.2 新建下凹桥区雨水调蓄排放系统，能力应达到50年重现期校核标准；改建下凹桥区雨水蓄排系统，能力应通过综合工程措施逐步达到50年重现期校核标准。

3.0.3 无法通过重力排水的下凹桥区应采用泵站提升与调蓄相结合的排水方式。

3.0.4　应合理确定新建下凹桥区雨水调蓄排放系统的汇水面积，采用高水高排、低水低排、互不联通的系统，应有防止客水流入低水系统的可靠措施。外部重力流排水管线不宜穿越下凹桥区。

说明1：雨水收集系统一般包括雨水口及收水管线，调蓄系统一般包括初期雨水收集池及雨水调蓄池，泵站提升系统一般包括泵站及其附属设施，外排系统一般是指出水管线。

说明2：根据住建部［2013］98号《城市排水（雨水）防涝综合规划编制工作大纲》的要求，通过综合措施，直辖市、省会城市和计划单列市等城市中心城区能有效应对不低于50年一遇的暴雨；根据《北京市中心城防洪防涝系统规划》和《下凹桥区防洪防涝工程规划》，北京市下凹桥区防涝工程按50年标准校核。对于现状建成，受到客观因素限制，无法一次改造达标或者近期改造困难的立交桥区，应按50年标准校核预留相关设施、管线的用地和路由，并制定长期改造方案，在此方案指导下进行改造，应通过综合工程措施、分期逐步达到50年重现期校核能力。

3.0.5　新建下凹桥区雨水调蓄排放系统应设置初期雨水收集池，改造项目宜设置初期雨水收集池，初期雨水收集池宜结合雨水泵站及调蓄池设置，在降雨停止后将初期雨水排至污水管线或就地处理设施处理后利用或排放。

3.0.6　调蓄设施可与绿化、路面清洗等雨水利用设施衔接。当利用雨水时，应采取处理措施达到回用对象所要求的水质标准。

3.0.7　下凹桥区雨水调蓄排放系统可采用雨水入渗方式减少雨水排放量。雨水入渗系统不应对地下水造成污染，不应对卫生环境和建（构）筑物安全产生负面影响。

说明1：对于新建的下凹桥区排水系统提出了建初期雨水收集池的要求。对于改造项目能进行初期雨水收集的应建初期雨水收集池，对于无法收集初期雨水的可不建初期雨水收集池。

说明2：雨水渗透设施特别是地面下的入渗使深层土壤的含水量人为增加，土壤的受力性能改变，甚至会影响到建筑物的基础。建设雨水渗透设施时，需要对场地的土壤条件进行调查研究，以便正确设置雨水渗透设施，避免对建筑物产生不利影响。雨水入渗不得对地下水产生污染。

3.0.8　下凹桥区调蓄排放系统供电应按二级负荷设计并设置备用动力设施接入接口，特别重要地区调蓄排放系统，应按一级负荷设计。当不能满足上述要求时，应设置备用动力设施。

3.0.9　下凹桥区调蓄排放系统的自动化控制系统，应满足下列要求：

1　应采用计算机监控系统，负责整个下凹桥区调蓄排放系统的监控；

2　应设置视频监控系统，桥下最低排水点及泵站格栅间设置摄像头；

3　应设置雨量仪；

4　调蓄池格栅应根据液位差信号自控；

5　调蓄池应设液位计；

6　设备、仪表的数据信号应具备远传条件。

3.0.10　下凹桥区调蓄排放系统的电气设备应有应对50年重现期降雨不被淹渍的措施。配电室、控制室及值班室等宜采用地上式，并设有防淹措施。

说明1：下凹桥区调蓄排放系统的用电负荷等级参照雨水泵站用电等级执行。

说明2：传送信号包括设备运行故障信号、仪表信号、电量参数、雨量信号、视频信号。控制内容包括格栅定时自控、水泵液位自控及轮换运行控制等。应有下游状况监测数据。

说明3：一旦雨水泵站的电气系统设备被淹，很可能会导致整个电气系统出现故障，泵站无法正常运行，延长交通瘫痪的时间。北京某地泵站曾出现泵房及格栅间进水的特殊情况，将格栅电机及控制箱、水泵按钮箱淹没，导致电气系统也出现故障，使得雨水泵站无法正常工作。

3.0.11　下凹桥区调蓄排放系统的初期雨水收集池、雨水调蓄设施等应设置固定或配备移动式清洗、通风等附属设施和检修通道，并配备相应的安全防护、检测维护设备与用品。

说明：为确保运行管理人员进入雨水调蓄设施检修维护时的安全，调蓄设施应设置通风装置和出入检修通道。调蓄设施的检修通道应设置防滑地面和栏杆，确保人员出入安全。可在调蓄设施内设置永久机械通风设备和通风管道，也可配备移动式机械通风设备，移动式机械通风设备可置于雨水泵站库房备用，避免长期在较恶劣的环境中闲置损坏。调蓄设施附近应具备机械通风设备用电保证装置。调蓄设施的清洗宜采用水力自清和设备冲洗等方式，人工冲洗作为辅助手段。调蓄设施自冲洗可分为水射器冲洗、水力冲洗、连续沟槽自清冲洗、门式自冲洗系统等，自冲洗方式的选择应结合调蓄池的构造、运行维护和建造成本等综合考虑确定。调蓄设施冲洗水宜采用雨水调蓄池内存储的雨水或再生水作为清洗水源。运行管理人员所配备的安全防护设备包括氧气呼吸装置、潜水防护服、安全带、安全绳等。检修维护设备与用品包括气体检测仪、便携式防爆灯、防暑降温用品等。

4.1.1　北京地区暴雨强度计算公式应符合现行北京市地方标准《城市雨水系统规划设计暴雨径流计算标准》DB11/T 969—2013的相关规定。

4.1.2　有条件的情况下，可采用数学模型法对下凹桥区雨水调蓄排放系统进行设计评估。模型计算应包含以下内容：

1　设计雨型采用最小时间段为5min、最大时间段为1440min的北京市设计雨型，分配过程详见附录A。

2　宜按雨水口布置划分汇水流域。

3　产流模型可采用固定径流系数模型、渗透模型等。

4　汇流模型可采用线性水库、非线性水库和单位线法。

5　管网汇流过程宜采用运动波法计算。

说明：排水工程常用的数学模型一般由降雨模型、产流模型、汇流模型、管网水动力模型等一系列模型组成，可以更加准确地反映地表径流的产生过程和径流流量。传统推理公式法计算流量通过径流系数确定，为了与传统推理公式相对应，故产流模型推荐采用固定径流系数模型，也可根据实际情况采用其他适合的产流模型。汇流模型可根据实际情况采用适合的相关模型。

4.2.1　雨水流量的计算应符合下列规定：

1　新建下凹桥区雨水收集系统设计重现期应不小于10年，并按50年重现期标准校核，地面集水时间宜为2～10min，综合径流系数宜为0.8～1.0。

2　改造下凹桥区雨水收集系统设计重现期应不小于5年，并按10～50年重现期校核，地面集水时间宜为2～10min，综合径流系数宜为0.8～1.0。

4.2.2　采用推理公式计算雨水设计流量

$$Q=\Psi qF \tag{6-1}$$

式中　Q——雨水设计流量，L/s；

Ψ——综合径流系数；

F——桥区汇水面积，hm^2；

q——设计降雨强度，$L/(s\cdot hm^2)$。

4.2.3　雨水口应按下列要求布设：

1　下凹桥区雨水口形式宜采用联合式雨水口。

2　雨水口设置应满足下凹桥区雨水重现期标准，数量应采用1.5～3.0的安全系数。

3　雨水口连接管管径不应小于300mm。

4.2.4　雨水收集管道的起点最小管径不应小于400mm。

说明：对于改造的下凹桥区也应尽可能达到新建的重现期标准，对于雨水收集系统不具备改建条件的，设计标准小于重现期5年的，应满足10年重现期校核标准，并应通过综合工程措施逐步达到50年重现期校核标准。综合径流系数应按照汇水面积内下垫面的实际情况进行加权平均计算，如果计算结果小于0.8，按0.8计取。集水时间应进行计算，计算结果大于10min的按10min计。

4.3.1　初期雨水收集池有效容积应按下凹桥区汇水区域内7～15mm降雨厚度确定。

4.3.2　初期雨水收集量可按下式计算：

$$W=10\Psi hF \tag{6-2}$$

式中　W——初期雨水收集量，m^3；

Ψ——综合径流系数；

h——（初期）降雨厚度，mm；

F——汇水面积，hm^2。

4.3.3　初期雨水收集池内应设置小型排水设施，雨后就近排入污水管中或就地处理设施，排空时间应小于12h。

说明：初期雨水收集量是在汇水面上的降雨量厚度，降雨量的厚度取值可根据现场的实际情况而定，在有条件的地区应取上限。对于改造项目，因现场的情况所限，其取值不应低于7mm。

4.4.1　雨水泵站设计标准应与调蓄、排放措施相结合，综合达到50年重现期校核标准。

4.4.2　雨水泵站设计内容应包括以下内容：

规划复核、特征水位、特征扬程、起重设备、建筑结构、雨水泵站用电、雨水泵站通风、通信设施、其他设备、安全监测、自控系统和视频监控系统等内容。

4.4.3　雨水泵的设计扬程，应根据设计流量时的集水池水位与受纳水体水位差的平均值和水泵管路系统的水头损失确定。

4.4.4　下凹桥区雨水泵站水泵宜选用同一型号，台数不应少于2台，不宜多于8台，应设置备用泵。当水量变化很大时，宜配置不同规格的水泵，不宜超过两种，或采用变频调速装置。

4.4.5 流入集水池的雨水应通过格栅，雨水泵的集水池应有清除沉积泥沙的措施。

4.4.6 雨水泵出水管宜直接排入受纳水体。

说明1：雨水泵站标准应根据出水管下游接入能力制定，通过与调蓄结合达到下凹桥区50年重现期校核标准。

说明2：由于立交桥在交通运输中的重要性，如果水泵发生故障，会造成地下设施被淹，进而影响使用功能，所以，应设置备用泵。防止小雨时水泵频繁启停，大小泵配置或设变频。

说明3：雨水泵出水管有条件的应直接排入受纳水体，对于直接排入困难的可通过高水雨水管线进入受纳水体。

4.5.1 下凹桥区雨水调蓄设施宜结合立交雨水泵站设置，无条件时可充分利用立交范围内绿地或相邻区域建设。调蓄设施可因地制宜，采用多种形式。

4.5.2 下凹桥区雨水调蓄设施的有效容积与雨水泵站排出量之和应按立交桥低水系统50年重现期标准校核。改造立交桥区高水系统或桥区外围排水系统不能满足设定排水标准，调蓄设施的有效容积除应满足低水系统标准外，还应增加高水系统流量。

4.5.3 桥区雨水调蓄设施用于削减低水系统峰值流量时，调蓄设施的有效容积应为桥区降雨产汇流过程中不能由雨水泵站排出的产流量叠加。

4.5.4 下凹桥区雨水系统设计计算中，各时段雨水产流量应按最小时间段为5min、最大时间段为1440min的北京市设计雨型雨量分配表进行计算，见附录A。

说明1：改建及增设的下凹桥区雨水调蓄设施宜结合原立交雨水泵站设置，以便于运行管理及维护，无条件时，应充分利用原立交桥区范围内的绿地、广场、停车场或相邻区域的地下空间进行建设，或利用现有河道、池塘、人工湖、景观水体等设施进行建设。调蓄设施可根据现场实际情况采用调蓄池、调蓄管道等形式。

说明2：在高水系统近期无法实现规划标准时，超标的高水系统雨水即客水可能汇入立交桥区低水系统，这种情况下调蓄设施容积可适当增大，以储存客水。

4.5.5 雨水调蓄设施进水高度应为雨水泵站的设计最高运行水位，宜采用溢流方式进入雨水调蓄设施。

4.5.6 雨水调蓄设施的排水设施宜采用潜水泵，且不宜少于2台。雨水调蓄设施应在降雨前排空，排空时间不应超过12h，且出水管排水能力不应超过市政管道排水能力。雨水调蓄设施的放空出水可排入下游雨水管道、河道或其他水体中。

4.5.7 有条件的下凹桥区雨水调蓄系统宜设雨水净化和综合利用设施。

说明1：设计中需校核调蓄设施最高进水溢流水位时格栅渠道内水位高程，以防止淹没进水格栅设备及其操作平台，如复核计算发生上述淹没情况，可适当降低调蓄设施溢流进水口高程，以确保雨水泵站运行安全。

说明2：调蓄设施内储存的雨水经净化后，经相关主管部门批复同意，可用于绿化浇灌、回灌地下、市政杂用、河道景观等用水，可节约水资源，实现资源的循环利用，因此，下凹桥区雨水调蓄设施在条件许可时，应预留雨水净化和综合利用空间。

4.6.1 应在雨水调蓄排放设施方案阶段做好现况下凹桥区的桥台、墩柱、挡土墙和现况管线等的详细调查、配合工作。

4.6.2 在现况下凹桥区新建、改扩建雨水调蓄排放设施，应对下凹桥区的现况桥台、墩柱、挡土墙等构筑物以及重要现况管线进行安全评估，并根据评估结论采取适宜的安全技术措施，保证现况构筑物和地下管线的安全。

4.6.3 雨水调蓄排放设施的管线在下凹桥区的布置应符合《城市工程管线综合规划规范》GB 50289—1998 的相关要求并满足安全评估报告确定的控制指标。当受地面空间、地下管线和构筑物等因素限制难以满足要求时，可根据实际情况，在安全评估报告允许的范围内，采取安全措施后减少其最小水平净距。

说明 1：在现况下凹桥区安排雨水调蓄设施，协调处理好其与现况建筑物、构筑物和地下管线的关系，充分考虑这些客观条件对雨水调蓄设施方案产生的影响和限制，对雨水调蓄设施方案的确定有着非常重要的作用。

说明 2：当不能保证现况构筑物和地下管线的安全时，应根据全面的技术经济分析和比较的结论确定工程实施方案，必要时可对现况构筑物和地下管线进行改建。

4.6.4 新建管线宜采用垂直交叉方式穿越挡土墙；受条件限制，可倾斜交叉布置，其最小交叉角度不宜小于 60°。

4.6.5 建设在绿地内的地下雨水调蓄设施应满足绿地建设的总体要求，地上和地下统一规划设计，保证绿地性质和功能不变。雨水调蓄设施覆土厚度一般应不小于 3m，最低应不小于 1.5m。

4.6.6 各种设施宜尽量远离古树名木，且古树名木保护范围之内不应有任何地上、地下设施。

4.6.7 当地下雨水调蓄设施覆土满足工程管线通过要求时，10kV 及以下电力、通信、管径不大于 600mm 的给水和再生水以及中压燃气等管线可以布置在雨水调蓄设施顶板上方，距雨水调蓄设施顶板净距不应小于 0.5m。

说明 1：规定新建管线与挡土墙的最小交叉角度，主要是为了减少管线与挡土墙之间的相互影响和制约，保障管线和挡土墙的安全。

说明 2：绿地内的地下设施建设应从属于绿地建设的总体要求。地上和地下统一规划设计，保证绿地性质及功能不变。

附录 A：设计雨型可用于雨水管渠和泵站的模拟计算，也可用于调蓄池容积计算等。最小时间段为 5min、最大时间段为 1440min 的设计雨型，其适用于 1440min 以内不同时间段的雨型推求。

说明：设计雨型是依据北京市典型实测降雨资料采用同频率放大的方法分析计算得出的。不同重现期的历时分别为 5～1440min 的设计降雨量应根据《北京市水文手册》第一分册暴雨图集推求。《北京市水文手册》第一分册暴雨图集是北京市水利局组织编制于 1999 年 9 月发布的，其暴雨等值线图、各种历时暴雨特征值等适用于北京市范围。

三、计算实例

北京某下穿铁路立交，根据高水高排、低水低排的原则确定桥区流域面积为 3.07hm^2，全部为道路，径流系数取 0.95。

1. 泵站流量计算

根据流域面积、集水时间、径流系数、重现期可计算泵站流量。泵站流域面积 3.07hm^2，径流系数 0.95，设计重现期按 5 年设计，集水时间根据公式 $t=L/(60\times v)$ 计算，桥区单向匝道长度约250m，高差约6.4m，可计算出坡度为0.022，查相关手册通过内插法得出$v=0.83$，可得集水时间为$250/(0.83\times60)=5\text{min}$，由上面数据计算可得泵站设计流量为$1.5\text{m}^3/\text{s}$。

2. 调蓄池容积计算

根据暴雨公式计算出50年重现期各时段降雨量，得出雨型分配需要的数据，绘制降雨过程曲线。如表6-1、图6-1所示。

50年重现期各时段降雨量（mm）　　表6-1

时段	H_{1440}	H_{720}	H_{360}	H_{240}	H_{180}	H_{150}	H_{120}	H_{90}	H_{60}	H_{45}	H_{30}	H_{15}	H_5
50年重现期降雨量（mm）	238.4	198.62	164.65	146.94	135.17	128	122.35	108.93	91.82	80.81	66.71	46.04	22.13

时段	H_{1440}～H_{720}	H_{720}～H_{360}	H_{360}～H_{240}	H_{240}～H_{180}	H_{180}～H_{150}	H_{150}～H_{120}	H_{120}～H_{90}	H_{90}～H_{60}	H_{60}～H_{45}	H_{45}～H_{30}	H_{30}～H_{15}	H_{15}～H_5	H_5
50年重现期降雨量（mm）	39.78	33.97	17.71	11.77	7.17	5.65	13.42	17.11	11.01	14.1	20.67	23.91	22.13

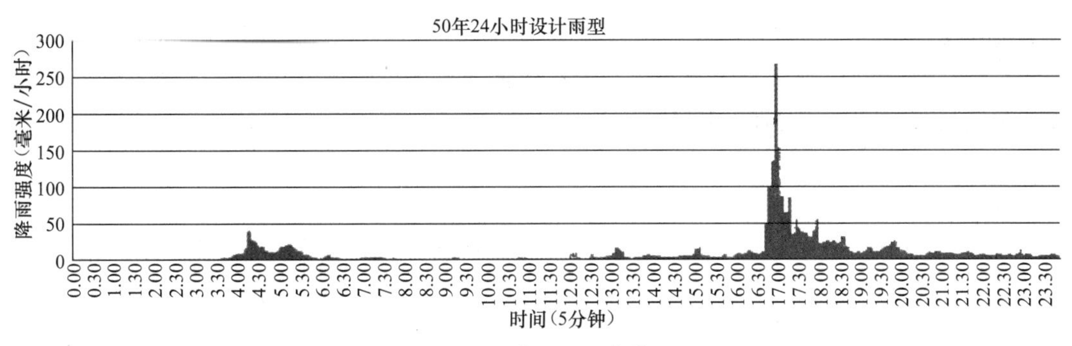

图6-1　降雨过程曲线

根据流域面积、径流系数、重现期可计算桥区产水量桥区整体达到50年重现期，根据流域面积、径流系数、降雨过程线可得50年重现期各5min桥区产流量。以最大5min为例，降雨量为22.13mm，产流量为$3.07\times10000\times0.95\times22.13/1000=645\text{m}^3$。泵站设计流量为$1.5\text{m}^3/\text{s}$，5min抽升量为$450\text{m}^3$。超出泵站抽升量的为进入调蓄池的水量，计算可得为$195\text{m}^3$。如图6-2所示。

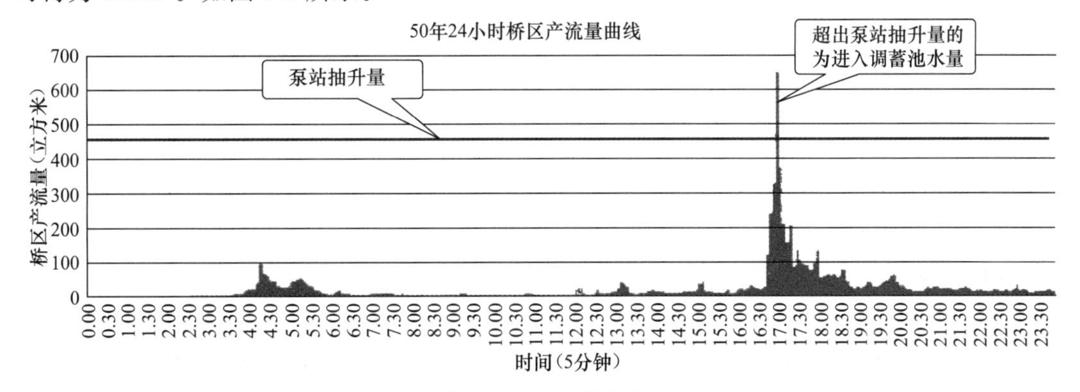

图6-2　桥区产流量

6.3 《汽车库、修车库、停车场设计防火规范》GB 50067—2014 中给水排水需要注意的问题

《汽车库、修车库、停车场设计防火规范》GB 50067—2014 已经于 2015 年 8 月 1 日开始实施。以下是新旧规范中给水排水需要注意的问题。

7.1.14 条

原条文：

7.1.14 临时高压消防给水系统的汽车库、修车库的每个消火栓处应设直接启动消防水泵的按钮，并应设有保护按钮的设施。

新条文：

7.1.14 采用临时高压消防给水系统的汽车库、修车库，其每个消火栓处应设直接启动消防水泵的按钮，并应设有保护按钮的设施，但设有稳压泵联动消防主泵的系统除外。

7.2.1 条

原条文：

7.2.1 Ⅰ、Ⅱ、Ⅲ类地上汽车库、停车数超过 10 辆的地下汽车库、机械式立体汽车库或复式汽车库以及采用垂直升降梯作汽车疏散出口的汽车库、Ⅰ类修车库，均应设置自动喷水灭火系统。

新条文：

7.2.1 除敞开式汽车库、屋面停车场外，下列汽车库、修车库应设置自动喷水灭火系统：

1 Ⅰ、Ⅱ、Ⅲ类地上汽车库；

2 停车数超过 10 辆的地下汽车库；

3 机械式汽车库；

4 采用汽车专用升降机作汽车疏散出口的汽车库；

5 Ⅰ类修车库。

7.2.2 条

原条文：

7.2.2 汽车库、修车库自动喷水灭火系统的危险等级可按中危险级确定。

新条文：

7.2.2 环境温度低于 4℃的场所，所设置的湿式自动喷水灭火系统应有防冻措施。

7.2.3 条

原条文：

7.2.3 汽车库、修车库自动喷水灭火系统的设计除应按现行国家标准《自动喷水灭火系统设计规范》的规定执行外，其喷头布置还应符合下列要求：

7.2.3.1 应设置在汽车库停车位的上方；

7.2.3.2 机械式立体汽车库、复式汽车库的喷头除在屋面板或楼板下按停车位的上方布置外，还应按停车的托板位置分层布置，且应在喷头的上方设置集热板；

7.2.3.3 错层式、斜楼板式的汽车库的车道、坡道上方均应设置喷头。

新条文：

7.2.3 汽车库、修车库自动喷水灭火系统的设计除应按现行国家标准《自动喷水灭火系统设计规范》GB 50084—2001（2005年版）的有关规定执行外，其喷头布置还应符合下列要求：

1 应设置在汽车库停车位的上方或侧上方；

2 机械式汽车库的喷头除在屋面板或楼板下按停车位的上方或侧上方布置外，还应按停车的载车板分层布置，且应在喷头的上方设置集热板；

3 错层式、斜楼板式的汽车库的车道、坡道上方均应设置喷头。

7.3.1～7.3.4

原条文：

7.3.1 Ⅰ类地下汽车库、Ⅰ类修车库宜设置泡沫喷淋灭火系统。

7.3.2 泡沫喷淋系统的设计、泡沫液的选用应按现行国家标准《低倍数泡沫灭火系统设计规范》的规定执行。

7.3.3 地下汽车库可采用高倍数泡沫灭火系统。机械式立体汽车库可采用二氧化碳等气体灭火系统。

7.3.4 设置泡沫喷淋、高倍数泡沫、二氧化碳等灭火系统的汽车库、修车库可不设自动喷水灭火系统。

新条文：

7.3.1 下列汽车库、修车库宜设置泡沫—水喷淋系统：

1 Ⅰ类地下汽车库；

2 Ⅰ类修车库；

3 停车数大于100辆的室内无车道且无人员停留的机械式汽车库。

泡沫—水喷淋系统的设计应按现行国家标准《泡沫灭火系统设计规范》GB 50151—2010的有关规定执行。

7.3.2 地下汽车库可采用高倍数泡沫灭火系统。停车数量不超过50辆的室内无车道且无人员停留的机械式汽车库可采用二氧化碳等气体灭火系统。高倍数泡沫灭火系统、二氧化碳等气体灭火系统的设计应按现行国家标准《泡沫灭火系统设计规范》GB 50151—2010、《二氧化碳灭火系统设计规范》GB 50193—1993（2010年版）和《气体灭火系统设计规范》GB 50370—2005的有关规定执行。

7.3.3 设置泡沫—水喷淋、高倍数泡沫、二氧化碳等灭火系统的汽车库、修车库可不设自动喷水灭火系统。

7.3.4 除机械式汽车库外，车库均应配置灭火器。灭火器的配置设计应按现行国家标准《建筑灭火器配置设计规范》GB 50140—2005的有关规定执行。

6.4 专家解读：《城镇给水排水技术规范》GB 50788—2012

收集了一些《城镇给水排水技术规范》GB 50788—2012规范解读，和大家共享！

3.1.6　城镇供水系统和设施应具有完善的水质监测制度和完备的水质监测系统，配备合格的检测人员和仪器设备，对水质实施严格有效的监管。

解析：此条文明确城镇供水系统设施应建立完善的水质监测系统。《国务院办公厅关于加强饮用水安全保障工作的通知》（国办发〔2005〕45号）要求："各供水单位要建立以水质为核心的质量管理体系，建立严格的取样、检测和化验制度，按国家有关标准和操作规程检测供水水质，并完善检测数据的统计分析和报表制度。"城镇供水系统应设立水质化验室，配备与供水规模和水质检验要求相匹配的检验人员和仪器设备；严格检验原水、净化工序出水、出厂水、管网水、二次供水和用户端（"龙头水"）的水质。确保公众饮水安全。

3.3.1　给水泵站的规模应满足用户对水量和水压的要求。

解析：此条文明确给水泵站的基本功能。泵站的基本功能是将一定量的流体提升到一定的高度（或压力）满足用户的要求。泵站在给水工程中起着不可替代的重要作用，泵站的正常运行是供水系统正常运行的先决条件。给水工程中，取水泵站的规模应满足水厂对水量和水压的要求；送水泵站的规模应满足配水管网对水量和水压的要求；中途加压泵站应满足目的地对水量和水压的要求；二次供水泵站的规模应满足住户对水量和水压的要求。

3.6.4　生活饮用水水池、水箱、水塔的设置应防止污水、废水等非饮用水的渗入和污染，并应采取保证贮水不变质、不冻结的措施。

解析：本条文规定了贮存、调节和直接供水的水池、水箱、水塔保证安全供水的要求。贮存、调节生活饮用水的水箱、水池、水塔是民用建筑与小区二次供水的主要措施，必须保证其水不冻结，水质不受污染，以满足安全供水的要求。一般防止水质变质的措施有：单体建筑的生活饮用水池（箱）单独设置，不与消防水池合建；埋地式生活饮用水池周围10m以内无化粪池、污水处理构筑物、渗水井、垃圾堆放点等污染源，周围2m以内无污水管和污染物；构筑物内生活饮用水池（箱）体，采用独立结构形式，不利用建筑物的本体结构作为水池（箱）的壁板、底板和顶盖；生活饮用水池（箱）的进、出水管，溢、泄流管，通气管的设置均不得污染水质或在池（箱）内形成滞水区。一般防冻的做法有：生活饮用水水池（箱）间采暖；水池（箱）、水塔做防冻保温层。

3.6.8　消防给水系统和灭火设施应根据建筑用途、功能、规模、重要性及火灾特性、火灾危险性等因素合理配置。

解析：本条文规定了建筑物内设置消防给水系统和灭火设施是扑灭火灾的关键。以及各类建筑根据其用途、功能、重要性、火灾特性、火灾危险性等因素合理设置不同消防给水系统和灭火设施的原则。

3.6.10　消防给水系统的水量、水压应满足使用要求。

解析：本条规定了系统的组成部分均应按相关消防规定要求合理配置，满足灭火所需的水量、水压要求，以达到迅速扑灭火灾的目的。

3.7.1　建筑热水定额的确定应与建筑给水定额匹配，建筑热水热源应根据当地可再生能源、热资源条件并结合用户使用要求确定。

解析：生活热水用水定额同生活给水用水定额的确定原则相同，同样要根据当地气候、水资源条件、建筑标准、卫生器具完善程度并结合节约用水的原则来确定。因此它应与生活给水用水定额相匹配。

生活热水热源的选择，要贯彻节能减排政策，要根据当地可再生能源（如太阳能、地表水、地下水、土壤等地热热源及空气热源）的条件，热资源（如工业余热、废热、城市热网等）的供应条件，用水使用要求（如用户对热水用水量、水温的要求，对集中、分散用水的要求）等因素综合确定。一般集中热水系统选择热源的顺序为：工业余热、废热、地热或太阳能、城市热力管网、区域性锅炉房、燃油燃气热水机组等。局部热水系统的热源可选太阳能、空气源热泵及电、燃气、蒸汽等。

3.7.3 建筑热水水温应满足使用要求，特殊建筑内的热水供应应采取防烫伤措施。

解析：本条对生活热水的水温作出了规定，并对一些特殊建筑提出了防烫伤的要求。生活热水的水温要满足使用要求，主要是指集中生活热水系统的供水温度要控制在55～60℃，并保证终端出水水温不低于45℃。当水温低于55℃时，不易杀死滋生在温水中的各种细菌，尤其是军团菌之类的致病菌；当水温高于60℃时，一是系统热损耗大、耗能，二是将加速设备与管道的结垢与腐蚀，三是供水安全性降低，易产生烫伤人的事故。

幼儿园、养老院、精神病医院、监狱等弱势群体集聚场所及特殊建筑的热水供应要采取防烫伤措施，一般做法有：控制好水加热设备的供水温度，保证用水点处冷热水压力的稳定与平衡，用水终端采用安全可靠的调控阀件等。

4.1.1 城镇排水系统应具有有效收集、输送、处理、处置和利用城镇雨水和污水，减少水污染物排放，并防止城镇被雨水、污水淹渍的功能。

解析：本条规定了城镇排水系统的基本功能和技术性能。城镇排水系统包括雨水系统和污水系统。城镇雨水系统要能有效收集并及时排除雨水，防止城镇被雨水淹渍；并根据自然水体的水质要求，对污染较严重的初期雨水采取截流处理措施，减少雨水径流污染对自然水体的影响。为满足某些使用低于生活饮用水水质的需求，降低用水成本，提高用水效率，还要设置雨水贮存和利用设施。

4.1.5 城镇采用分流制排水系统时，严禁雨、污水管渠混接。

解析：在分流制排水系统中，由于擅自改变建筑物内的局部功能、室外的排水管渠人为疏忽或故意错接会造成雨污水管渠混接。若雨污水管渠混接，污水会通过雨水管渠排入水体，造成水体污染；雨水也会通过污水管渠进入污水处理厂，增加了处理费用。为发挥分流制排水的优点，故作此规定。

4.1.8 排入城镇污水管渠的污水水质必须符合国家现行标准的规定。

解析：为了保护环境，保障城镇污水管渠和污水处理厂等的正常运行、维护管理人员身体健康、处理后出水的再生利用和安全排放、污泥的处理和处置，排入城镇污水管渠的水质必须符合《污水排入城镇下水道水质标准》CJ 343—2010等有关标准的规定，有的地方对水质有更高要求时，应符合地方标准的规定，并根据《中华人民共和国水污染防治法》精神，加强对排入城镇污水管渠的污水水质的监督管理。

4.2.1 建筑排水设备、管道的布置与敷设不得对生活饮用水、食品造成污染，不得危害建筑结构和设备的安全，不得影响居住环境。

解析：建筑排水设备和管道担负输送污水的功能，有可能产生漏水污染环境，产生噪声，甚至危害建筑结构和设备安全等，要采取措施合理布置与敷设，避免可能产生的危害。

4.2.2　当不自带水封的卫生器具与污水管道或其他可能产生有害气体的排水管道连接时，应采取有效措施防止有害气体的泄露。

解析：存水弯、水封盒等水封能有效地隔断排水管道内的有害有毒气体窜入室内，从而保证室内环境卫生，保障人民身心健康，防止事故发生。

存水弯水封需要保证一定深度，考虑到水封蒸发损失、自虹吸损失以及管道内气压变化等因素，卫生器具的排水口与污水排水管的连接处，要设置相关设施阻止有害气体泄露，例如设置水封深度不小于50mm的存水弯，是国际上为保证重力流排水管道系统中室内压力不破坏存水弯水封的要求。当卫生器具构造内自带水封设施时，可不另设存水弯。

4.2.7　建筑屋面雨水排除、溢流设施的设置和排水能力不得影响屋面结构、墙体及人员安全，并应保证及时排除设计重现期的雨水量。

解析：建筑屋面雨水的排除涉及屋面结构、墙体及人员的安全，屋面雨水的排水设施由雨水斗、屋面溢流口（溢流管）、雨水管道组成，它们总的排水能力要保证设计重现期内的雨水的排除，保证屋面不积水。

第7章　如何依据规范做好验收

7.1　自动喷水灭火系统验收过程中的常见问题

自动喷水灭火系统具有安全可靠、经济实用、灭火成功率高等优点，近几年来在我国被广泛推广应用。《建筑设计防火规范》第8.7.1B条规定，设置在地下、半地下或设置在建筑的首层、二层和三层，且建筑面积超过300m^{2}以及设置在建筑地上四层及四层以上的歌舞娱乐放映游艺场所，都应设自动喷水灭火系统。这些场所设置的自动喷水灭火系统规模较小，工程验收中容易出现以下几个方面的问题，应力求避免。

1. 喷头的选型与布置不当

自动喷水灭火系统的喷头作为布水的直接部件，其选型的恰当与否直接影响整个系统的控火灭火效率，而不少自动喷水灭火系统工程进行施工设计时，未考虑喷头布置和装修的协调，致使不少喷头在装修施工后被遮挡或影响喷头布水。更有甚者，一些自动喷水灭火系统工程的喷头均采用同一型号的喷头，如全部选用下垂型洒水喷头，而未根据建筑物的实际情况正确选用。所以，验收时必须检查喷头的选型、布置情况。

2. 管网应采用柔性连接的地方采用刚性连接

自动喷水灭火系统的管网穿过变形缝，或是跨越不同建筑物，或是消防水池与消防水泵分开独立设置时，管网应采用柔性连接，而许多自动喷水灭火系统的管网施工时均采用刚性连接，在以后长期使用过程中，极易导致管网损坏、系统瘫痪，在工程验收的过程中对此应予重视。

3. 线路敷设不规范

自动喷水灭火系统当水流指示器动作或者压力开关动作后均能启动水泵，一些自动喷水灭火系统工程的水流指示器、压力开关与消防水泵控制柜之间的线路敷设只是采用简单的穿管保护，未按照《电气装置安装工程施工及验收规范》的有关要求施工，验收时应注意。

4. 水力警铃位置设置不当

水力警铃作为利用水流冲击力发出声响的报警装置，当发生火灾后，报警阀开启的同时，水力警铃会迅速发出报警信号。由于不少自动喷水灭火系统的泵房与自动喷水灭火系统保护场所距离较远，而水力警铃仍安装在泵房内，火灾发生后起不到报警作用，因此验收时应注意水力警铃须安装在公共通道或值班室附近的外墙上，采用镀锌钢管连接，长度不超过6m时，采用15mm管径，长度超过20m时，采用20mm管道，且应安装检修、测试用的阀门。

5. 排水设施满足不了要求

自动喷水灭火系统的排水设施主要为末端泄放实验阀，报警阀的泄放实验阀开启泄水时起排水作用，许多自动喷水灭火系统工程排水设施的排水量小于实验阀的泄水量或者干脆不设排水设施，实验阀在开启后便会造成“水灾”，为以后消防设施的定期保养、维护埋下隐患，验收时应特别留心。

7.2　如何搞好高层建筑消防设施的验收与维护管理工作

建筑防火设施是使高层建筑本身具有抵御火灾能力的一项专门工程。为了发挥其应有的作用，除了精心设计、精心施工外，还应在正式投入使用前，进行严格的验收，检查工程质量是否合乎要求，各种设计是否齐全有效。此外在正式投入运行后，还要加强对它们的维护管理，使其经常完好，紧急时不误使用。

1. 检查和试验

（1）室外消防车道是否符合规范要求和保持畅通。

（2）防火间距是否符合要求和是否被占用。

（3）室内外疏散通道和疏散出口的数量、宽度、长度等是否符合要求和保持畅通。

（4）防火墙和防火隔墙等是否符合要求，有没有不应有的孔洞和未被严密填塞的缝隙。

（5）电缆井、管道井等是否按要求在楼板处做防火分隔，有没有不应开的孔洞和未被严密填塞的缝隙。

（6）对使用防火涂料的构件，要检查是否按要求内、外两侧全部涂刷，涂刷是否均匀、牢固，有无起皮、龟裂的现象；涂覆比（单位面积防火涂料的用量）是否符合要求。对于提高钢结构耐火极限的防火涂料更要仔细检查，例如用专用测针检查喷涂厚度是否达到要求，用小锤轻敲涂层，根据声音断定有无空鼓现象等。

（7）对于防火门，除检查其开启方向是否符合疏散要求、关门后的密闭情况外，对于常闭防火门和自动关闭防火门，要检查闭门器、顺序器、电磁释放器等附件是否齐备和灵活有效；对于自动控制的常开防火门和电动防火卷帘门，要与火灾报警系统及其联动控制部分的验收结合起来，进行自动控制和手动控制启闭试验，检查其是否灵敏有效。

2. 维护管理

对建筑防火设施应制定规章制度加强行政管理，例如严禁在防火墙、防火隔墙和各种竖井井壁上开孔洞，严禁占据防火间距和堵塞消防车道、疏散通道等。对于自动关闭防火门、防火卷帘等设施，应每月进行一次例行试验，这些试验一般与火灾自动报警试验结合进行，对防火门的合页、闭门器、顺序器、电磁释放器等要每半年至一年进行一次检查，并清除积尘和加注润滑油。

7.3　【每周一议】《新消规》下消防验收通过率为什么这么低

1. 每个报警回路实际连接的消防报警及联动设备总数不应超过 180 个，其中实际连接的联动点数量不应超过 90 个，每台主机实际连接的设备总数不要超过 2880 点，如超过该点数可多台区域机联网实现。除此之外，每个隔离器所带的编码设备一般不超过 32 个。

2. 消火栓报警按钮的防护等级要达到IP65，如果消火栓报警按钮旁需要安装消防电话插口，该插口需单独安装在消火栓箱外距消火栓箱边缘0.5m以外处。

3. 所有的消防报警产品应通过CCC认证和消防检测合格并有消防检测报告书，同时模块要具备检测与被控制设备之间线路的功能。

4. 大型消防设备（如消防泵、消防风机）的远程直启控制功能不应受其控制柜手自动转换开关的影响，同时控制柜不应采用变频启动控制方式。相关消防控制模块严禁放置在控制柜内。

5. 迫降首层的电梯中如果有非消防电梯，该电梯应提供足够从最高层迫降到首层所需要的备用电源，以防止因切电导致的电梯无法迫降问题，同时轿厢内的紧急呼叫电话主机应放置在总消防控制中心。

6. 消防控制中心必须独立设置，不能与其他控制室合用，控制中心应避免靠近强干扰源，消防控制中心主机应预留有接入城市消防远程网络的接口，消防控制中心的壁挂消防设备的安装高度为主显示屏距地1.5m。

7. 消防泵房、风机房、空调机房、电梯机房、计算机房、钢瓶间、气体灭火控制器附近、区域消防控室应设置固定消防电话分机。

8. 消防应急电源输出功率应大于消防总负荷的120%，蓄电池应能保证对应消防负荷持续工作3h以上的容量。

9. 消防控制中心应设置消防专用接地体，接地电阻不应大于4Ω，该接地体与消防控制器专用接地铜板应通过线芯截面积不小于$4mm^2$的接地线连接，消防专用接地极严禁与PE线混接。

10. 消防信号总线和24V电源线可以共管，但消防电话线、消防广播线、远程直启线及联网线不能共管，需各自单独穿管。

11. 消防风机和水泵控制柜必须提供2对直流24V中间继电器分别作为总线控制和远程直启控制的消防外控接口，并将相关启动、回答及故障（如有）线路引至控制柜接线端子排并标注线号。

12. 多个消防控制器联网的情况下，壁挂区域控制器必须配备联网型壁挂电源箱，即该种电源箱需要具备电源异常信息远传的功能。

13. 气体灭火喷洒区内的烟感和温感需成对安装，烟感和温感同时报警作为气体灭火喷洒的触发条件。

14. 在消防喷淋系统中，应由压力开关动作信号作为直接启泵的条件，该联动启泵功能不应受到消防控制器处于手、自动状态的影响。

7.4 《新消规》中消防验收改变的十大内容

1. 主机，无论是国产还是进口的，所带的探头、按钮及模块总数，不能超过3200点，超过此数，应增加主机。

2. 水泵、风机，都不允许用变频方式启动，都得是一步直接启动，其控制柜里面不允许加变频器。

3. 回路，编的最大号不允许超过 200，超过此数，另加回路。且在回路上应加隔离器，一个隔离器只能带 32 个点。

4. 模块，不允许装在强电配电柜（箱）内，应装在专用模块盒里。

5. 大楼，无论有多少个声光报警器，无论有多少个广播，在火灾时候都应全部启动，应让每一个部位、每一个角落都同时知道发生了火灾，以便快速撤离。

6. 消防联动 24V 电源，无论距离有多远，在现场用万用表测量，电压不能低于 22.8V，如低于此数，应在现场另加 24V 电源。

7. 施工人员，以后穿 24V 电源线时，都应穿耐火型铜芯线，就是 NH 开头的线，截面不低于 $1.5m^2$，信号线可以降低要求，用阻燃型的，就是 ZR 开头的。

8. 火灾时，普通动力用电、自动扶梯、排污泵、康乐设施、厨房用电等应立即切断；而另外的正常照明、生活水泵、安防系统、客梯等应延迟切断或者手动选择性切断，以利于人员疏散。

9. 厂家在编联动关系的时候，不应再用一个探头来联动消防设施，应用该区域内的任意两个探头或者任意一个探头加任意一个手动火灾报警按钮来联动启动。

10. 以后的住宅楼，住户内入口处的 1.3～1.5m 处，都应装家用的独立报警系统，在卧室及厨房内应设置烟感探测器及可燃气体探测器。

7.5 分享：消防给水工程验收重点、方法及常见问题

一、消防验收重点及验收方法

1. 消火栓给水系统验收的重点

（1）水泵、室内外消火栓、消防水泵接合器及闸阀等主要设备的性能指标的资料和产品合格证书，隐蔽工程的施工验收记录、管道通水冲洗记录、管道试压试验记录、水泵等消防用电设备的试运转记录、工程质量事故的处理记录。

（2）系统安装情况的一般性检查：主要检查消防水泵、水泵接合器、消防水池取水口、室内外消火栓及闸阀等主要设备的安装与图纸是否相符，使用是否方便，有无正确的明显标志，有无外观损坏及明显缺陷；系统中各常开或常闭闸阀的启闭状态是否符合原设计要求。

（3）系统综合性功能试验：根据原设计的不同要求，对消防水泵分别进行自动、手动、远程和泵房内就地启泵的试验；消防水泵组的主泵与副泵互为备用功能的相互切换试验；系统压力试验和供水试验。

2. 火灾自动报警系统验收的重点

（1）图纸、资料的审查：初始设计图纸、施工图纸、设计变更及竣工图，火灾探测器、报警控制器、火灾显示盘、手动火灾报警按钮、消防联动控制设备等主要设备及线路的性能指标的资料和产品合格证书，隐蔽工程的施工验收记录、报警系统检测报告等。

（2）系统综合性功能试验：火灾探测器模拟报警试验及核实编码，火灾报警控制器和火灾显示盘的自检等其他功能、电源转换、消音复位操作、电源容量、电源电性能，联动控制设备的故障报警、自检、控制、火灾信号接收功能和电源容量、电源电性能，核实手

动火灾报警按钮编码。

3. 自动喷水灭火系统验收的重点

(1) 图纸、资料的审查：初始设计图纸、施工图纸、设计变更及竣工图，喷头、水流指示器、报警阀组、消防水泵、消防水泵接合器及闸阀等主要设备的性能指标的资料和产品合格证书，隐蔽工程的施工验收记录、管道通水冲洗记录、管道试压试验记录、水泵等消防用电设备的试运转记录、工程质量事故的处理记录。

(2) 系统安装情况的一般性检查：检查消防水泵、水泵接合器、消防水池取水口及闸阀等主要设备的安装与图纸是否相符，使用是否方便，有无正确的明显标志，有无外观损坏及明显缺陷。现场查看、测量喷头类型、布置间距、数量，管网的管材及管径、管网连接形式和质量、管道安装的位置及配水管设置的喷头数量、末端试水装置、管道减压措施、系统排水装置等。

(3) 系统综合性功能试验：根据原设计的不同要求，对消防水泵分别进行自动、手动、远程和泵房内就地启动的试验；消防水泵组的主泵与副泵互为备用功能的相互切换试验；根据有关要求进行水压试验和气压试验；对报警控制装置功能进行检验（如：湿式、干式系统的喷头动作后，是否由报警阀组的压力开关直接连锁控制并自动启动供水泵。消防控制室（盘）能否控制水泵、电磁阀、电动阀等的操作，并能显示水流指示器、压力开关、信号阀、水泵、消防水池及水箱水位、有压气体管道和电源等是否处于正常状态的反馈信号）；报警阀功能试验（打开报警阀，查看测量报警动作状态，输出信号情况和消防水泵启动、联动、控制盘显示情况是否符合检验要求；打开放水试验阀，测量水的流量和压力是否符合检验要求）；系统联动试验（模拟火灾信号，火灾自动报警系统应发出声光报警信号并启动自动喷水灭火系统；启动末端试水装置处放水）。

二、高层建筑消防验收常见问题汇总

1. 建筑防火

(1) 土建防火封堵不到位

1）所有给水管道穿越楼板、墙体部位未封堵；

2）所有电气管、桥架穿越楼板、墙体部位未封堵；

3）穿越平层及竖向的桥架内未采用防火封堵；

4）所有通风、空调、防排烟管道穿越楼板、墙体部位未封堵；

5）土建预留洞口后开孔未封堵；

6）土建风道未封堵；

7）玻璃幕墙与楼板隔墙处的缝隙未用不燃材料填充密实；

8）防火墙未到顶；

9）防火分区未形成。

(2) 土建防火门

1）防火门安装反向，未开向疏散方向；

2）封闭楼梯间及防烟楼梯间开设了非疏散门、洞；

3）防火门检测报告与实体不符，防火门身份标识未张贴；

4）未安装闭门器、顺序器；

5）应设置单向逃生部位未设置相应的开启装置；

6）未按设计要求安装防火门。

（3）安全疏散

1）由于装修装设栏杆造成楼梯疏散宽度不够；

2）由于装修、土建改动，疏散出口数量不够；

3）由于装修、土建改动，疏散出口距离超标。

（4）消防车道

1）车道宽度不能满足规范要求；

2）消防扑救面未形成；

3）环形车道未形成或回车场未形成；

4）消防扑救面有高大树木或有障碍物；

5）防烟楼梯间无前室或消防电梯合用前室未设计正压送风系统。

（5）防火卷帘

1）导轨与墙体及柱体之间未封堵；

2）卷帘顶部未完全封堵；

3）双轨卷帘一侧未封堵到顶，形成单轨卷帘；

4）穿越卷帘包厢的管道及桥架未封堵；

5）疏散通道卷帘门两侧未设置手动控制按钮；

6）卷帘门手动拉链未设置拉链孔。

（6）建筑装修

1）建筑装修材料选用不当，特别是吊顶及墙面材料耐火极限达不到规范要求；

2）建筑装修饰面影响消防功能的正常实现；

3）消火栓箱门装修后无法打开；

4）正压送风口、排烟口装修后出现风口与装修面层内漏风及检修不便的现象；

5）格栅吊顶影响上喷喷水效果，灯槽内喷头影响喷水效果；

6）建筑装修开设的检查孔部位及大小不满足正常检修的需求；

7）大于 $60m^2$ 的房间只设置 1 个门；

8）会议室、观众厅等场所的门未向外开启。

（7）排烟口

1）设置位置过低，低于 2m；

2）设置在顶部的排烟口、排烟阀未设置手动控制装置；

3）排烟口距离最远点水平距离超过了 30m；

4）排烟口距离安全出口间距小于 1.5m；

（8）排烟系统漏设

1）无自然通风长度超过 20m 的内走道；

2）超过 60m 长度的走道；

3）面积超过 $100m^2$ 的区域未设置排烟系统。

（9）防火阀

1）风管穿越防火分区，防火分隔处未设置防火阀；

2）防火阀安装距墙体超过 200mm；

3）常开、常闭排烟防火阀设置错误。

（10）自然排烟区域开窗净面积不满足规范要求。

（11）正压送风系统

1）部分封闭楼梯间或防烟楼梯间或前室未设置正压送风口。

2）风口数量偏少。

3）防排烟系统末端风口风量偏低，系统风量偏低可能的原因有：

① 风机风量不满足规范要求；

② 土建风道封堵不严或未完全封闭；

③ 土建风道平层割断封堵平层风管有漏风现象；

④ 风机风压不足；

⑤ 管道风阻过大；

⑥ 风机电源反相。

4）排烟风机出风口与加压风机进风口垂直距离小于3m。

5）排烟风机出风口低于加压风机进风口。

6）排烟风机出风口与加压风机进风口在同一面上时间距小于10m。

7）排烟口与送风口距离小于5m。

8）风机控制箱未设置在风机就近位置。

9）正压送风口入口及机械排烟系统出口防雨百叶均未设置在室外与大气相通。

10）电机外置离心式风机未设置风机房。

2. 消防水

（1）喷头布置

1）不受梁体影响的直立型喷头距离顶板过近（小于75～150mm）；

2）受梁体影响的直立型喷头距顶板距离不满足规范要求；

3）喷头距边墙距离不满足规范要求。

（2）消火栓布置

1）由于建筑装修变动，消火栓的保护面积超过了规范要求；

2）由于装饰原因，取消了消火栓门；

3）消防电梯前室漏设消火栓；

4）未按规范要求设置自救式消火栓箱；

5）室外消火栓距建筑外墙及路边距离不满足规范要求；

6）夹层及设备层漏设消火栓。

（3）水泵结合器

1）未按系统分区设置水泵结合器；

2）水泵结合器数量不满足规范要求；

3）水泵接合器设置在不易取用的部位；

4）水泵接合器充水试验不成功；

（4）室外取水口位置设置不合理，取水口吸水高度超过6m，距外墙距离超过规范要求。

（5）末端试水装置

1）末端试水装置位置设置不合理，设置在了系统的最低处，而不是系统最不利点处；

2）末端试水装置未采用间接排水方式。

（6）自动喷水灭火系统存在漏设区域

1）空调及风机房；

2）车库室内车道；

3）建筑面积大于 $5m^2$ 的卫生间；

4）自动扶梯的底部；

5）楼梯及电梯前室；

6）净高小于等于 12m 的室内中空区域；

7）净高大于 800mm 且有可燃物吊顶内；

8）宽度大于 1.2m 的风管及排管下方；

9）一类高层的消防控制室；

10）弱电设备间。

（7）气体灭火系统

1）防护区内风口、防火阀、风机未参与联动控制；

2）防护区未设置自动泄压口（泄压装置）；

3）防护区的围护结构不能达到 0.5h 的耐火极限及 1200Pa 的耐压极限；

4）储油间未设置呼吸阀、通气管道；

5）气体灭火控制盘系统电源不能满足同时启动气体灭火装置的要求；

6）控制中心不能对气体灭火区域设备进行联动控制；

7）气体灭火防护区未设置手自动转换开关；

8）配电房未设置气体灭火系统。

3. 火灾自动报警系统

（1）火灾自动报警系统漏设区域

1）超高层建筑的室内住户部分未设置探测器；

2）强弱电井未设置探测器；

3）水泵房、消防控制中心各类设备用房未设置探测器；

4）公共部位未设置楼层显示器；

5）厨房内未设置可燃气体探测器。

（2）消防管线

1）与消防有关的所有线路明配钢管未刷防火涂料或防火涂料涂刷不均匀；

2）与设备连接处的金属软管未到位；

3）明配及吊顶内线盒未上盖板；

4）吊顶内部分导线未穿管。

（3）联动控制及相关功能不齐全

1）门禁系统未进行断电控制；

2）常开电动防火门未联动控制；

3）单向逃生锁未联动控制。

（4）消防联动控制系统逻辑关系混乱

1）相应区域探测器报警，对应区域的正压送风机未启动；

2）一台风机负担多个防烟分区时，防烟分区内探测器报警，所有风口都打开；

3）手动打开排烟口、正压送风口，相应的风机未启动；

4）非消防断电及应急照明强投未编入联动关系；

5）中庭区域报警时，各层卷帘门未启动；

6）大空间探测装置如双波段、光截面及线形探测器报警时未联动相关常规火灾报警系统；

7）消防补风机未编入火灾时启动的联动关系；

8）排烟风机入口处排烟阀门未与排烟风机连锁。

（5）控制中心

1）引入火灾报警控制器的导线未绑扎成束，未标明编号；

2）控制设备接地支线小于 $4mm^2$；

3）控制设备背后距墙操作距离小于 1m；

4）CRT 未完善，外部设备报警后 CRT 界面无反应；

5）消防控制主机存在屏蔽和故障点位。

（6）消防电话系统

1）主机不能进行分机呼叫；

2）消防外线电话未设置；

3）电梯机房、与消防有关的设备用房未设置电话分机；

4）消防电话分机安装不牢固，电话分机安装位置不合理。

4. 其他

（1）验收范围内的土建、装修工作未完；

（2）验收范围内的机电安装相关工作未完；

（3）市政供电，供水未到位；

（4）柴油发电机不能启动或自投功能未实现；

（5）消防电梯按钮及三方通话未完成；

（6）未按消防标识化相关要求制作标识标牌；

（7）PVC 管穿越楼层部位未设置阻火圈；

（8）建筑灭火器、消防水带、水枪等未布置到位；

（9）未按相关要求设置逃生门锁；

（10）部分设备用房、电梯机房未设置应急照明，消防控制室及重要设备用房应急照明照度不够。

7.6　盘点消防验收中易出现的致命问题

一、水系统中存在的问题

（1）主备泵切换的问题。虽然水泵控制柜由控制柜厂家提供，但个别厂家由于对消防规范不了解或订货时没有提出要求，控制柜中没有提供水泵切换功能或切换功能无法实现，而施工人员在公司调试组调试前又没有发现，造成不必要的麻烦。

（2）消火栓按钮启泵问题。某工程，消火栓按钮接线采用 1.5mm^2，造成压降过多而不能启动水泵或启泵按钮灯不亮。

（3）喷淋系统中压力开关应直接启泵，而某工程是由报警控制器联动启泵，目前消防规范是不允许这样启泵的。

（4）水泵启动方式。当水泵电机超过 11kW 时，应采用降压启动方式，不应直接启动。

（5）附设在建筑内的消防水泵房，应设直通室外的出口，通向室内的门应采用防火门。

（6）雨淋系统、预作用系统的启泵问题。当雨淋阀、预作用阀采用报警探测器连锁启动时，应是该区域火灾确认或两点报警联动。压力开关应接入水泵控制柜直接启动水泵。

（7）水流指示器前应安装信号蝶阀，不应采用其他阀门。某工程，水流指示器前安装的是带锁定装置的蝶阀，调试时阀门是关闭的，而报警控制器中无反馈信号。如果发生火灾，该系统就失去了应有的功能。所以水流指示器和信号蝶阀的反馈信号应接入报警控制器。

（8）末端试水装置出口应接入排水管。某工地在施工中，未将末端试水装置出口接入排水管，排出的水将旁边建筑的设施冲走了，造成了不良影响。

（9）喷淋头的选择。某些工程中，厨房内的喷淋头采用 68°喷淋头，而规范要求采用 93°喷淋头。在选择闭式喷头时，喷头的公称动作温度宜高于环境温度 30℃。

（10）消火栓箱内水带应采用挂钩式，不应采用卷盘式。

（11）消火栓栓口处的出水压力问题。当栓口处的出水压力大于 0.5MPa 时，应设置减压措施。

（12）在调试中经常发现有些阀门是关闭的，希望各项目部在施工完工后，检查阀门是否开启。

（13）水泵房内的排水问题。个别工程试验阀的排水口未接到排水沟或室外，造成水泵房内到处是水。

二、报警系统及气体系统中存在的问题

（1）探头报警灯的安装方向不规范，探头报警灯的安装应面向主要出入口方向。

（2）个别工地的报警控制器还在使用电源插座和漏电保护器，应直接接入消防电源。

（3）报警系统的接地不按规范要求安装合格的接地线。

（4）某些工程，电梯联动迫降未调试好，就要求公司调试，误认为模块到位就可以了，其实消防调试开通是对整个工程而言，不能认为这项工作不是我做的，是否能联动关系不大。消防开通报告是为消防工程整体验收提供数据的，只有工程内所有消防报警联动设备运行状态正常后才能出开通报告，所以要为整体考虑。

（5）启动正压风机、排烟风机的联动个别工地没有调试好。特别是防火阀、排烟口的联动、复位均不能到位。

（6）排烟风机机体进风口安装的 280°防火阀是用作火灾排烟时当大火烧到该防火阀温度超过 280°时该阀门关闭的同时关闭排烟风机，防止将大火引入排烟风机烧毁电机，但许多现场施工管理操作人员只是将该点作为一个报警点而不联动关闭排烟风机来处理，这是错误的。

（7）水力警铃、消防广播、声光报警器在安装前对线路的检查不到位。最后出现同一防火分区内个别点不能发出正确警示的低级错误。

（8）许多工地为赶工期，对工程质量只布置不检查，出现探头、水力警铃、手动报警按钮安装不牢固，有松动的现象，甚至有些探头一碰就会掉落到地上。

三、气体灭火系统调试中存在的问题

（1）施工队不能提供气体输送管的试压数据，只是口头上告知试过压了，具体是何时试压、试压人员是谁，都无法提供。所以是否试过压只能是个问号。

（2）申请调试前施工操作人员对产品不作细致的了解。结果调试时出现声光报警不动作，报警点无法打印。要求其整改时反而提出用备用电池时是不能打印的论点。咨询了生产厂家后才得到无其之说的结论。

（3）对气体灭火的性质了解不到位。防护区的门窗只是用一般性的材料和玻璃。在施工中不能提出异议，到调试验收中才发现该问题为时已晚，特别是防护区的门应是能自动关闭的也不清楚，也就太不应该了。

（4）气体储存室与配电间合用，这是不允许的。储存室的通道、应急照明、门、窗的防火等级、开启方向和储存室的排风装置关系到人身安全应予以重视。

四、防排烟系统中存在的问题

（1）有的工地还不具备调试的条件，就申请调试，比如个别风口还没有安装、风口还没封堵等。

（2）有的工地安装得比较好，但风量调节阀没调整好，或者是风口的百叶窗没调整好，导致风量严重不均，离风机近的风口风量太大，而远端的风口风量达不到防排烟的要求。

（3）有的工地的板式风口的动作执行机构开启、关闭不灵敏，风口开启后，脱扣钢丝或脱落或生锈导致风口不能正常关闭。

（4）个别工地的风管做得不够严密，或封堵的不够好，导致风口的总风量与风机铭牌上的风量差太多。

7.7　消防检测验收前最容易忽略的问题

一、建设单位问题

（1）自来水未通，消防设备主电未接到配电室；

（2）发电机以及发电机自动切换功能、配电屏未调试；

（3）消防控制室未设置外线电话；

（4）消防控制室未设置防火门窗；

（5）消防水池证明文件：容积，一次性补水时间（不超过48h）。

二、土建施工单位问题

（1）消防水管道井、强弱电管井、排烟风管穿墙洞、电缆桥架穿越防火分区封堵未完成。

（2）防火门未安装完成：包括防火门本体、闭门器、顺序器、标志标识（身份证及常闭防火门请保持关闭标识）、开启方向、间隙过大、防火门周边抹灰。

（3）风井未抹灰；风口预留尺寸错误（可能导致风量、正压值不足）。

三、消防水系统问题：

（1）室外消火栓消防管网自来水未通；

（2）喷淋湿式报警阀未调试（近端及远端测试报警阀是否报警）；

（3）室内喷淋及消火栓系统管网内未通水；

（4）消防水泵未调试；

（5）屋顶稳压系统未调试；

（6）水流指示器（与信号蝶阀间距不小于5倍管径）未调试；

（7）启泵返回信号是否正常；

（8）重点抽查喷淋联动（末端、压力开关启泵）、消火栓联动（消火栓按钮、手动消防报警按钮启泵），两台泵是否互为备用；

（9）消防标志标识：室外消防水泵结合器未标识；室内消防泵、消防泵控制柜、风机控制柜未标识，如消火栓水泵结合器、喷淋水泵结合器、消火栓泵控制柜、喷淋泵控制柜、室外消火栓泵控制柜、消火栓泵1、2号、喷淋泵1、2号、室外消火栓泵1、2号、排烟风机、送风机、喷淋管道、消火栓管道、补水管道等。

四、自动报警系统问题

（1）每层隔离模块未安装，导线铰接未焊锡；

（2）车库防火阀控制（闭锁）线未接至风机控制柜，且防火阀输入模块未安装；

（3）消防报警主机未接地及开机测试；

（4）非消防电源切断功能未安装；

（5）报警联动编程：不要遗漏，声光、防火卷帘等同时联动。

五、应急照明、消防电气系统问题

（1）应急照明已安装完成，已通电，但未进行功能测试（切换、复位、报警功能）；

（2）应急照明强启是否具备；

（3）非消防电源强切是否具备；

（4）接地保护线是否接好。

六、防排烟系统问题

（1）所有风机在检测前单机、联动调试完成，包括正反转、风口调整。

（2）所有送风口、防火阀由于报警系统暂时未单独调试，需单体进行24V信号输入测试风口是否能够自动打开，通过万用表测试一下反馈信号是否正常，风口手动开关是否正常，防火阀测试一下手动功能、信号反馈功能是否正常。

（3）防排烟系统风机需在图纸上标注名称，注明每台风机引到了哪个控制柜内的哪一个回路。

（4）注意正压值、排烟量不能偏差过大。

（5）系统联动是否全部设备消防联动。

七、防火卷帘门问题

（1）防火卷帘门是否安装调试完成；

（2）步降是否符合要求。

八、气体灭火问题

（1）气体灭火设备未到货或密度不够；

（2）气体灭火弱电设备是否安装到位；模拟功能试验是否合格。

7.8　消防验收存在的问题的探讨分析

一、土建问题

一些建筑（特别是旧建筑）的改建、扩建工程在验收时主要存在以下问题，因此无法通过消防验收：

（1）没有设置环形消防车道及登高面。

（2）防火间距不足。

（3）疏散楼梯的设置不符合规范要求，如楼梯间的形式、楼梯宽度、楼梯间的防烟方式（高层建筑不具备自然排烟条件的防烟楼梯间、合用前室未设机械防烟设施；高层塔式住宅剪刀楼梯合用前室时楼梯间未设机械加压送风系统）。

二、消防系统问题

（1）没有按规范设计。

（2）安装不符合规范要求。

（3）联动控制功能不齐全、不正常。

消防系统验收常见问题见附件。

三、装修问题

（1）装修后妨碍消防设施和安全出口、疏散走道的正常使用。

（2）使用的装修材料不符合规范要求，一类高层民用建筑使用的吊顶耐火极限达不到0.25h。

（3）对装修材料的阻燃处理不规范，处理后没有检测。

附件：消防系统验收常见问题

一、消火栓给水系统

（1）消防水池、消防水箱：有效容量偏小、无消防专用的技术措施，屋顶合用水箱的出水管上未设单向阀，水位信号没有反馈到消防控制室。

（2）消防水泵：流量偏小、扬程偏大，一组消防水泵只有一根吸水管或只有一根出水管，吸水管采用同心变径，出水管上无压力表、泄压阀，引水装置设置不正确，吸水管的管径偏小，以普通水泵代替消防水泵。

（3）增压设施：增压泵的流量偏大。

（4）水泵接合器：与室外消火栓或消防水池的取水口距离大于40m、数量偏少、未分区设置。

（5）消火栓：屋顶未设检查用的试验消火栓。

（6）消火栓管道：直径小，有的安装单位违章进行焊接。

（7）最不利点动压、最不利点静压、最不利点充实水柱不符合规范要求。

二、火灾自动报警系统

（1）火灾探测器：选型与场所不符；安装不牢固、松动；安装位置、间距、倾角不符合规范和设计要求；探测器编码与竣工图标识、控制器显示不相对应，不能反映探测器的实际位置；报警功能不正常。

（2）手动火灾报警按钮：报警功能不正常；报警按钮编码与竣工图标识、控制器显示不相对应，不能反映报警按钮的实际位置；安装不符合规范和设计要求；安装不牢固、松动、倾斜。

（3）火灾报警控制器：未选用国家质量认证的产品，安装不符合要求，柜内配线不符合要求，火灾报警控制器电源与接地形式及隔离器的设置不符合要求，控制器13种基本功能（供电、火灾报警、二次报警、故障报警、消音复位、火灾优先、自检、显示与记录、面板检查、报警延时时间、电源自动切换、备用电源充电、电源电压稳定度和负载稳定度功能）不能全部实现，主、备电源容量及电源电性能试验不合格。

（4）火灾显示盘：未选用国家检测中心检验合格的产品，安装不符合要求，电源与接地形式不符合要求。

（5）消防联动控制设备：未选用国家质量认证的产品，安装、配线不符合要求。

（6）消防控制室未设置可直接报警的外线电话；火灾报警控制器、消防联动柜的主电源采用插头连接；消防控制柜未设置手动直接启动消防水泵、防排烟风机的装置。

三、自动喷水灭火系统

（1）消防水池、消防水泵、水泵接合器、消防水箱（参见消火栓系统）。用气压罐代替高位消防水箱，消防水箱的出水管未与报警阀前的管道连接。

（2）稳压系统：稳压泵的流量偏大，稳压泵的位置不符合要求（在高位水箱处设置稳压泵，就近接入自动喷水灭火系统的立管顶部）。

（3）湿式报警阀：设置的地点不适宜（水力警铃位置不规范），供水控制阀未设置。

（4）水流指示器前未安装信号阀或与水流指示器间的距离小于300mm。

（5）末端试验装置（试验阀、压力表、排水管），试验管径小于25mm。

（6）系统联动试验时，末端试验阀打开，压力表读数小于0.049MPa。

（7）喷头：选型不符合要求，与大功率发热灯具和通风管风口距离近。

（8）泄压阀：在水泵的出水管上未装设泄压阀。

（9）湿式报警阀组没有安装压力开关，直接用水流指示器的信号启动喷淋泵。

（10）随意扩大集热挡水盘的使用范围，挡水盘的平面面积过小，未设弯边的下沿。

四、气体灭火系统

（1）围护结构的耐火极限和抗压强度不足，未设置泄压口。

（2）火灾时，气体灭火系统的联动控制不能做到关闭开口、停止风机等功能。

（3）喷嘴的安装位置及间距不符合设计要求。

五、防火分隔系统

（1）用于疏散通道上的防火卷帘两侧未设置手动控制按钮，疏散通道上的防火卷帘不能实现“两步”降。

（2）用作防火分隔的防火卷帘，火灾探测器动作后，卷帘没有下降到底。

（3）同一防火分区内用作防火分隔的防火卷帘，火灾探测器动作后，多樘卷帘没有群降。未按着火层和上、下层同时动作的要求进行调试。

（4）防火卷帘动作及到底的反馈信号在消防控制室内不能显示。

（5）普通防火卷帘没有设置独立的闭式自动喷水灭火系统保护。

（6）防火门未安装膨胀密封条，住户的防火门都带有猫眼，防火门联动控制时，防火门不能自动关闭且不能向消防联动控制装置反馈动作信号。

（7）常开式双扇防火门未安装闭门器和顺序器等。

（8）防火卷帘的座板与地面间隙大于20mm。

六、防排烟、空调通风系统

（1）自然排烟时开窗面积不足，位置偏低，不能方便开启。

（2）机械排烟系统的排烟量偏小，机械防烟系统的正压送风量偏小。

（3）设置机械排烟的地下室未设置送风量不小于排烟量50％的送风系统。

（4）地下室机械排烟系统的排烟口与排风口不能联动切换。

（5）排烟口、送风阀打开不能联动风机启动。

（6）通风、空调系统的风管穿越防火分区、穿越通风空调机房及重要的或火灾危险性大的房间隔墙和楼板处未设防火阀。

（7）厨房、浴室、厕所等垂直排风管道，未采取防火回流的措施，未在支管上设置防火阀。

（8）防排烟风机远程不能停止，且未设手动直接控制，原有的大部分工程防排烟风机远程控制均能启动，但远程停止不能实现。

（9）同一楼层的几个送风阀（排烟口）的反馈信号并接而未串接。

（10）排烟风机入口处和排烟支管上未设排烟防火阀，排烟防火阀未与排烟风机连锁，平时不能自动关闭。

（11）送风口设置位置偏高，排烟口设置位置偏低。

（12）正压送风系统的新风入口位置设置不当。

（13）防排烟风机设计安装位置不当。

（14）机械加压送风系统的吸入口未设置止回阀或与风机连锁的电动阀。

（15）控制室不能显示通风和空气调节系统防火阀的工作状态，且不能关闭联动的防火阀。

（16）排烟机与排烟管道连接的软接头采用普通帆布。

（17）防火阀、排烟防火阀未设置独立支架、未做防火处理。

（18）任一排烟阀开启时，排烟风机不能自动启动。

（19）砖砌的竖井有漏洞，且内表面未采用砂浆抹平，竖井底部未封。

（20）地下室的排烟系统设置未能与人防协调好，排出的烟被人防门挡回等，影响排烟效果。

七、火灾应急照明、疏散指示和火灾事故广播

（1）火灾应急照明的配电线路没有按消防设备用电线路敷设，用普通灯具作应急灯具，在火灾时继续工作的场所应急照明时间不够，且照度低，疏散指示数量少、照度不足、安装位置不当。

（2）控制中心报警系统，火灾时不能在消防控制室将火灾疏散层的扬声器和公共广播扩音机强制转入火灾事故广播状态，应急广播未按着火层和上、下层同时动作的要求进行调试。

（3）控制中心报警系统，消防控制室不能监控用于火灾事故广播时的扩音机的工作状态，且不具有遥控开启扩音机和采用使扬声器播音的功能。

八、消防电梯

(1) 井道未按规范要求独立设置。

(2) 消防电梯机房与其他电梯机房之间未按规范要求进行有效防火分隔。

(3) 井底未设排水设施或排水井容量小于 2.0m^3 或排水泵的排水量小于 10L/s。

(4) 首层未设供消防员专用的操作按钮。

(5) 有的电梯迫降后，不能继续投入运行。

九、消防供电

(1) 一类高层建筑自备发电，应设有自动启动装置，并能在 30s 内供电。

(2) 消防控制室无法监视重要消防设施的供电电源。

(3) 水泵、防排烟风机、消防电梯等设备，其供电线路未选用耐火型电缆。

(4) 楼梯间集中供电的应急照明灯，在火灾时不能发挥其正常功能。

(5) 有的系统不能满足两路供电的要求，有的虽配备了发电机，但容量偏小，不能满足负荷要求。

(6) 消防控制室、消防水泵房、消防电梯机房、正压送风机房、排烟风机房的供电，未在最末端配电箱处设置自动切换装置。

7.9 建筑工程消防验收的经验总结

为保证建筑工程设计审核和竣工验收顺利通过，建设单位应当从施工图设计阶段、审报阶段、施工阶段以及竣工验收阶段进行控制。

1. 消防设计

合理地对建筑物进行消防设计，不仅可以提高建筑物自身防火和抵御火灾的能力，而且可以提高建审的工作效率，节省大量的人力物力。笔者所在建设单位新建的 48 个工业与民用建筑中，图纸设计单位虽为甲级勘察设计单位，但在审报过程中仍存在诸多的消防设计违反《建筑设计防火规范》，导致反复修改设计，影响工程建设，主要设计问题体现在：

(1) 审报工程与周围建筑之间防火间距

防火间距是火灾时建筑物之间防止火势蔓延、减少火灾损失的保障。若防火间距不足，往往可能导致火烧连营，造成重大财产损失和人员伤亡。在消防设计中要把握好总平面布局中建筑物与其周边建筑物之间的防火间距，依据其使用性质及建筑耐火等级的特性确定是否满足国家消防技术规范的要求，尤其是与周边邻近易燃、易爆场所的间距是否满足要求，并考虑到是否需要设置消防车通道的问题。

(2) 防火分区

防火分区的划分能在一定时间内防止火灾向同一建筑的其余部分蔓延，有效地把火势控制在一定的范围内，减少火灾损失。

正确划分防火分区，对于防止烟气扩散、阻止火势蔓延、保证人员疏散、赢得扑救时间和减少火灾损失都具有重要意义。为了真正使防火分区划分得合理、有效，必须做到以下三个方面：

1）根据建筑物的耐火等级划分。耐火等级越高，建筑物的防火性能越强，其相应的防火分区最大允许建筑面积越大。提高建筑物的耐火等级，可从提高建筑物组成构件的燃烧性能和耐火极限考虑，当然是在规范允许及合理经济条件下来提高。

2）根据建筑物的总建筑面积划分。防火分区面积在考虑规范规定最大允许建筑面积的同时，可减少敞开楼梯等上下层相连通的开口。开口部位可采用甲级防火门或防火卷帘，防火门或防火卷帘应能在火灾时自动关闭或降落。如设防火卷帘则应考虑其耐火极限和防烟性能。

3）根据建筑物的使用性质划分。厂房、仓库和民用建筑的防火分区标准各不相同，设计应按使用性质确定防火分区最大允许面积。

（3）室内封闭楼梯间

设置楼梯间首先应满足安全疏散要求，对医院、疗养院、旅馆、超过2层的商店等人员密集的公共建筑、设置有歌舞娱乐场所且建筑层数超过2层的建筑以及其他公共建筑应采用室内封闭楼梯间。楼梯间的内墙上不应开设其他门窗洞口，疏散楼梯间应设置消防应急照明灯具，且消防应急照明灯具的照度应符合规范规定。

消防设计的完善程度与设计院的管理制度有直接的关系，因此设计单位应加强管理和学习，建立管理体制：法定代表人负责组织本单位的消防设计管理工作，检查消防设计质量；技术负责人应当把消防设计纳入工程设计审查范围，凡不符合消防技术标准的工程设计不应当签发；设计单位应当组织工程设计人员学习、掌握国家消防技术标准，定期进行考核。

2. 消防报审

消防报审工程包括新建、改建、扩建工程及建筑工程用途变更工程，报审部门为当地公安消防支队。报审时应当提供总平面布置图和单体工程施工图，提供的图纸必须加盖设计单位的设计专用章，同时应填写相应的审报表，国家、省级重点工程和设置建筑自动消防设施的建筑工程设计应当报消防设计专篇。笔者所在建设单位，把消防报审工作设专人分管，平时加强与消防支队、设计院之间的沟通，加快了对设计审查意见要求改正的速度，提高了报审的效率，为工程开工建设缩短了工期。

3. 消防施工

工程消防施工主要从材料上把关，进场消防材料分三类：实施强制性认证的消防产品、实施形式认可制度的消防产品、实施强制性检验制度的消防产品。材料进场时，严格按规定审查消防产品的检验资料，实施强制性认证的消防产品要有检测报告和认证证书，属强制性认证的消防产品包括：火灾报警产品（控制器、点型火灾探测器、消防联运控制设备、消火栓按钮）、消防水带、自动喷水灭火系统（洒水喷头、湿式报警阀、水流指示器、压力开关）；实施形式认可制度的消防产品要有检测报告和形式认可证书，属形式认可制度的消防产品包括：灭火剂、防火门、灭火器、消火栓、接口及枪炮、消防应急灯、火灾报警设备、防火阻燃材料；实施强制性检验制度的消防产品要有检测报告，尚未纳入强制性认证和形式认可制度的消防产品如防火卷帘、防火阀、排烟阀等属强制性检验的消防产品。建设单位在施工材料进场后，就应该严格控制各种消防材料的证明材料，严把质量关，同时为竣工验收提供完善的竣工资料。

建筑内部装修防火材料进入施工现场后，应按《建筑内部装修防火施工及验收规范》的有关规定，在监理单位和建设单位的监督下，由施工前段时间的见证人员现场取样。同时填写《建筑内部装修防火材料见证取样单》，并在样品上加贴见证取样封条，监理单位、建设单位和施工单位的见证人员均应签字确认。

4. 消防竣工验收

工程消防竣工验收是建筑工程投入使用前的最后一个环节，也是最重要的一个环节。消防验收分为验收前准备和验收两个阶段。

消防竣工资料包括：消防审核意见书、消防设备合格证、质量保证文件汇总、隐蔽工程验收记录、初步验收报告。有自动消防工程的还应提前准备下列竣工资料：消防工程施工合同、消防工程施工企业资质、纸质竣工资料、系统或设备功能记录、施工记录、竣工图、喷淋系统的各类施工现场检查记录、施工过程质量检查记录、工程质量控制资料、工程验收记录、管理和维护人员登记表及上岗证。

对有自动灭火系统、火灾自动报警系统、防排烟系统、火灾应急疏散系统的建筑工程，建设单位应委托具备资格的建筑消防设施检测单位进行技术测试，并取得建筑消防设施技术测试报告。

消防资料准备好后报送公安消防机构，资料审查合格后建筑工程可以进行消防验收。消防公安机构验收后签发消防验收意见书，验收不合格的建设单位应按照意见书的要求进行整改后申报复验。不合格的不得投入使用。

5. 建议

消防工程竣工验收合格投入使用后，多数建设单位视为消防责任结束，虽然配有基本的消防设施，但过期或毁坏情况严重，同时，应急情况下人员无从下手。笔者所在建设单位在消防竣工验收后组织成立了专业消防小组，消防小组设在保卫科，消防人员定期进行专业培训，定期实施消防器材排查、更换消防器材、对办公室或宿舍进行用电排查，对存在的消防隐患及时处理并遏制，同时，组织一些消防活动，要求单位人员积极参加，增加个人消防意识。这种专业与个人相结合的方法在消防安全方面起到了积极的作用。

7.10 常用给水排水阀门验收要点的探讨分析

我国的给水排水阀门产品，在技术、质量方面，已有长足的进步，少数阀门制造公司的某些产品，已接近或达到国际先进水平。我国有阀门生产厂家3000多个，但良莠不齐，阀门市场也比较混乱，不少产品质量不符合标准要求，但仍充斥市场。因而阀门的质量问题，仍是造成市政、建筑行业事故多发的原因之一。严格的阀门验收，显得尤为重要。现将几种常用给水排水阀门的验收要点，提示如下：

一、形式检验

阀门生产厂家除应有正规的生产资质外，所生产的某个产品，必须有经过权威部门确认的型式试验记录。那种抄袭模仿、未经型式试验的产品，应视为不合格产品。必要时应补充试验。试验项目内容，主要是指启闭循环次数试验，不同阀门有不同的要求，详细规定列在各项行业标准中。

（1）软密封闸阀：手动阀小于等于 *DN*500 时，启闭循环次数不少于 250～500 次，电动阀不少于 2500 次。大于 *DN*500 时酌情减少。

（2）蝶阀启闭循环次数如表 7-1 所示。

蝶阀启闭循环次数　　　　**表 7-1**

公称直径 *DN*（mm）	次数
50～500	10000
600～1100	5000
1200～1800	1000
2000 及以上	500

（3）排气阀在我国行业标准中未做规定，《供水阀门》EN1074 规定为 2500 次，但 *DN*＞100mm 的不做。

二、出厂检验

阀门产品出厂，必须每台都经过强度和密封试验，分述如下：

（1）强度试验

每台阀门出厂前都应进行阀体强度试验，1.5 倍公称压力的阀体强度试验压力和持压时间，应符合《工业阀门压力试验》GB/T 13927—2008 的规定。无渗漏、冒汗和可见变形，铸造缺陷不允许用浸渗、锤击、补焊等方法修补。

（2）密封试验

每台阀门出厂前都应进行密封试验，1.1 倍公称压力的阀体密封试验压力、持压时间和允许的泄漏量，应符合《工业阀门压力试验》GB/T 13927—2008 的规定。最主要的是试验时，应在对阀座密封最不利的方向加压，除根据工况条件规定了介质流通方向的阀门，大口径的（如 *DN*1600）阀门，经用户同意，反方向可降低密封试验压力，但不能低于正向密封试验压力的 70%。上述试验应使用扭矩扳手，在规定的操作力或操作扭矩进行关闭后试验，不允许过力关闭，使其达到密封。软密封闸阀还应进行 0.02MPa 的低压密封试验。

（3）管网阀门蜗轮箱的密封要求

管网阀门蜗轮箱有可能浸水，或非管网用阀门有可能短时被水淹没的，防护等级按 IP68 要求，水深 3m，3h 不能进水的试验要求。

（4）结构要求试验

1）闸阀的阀体最小壁厚、阀杆最小直径应符合《给水排水用软密封闸阀》CJ/T 216—2013 的要求。

2）蝶阀的最小壁厚应符合《给水排水用蝶阀》CJ/T 216—2015 的要求。

3）减压阀喉部直径应大于等于 0.8*DN*。

4）半球阀强度扭矩应为操作扭矩 200N·m 的 2 倍以上。

三、操作扭矩

阀门的操作性能和密封试验，都应在规定的操作扭矩或操作力下进行。

蝶阀用手轮操作时，初始开启和终点关闭瞬时操作力最大不应超过 400N，用传动帽操作时，操作扭矩不应超过 200N·m。

软密封闸阀的操作扭矩不应超过表 7-2 的规定。

软密封闸阀的操作扭矩限定表　　表 7-2

公称通径 DN (mm)	操作扭矩（N·m）		
	PN=0.6MPa	PN=1.0～1.6MPa	PN=2.5MPa
50	40	60	90
65	50	75	110
80	50	75	110
100	70	100	150
125	85	125	185
150	105	150	225
200	140	200	300
250	175	250	375
300	210	300	450
350	225	325	490
400	245	350	525
450	295	425	—
500	365	525	—
600	560	800	—
700	770	1100	—
800	875	1250	—

闸阀、蝶阀的操作扭矩试验完成后，还应做强度扭矩试验，强度扭矩是操作扭矩的3倍。

四、材料检验

（1）给水用阀门的阀体材料应选用球墨铸铁，牌号为 QT450—10 和 QT500—7，优选 QT450—10。球墨铸铁的化学成分以铁、碳、硅为主，含有锰、硫、磷等杂质元素，硫含量要控制在 0.07%以下，磷含量要控制在 0.1%以下，球化率在 80%以上。机械性能如表 7-3 所示。

QT450—10 和 QT500—7 的机械性能　　表 7-3

材料牌号	抗拉强度（N/mm^2）	屈服强度（N/mm^2）	延伸率（%）	硬度（HB）
QT450—10	450	310	10	160～210
QT500—7	500	320	7	170～230

上述化学成分、机械性能，应通过检验仪器设备完成，但目睹观测一般也能初步鉴别是灰铸铁或是球墨铸铁，敲击阀体声音清脆，切屑能连续者为球墨铸铁，切屑可在法兰面上钻孔取得。

（2）不锈钢材料常用作阀轴、阀座、螺栓等零件，最重要的是要分清是马氏体不锈钢还是奥氏体不锈钢。马氏体不锈钢常用 1Cr13、2Cr13，奥氏体不锈钢常用 0Cr18Ni9（新牌号为 06Cr19Ni10，即常写作 304（ASTM304、SUS304），中国新代号为 S30408）或 0Cr17Ni12M02（新牌号为 06Cr17Ni12M02，即常写作 316，中国新代号为 S31608），验收时一般应由厂方提供材料证明，初步验证时，可检验材料是否有磁性，无磁性者为奥氏体不锈钢。

（3）铜合金常用作轴承等的材料，含锌量应小于16%，含铅量不应大于8%。铜阀出口产品，要求铅量极低，近为零。验收时应提供材料化学成分报告，必要时现场分析。

（4）橡胶密封件：可用《橡胶密封件给、排水管及污水管道用接口密封圈 材料规范》GB/T 21873—2008作基础，参考日本《水道设施橡胶材料》JWWA K156—2004标准，模片按《分体先导式减压稳压阀》CJ/T 256—2007标准；闸门的止水橡胶件，按《铝合金及不锈钢闸门》CJ/T 257—2014验收；闸板硫化橡胶，按《给水排水用软密封闸阀》CJ/T 216—2013粘合强度不小于1.725MPa，或按180°剥离强度不小于9.3kg/m。关于软密封阀门及其橡胶密封件材料另有专题文章“软密封阀门及其橡胶密封件材料”论述，可供参考。

五、涂装检验

防腐蚀涂装一般采用环氧树脂粉末热喷涂工艺，重点查看有无喷涂生产线，涂装前金属表面是否进行过喷砂（抛丸）处理至Sa2.5级，不超过6h进行喷涂。检验项目可根据阀门使用工况确定，一般为：

（1）涂层厚度

阀门内腔干膜厚度一般不低于150μm（现在很少用），常用250μm，用测厚仪测定，公差可规定为+40%，-20%。

（2）涂层硬度

可用铅笔划痕测试仪测定，达到铅笔2H，表面无划痕为合格。

（3）抗冲击试验

用没有尖角的重锤检测，质量0.5kg，从高度1m落下，表面仍平整、无凹痕为合格。

（4）涂层绝缘性能试验

用3kV针孔电火花检测仪检测，被测阀接好地线（零线），橡胶测头刷扫表面，出现蜂鸣声为不合格，说明既有针孔或涂层厚度不足。

（5）附着力

可按《色漆和清漆漆膜的划格试验》GB/T 9286—1998规定的1mm^{2}不脱落为合格。

六、几种常用的专用阀门验收要点

1. 复合式高速进排气阀

国产排气阀因为实验设备复杂大都未经型式试验，笔者了解，只有编写《给水管道复合式高速进排气阀》CJ/T 217—2013标准的三家生产厂家做过系统、完整的型式试验。验收时，对未进行过型式试验的产品，原则上是属于不合格产品，至少协议承诺要在工程现场进行试验，达不到标准要求的，由生产厂家负责更换或赔偿。验收条件主要为：空气闭阀压力不小于0.1MPa，低压密封0.02MPa不渗漏，浮球外压能承受2倍以上公称压力、12h以上无变形、零增重，排气能力符合上述标准要求。

2. 水泵控制阀（包括水力控制阀、蝶形缓闭止回阀等）

水泵控制阀的验收一般在生产厂均做不了，需供需双方协议在工程现场由生产厂家负责试验，验收要求为：根据管道长度缓闭时间120s（可调），水锤压力升值不大于25%水泵工作压力，水泵倒转速不超过额定正向转速的1.3倍，缓闭阻尼油缸，用压力机使缸内油压达6.0MPa，持压120s，活塞位移不大于2mm。

3. 减压稳压阀

减压稳压阀的性能试验验收可在生产厂进行，流量偏差应小于等于10%设定的出口压力；压力偏差在阀门公称压力等级为1.0MPa时应小于等于4%设定的出口压力，阀门公称压力等级为1.6MPa及以上时应小于等于5%设定的出口压力。该阀的型式试验至少应做启闭循环试验，次数为：小于等于*DN*100的为10000次，*DN*150～800的为5000次。

七、卫生验收

阀门用于饮用水管道，需有卫生安全性评价，按《生活饮用水输配水设备及防护材料的安全性评价标准》GB/T 17219—1998的规定，未做过浸泡试验的阀门，目前需有省级以上的卫生检疫部门的卫生证明，设有的不可用在饮用水管道上。

7.11 智能建筑与消防工程的检测验收

一、消防工程检测验收的意义

消防报警及其联动控制系统工程是构成建筑工程的基本单元，因其专业要求严、技术含量高而直接关系到整个建筑物体的消防安全，关系到防火灭火的成败。《中华人民共和国建筑法》、《中华人民共和国消防法》和公安部、建设部的有关法规文件都明确规定了要对消防工程实行消防监督、专业许可制。消防工程专业设计、施工、监理、检测、验收是整体建筑设计、施工等的专项工程，可以说是比其他专项工程还要独立的特殊工程。同时，也是计算机、网络、控制、通信等各种技术在智能建筑中的集中应用和体现，是构筑楼宇自控系统等建筑智能化系统不可缺少的重要组成部分。《消防法》明确指出，按照国家工程建设消防技术标准进行消防设计的建筑工程竣工后，必须经公安消防机构进行消防验收。未经验收或验收不合格的，不得投入使用。经过建筑消防审核的建筑工程未经验收或验收不合格擅自开业的将被视作违反消防法律、法令的行为，将会受到行政处罚。由专业的消防设施检测机构对建筑工程的消防设施进行严格的功能指标检测，公安消防机构提供必需的验收数据，确保验收工作顺利进行。

维护发包方、施工方以及使用者等相关方面的经济利益，做好消防工程的检测工作是任何一方维护权利和履行义务的法律依据。建筑工程消防设施检测验收是整个建筑工程进行综合验收的前提条件及重要组成部分。建筑工程消防设施检测验收是确保消防工程在实施过程中严格按有关规程规范实施的保证措施之一。

二、顺利验收的基本条件

（1）按照国家工程建筑消防技术规范进行设计的建筑工程，其火灾自动报警及消防联动控制系统在设计时必须严格遵守国家相关的消防设计标准、规范，设计单位要严格执行国家消防法律法规和工程防火技术规范，特别是有关工程防火安全的强制性条款。建立消防设计责任制，即：法定代表人要对消防设计负管理责任、总工程师要对消防设计进行审核、具体设计人员对消防设计负直接责任。设计人员必须了解建筑防火材料、构件和消防设备、产品的规格、型号、性能等技术指标，选用程序合法、实体合格的消防产品及其辅助产品。

（2）建设单位（也称“业主方”）应将建筑工程的消防设计、施工发包给具有相应资质等级的消防工程专业设计、施工企业。在依法委托建筑工程监理时，须将建筑的消防工程质量一并委托给监理单位。须按消防设计要求采购设备，不应使用不合格的消防产品。应当按照国家工程建设防火技术规范等要求，向公安消防机构报送消防设计施工图纸等文件资料进行审核，重要的工程项目还要报送消防设计专篇，以保证建设工程的合法性、完整性。工程竣工后，建设单位必须建立消防工程质量档案。

（3）施工企业必须在政府核准的范围内从事业务，而且施工人员的从业资格应当符合相关法规要求并在专业工程施工过程中有效体现。

要忠实于设计文件，不得随意改变，并且要严格按照消防设计规范进行专业施工。要遵守防火设计、施工和验收规范以及行业标准，发现违规和缺陷要主动及时报告。要协助建设单位、设计单位完善主体设计，特别是消防工程的专业内容即深化设计。要对工程中使用的消防产品和辅助产品、材料进行复核查验，做好记录，不合格的决不能使用，切实做到正确的合乎规范的安装施工。消防工程专业施工企业要对技术人员进行质量教育，协助建设单位选择质优价廉的消防产品。按照建设部2001年4月发布的《消防设施工程专业承包企业资质等级标准》规定，专业消防施工公司在承接建筑工程中的消防系统施工时，一般只承接报警系统、紧急广播系统，最多加上水喷淋、消火栓及气体灭火系统。防火排烟、正压送风、防火门、卷帘门以及电源的安装，则由土建公司或其他水暖公司负责施工。如果消防工程专业施工企业的主要技术负责人或现场施工负责人员，对整个工程防灾系统逻辑功能不具备全面清楚地理解和把握，土建总承包方技术负责人或生产计划人员又不清楚这些消防联动，往往会造成工程最后阶段迟迟调试不完，甚至验收不合格的被动局面。因此，消防工程施工企业必须培养对整个防灾系统具有整合能力的复合型人才。施工企业的施工人员必须掌握国家有关施工验收规范（包括电气和相关暖、卫、通风）和质量标准，不仅要懂消防电器，还应懂消防水、气、风及整个工程防灾系统。抓住了基础工作，把握了关键，才能保证整个工程中防灾系统施工顺利，达到一次调试成功并通过验收。

（4）施工单位在施工过程中应当确保施工工艺及关键施工过程的规范化。

明确消防用电设备的动力线、控制线、接地线及火灾报警信号传输线的敷设方式。消防设备电气配线的可靠性用以确保向消防设备正常供电和有效实施人员疏散与火灾扑救。消防设备电气配线的耐火性用以确保一旦发生火灾且消防设备配电线路可能处于火场之中时能持续供电。在消防工程中，通常是结合建筑电气设计与施工，对消防设备配电线路采用耐火耐热配线措施来达到其可靠性、耐火性要求。智能建筑消防设备电气配线防火安全的关键是按具体消防设备或自动消防系统确定其耐火耐热配线。从高层建筑变电所主电源低压母线或应急母线到具体消防设备最末级配电箱的所有配电线路都是耐火耐热配线的考虑范围。

1）火灾自动报警系统的传输线路

火灾自动报警系统的传输线路应采用穿金属管、阻燃型硬质塑料管或封闭式线槽保护，消防控制、通信和警报线路在暗敷时最好采用阻燃型电线穿保护管敷设在不燃结构层内，保护层厚度为3cm或按如下两种基本措施处理：①当消防设备配电线路暗敷时，通常采用普通电线电缆，并将其穿金属管或阻燃型硬质塑料管（氧指数I）埋设在非燃烧体结构内，且穿管暗敷保护层厚度不小于30mm；②当消防设备配电线路明敷时，应穿金属管或金属线槽保护且采用防火涂料提高线路的耐燃性能，或直接采用经阻燃处理的电线电缆和铜皮防火电缆等并敷设在电缆竖井或吊顶内或有防火保护措施的封闭式线槽内。总线制系统的干线，需考虑更高的防火要求，如采用耐火电缆敷设在耐火电缆桥架内，有条件的可选用铜皮防火型电缆。

2）消火栓泵、喷淋泵等配电线路

消火栓系统加压泵、水喷淋系统加压泵、水幕系统加压泵等消防水泵的配电线路包括消防电源干线和各水泵电动机配电支线两部分。水泵电动机配电线路可采用穿管暗敷，如选用阻燃型电线，应穿金属管并埋设在非燃烧体结构内，或采用电缆桥架架空敷设；如选用耐火电缆，最好配以耐火型电缆桥架或选用铜皮防火型电缆，以提高线路耐火耐热性能。水泵房供电电源一般由建筑变电所低压总配电室直接提供；当变电所与水泵房相邻或距离较近并属于同一防火分区时，供电电源干线可采用耐火电缆或耐火母线沿防火型电缆桥架明敷；当变电所与水泵房距离较远并穿越不同防火分区时，应尽可能采用铜皮防火型电缆。

3）防排烟装置配电线路

防排烟装置包括送风机、排烟机、各类阀门、防火阀等，一般布置较分散，其配电线路防火既要考虑供电主回路线路，也要考虑联动控制线路。由于阻燃型电缆遇明火时，其电气绝缘性能会迅速降低，所以防排烟装置配电线路明敷时应采用耐火型交联低压电缆或铜皮防火型电缆，暗敷时可采用一般耐火电缆。联动和控制线路应采用耐火电缆。此外，防排烟装置配电线路和联动控制线路在敷设时应尽量缩短线路长度，避免穿越不同防火分区。

4）防火卷帘门配电线路

防火卷帘门隔离火势的作用是建立在配电线路可靠供电以使防火卷帘门有效动作基础上的。防火卷帘门电源引自建筑各楼层带双电源切换的配电箱，经防火卷帘门专用配电箱控制箱供电，供电方式多采用放射式或环式。当防火卷帘门水平配电线路较长时，应采用耐火电缆并在吊顶内使用耐火型电缆桥架明敷，以确保火灾时仍能可靠供电并使防火卷帘门有效动作，阻断火势蔓延。

5）消防电梯配电线路

消防电梯一般由高层建筑底层的变电所敷设两路专线配电至位于顶层的电梯机房，线路较长且路由复杂。为提高供电可靠性，消防电梯配电线路应尽可能采用耐火电缆。当有供电可靠性特殊要求时，两路配电专线中一路可选用铜皮防火型电缆，垂直敷设的配电线路应尽量设在电气竖井内。

6）火灾应急照明线路

火灾应急照明包括疏散指示照明、火灾安全照明和备用照明。疏散指示照明采用长明普通灯具；火灾安全照明采用带镍镉电池的应急照明灯或可强行启点的普通照明灯具；备用照明则利用双电源切换来实现。所以，火灾应急照明线路一般采用阻燃型电线穿金属管保护，暗敷于不燃结构内且保护层厚度不小于 30mm。在装饰装修工程中，可能遇到土建结构工程已经完工，应急照明线路不能暗敷而只能明敷于吊顶内的情况，这时应采用耐热型或耐火型电线并考虑基本措施②的实施方式。

7）消防广播通信等配电线路

火灾应急广播、消防电话、火灾警铃等设备的电气配线，在条件允许时可优先采用阻燃型电线穿保护管单独暗敷或按基本措施①处理；当必须采用明敷线路时，应对线路做耐火处理并参考基本措施②的实施方式。

（5）施工单位在施工过程中应当确保对关键施工过程的有效控制。

对消防施工安装过程中的焊接、埋管、穿线等关键施工过程要编制作业指导书，操作人员必须经过培训，经考核合格后方能持证上岗，严格按作业指导书进行施工，对确定的质量控制点进行重点控制。使用的设备在使用前要进行必要的检查。要进行严格的连续质量监视，并做好监视记录。

（6）建筑工程的建设单位、设计单位、施工单位及公安消防机构相互之间应及时沟通并密切配合，以保证工程的顺利实施。

（7）检测内容为竣工试验方法的正确性及竣工资料的标准性。

（8）工程施工单位应当及时完整地提交工程竣工资料。

（9）竣工检测及验收过程中，建设单位、设计单位及有关施工专业单位应当与检测单位消防验收部门很好地配合，做好系统检测验收工作。

三、消防报警及其联动控制系统在消防工程中的定位

随着经济建设的高速发展，人们在高效便捷的办公环境和轻松愉快的生活环境中，对安全问题提出了更高的要求。一次次火灾的教训，使人们自觉提高了防火意识，因而火灾自动报警系统得到了广泛的应用。作为火灾事件的主体，人的参与仍然是最为有效并不可替代的手段之一。火灾自动报警及其联动系统，在火灾现场是最快速可靠的信息传递方式，越来越受到各界重视并得到应用推广。火灾自动报警及消防联动控制系统是现代化建筑必不可少的安全监控设施，利用火灾监控系统及相关配套技术手段对高层建筑及大型综合性建筑物形成有效的火灾探测报警、防火分区、防烟分隔、设备材料和建筑结构耐火以及消防设备连锁联动控制，及时发现火灾和控制火灾，可有效实施灭火操作。因此，在建筑物中或其他场所安装、使用自动消防设施，是现代消防中不可缺少的安全技术设施。必须指出，我国政府历来十分重视消防工作，1998年4月29日全国人大常委会九届二次全会通过了《中华人民共和国消防法》并于当年9月1日起实施。这部法律全面、系统地规定了我国的消防工作，有关部门也依法逐步建立和完善了消防监督管理机制，制定了有关消防技术规范，确立了“预防为主，防消结合”的消防工作指导方针，建立并不断扩大消防专业队伍，利用广播、电视、报纸等宣传手段，加强对广大民众的防火教育，对保障国家和人民生命财产安全起到了重要作用。消防工程的检测不只是对火灾自动报警及消防联动系统的检测，还应包括对固定灭火系统、应急疏散照明系统和防火隔离等设施的检测。消防工程的验收不仅涉及火灾自动报警及消防联动控制系统的验收，而且涉及对建筑物的间距、消防通道、防火分区等的一系列验收。

四、消防报警及其联动控制系统的检测

1. 系统组成和原理

消防系统按功能可分为火灾自动报警系统和联动系统。前者的功能是在发现火情后，发出声光报警信号并指示出发生火警的部位，便于扑灭；后者的功能是在火灾自动报警系统发现火情后，自动启动各种设备，避免火灾蔓延直至扑灭火灾。从二者的不同功能可看出它们是密不可分的。实际上有很多火灾自动报警系统同时具有自动联动系统的功能。

火灾自动报警系统一般由两大部分组成：火灾探测器和火灾报警器。火灾探测器安装在现场，监视现场有无火警发生；火灾报警器安装在消防控制中心，管理所有的火灾探测器。当发现有火警时，发出声光报警信号通知值班人员，有的火灾报警器还可启动联动设备灭火。有的火灾探测器具有声光报警装置，可以脱离火灾报警器使用，一般用于家庭。

火灾探测器探测火灾发生的原理是检测火灾发生前后某个物理参数的变化，例如检测温度，当温度升高时，可以断定有火灾发生。一般通过检测三种物理参数的变化判断是否有火灾发生，这三种物理参数是：烟浓度、温度和光。由此可以把火灾探测器分为感烟探测器、感温探测器和火焰探测器。而实际使用中以前两种最多。感烟探测器检测现场烟浓度的变化，判断是否有火灾发生；感温探测器检测现场温度的变化，判断是否有火灾发生；火焰探测器检测红外光或紫外光光谱强度的变化，判断是否有火灾发生。感烟探测器有离子感烟探测器、光电感烟探测器和红外光束探测器。感温探测器有定温探测器、差温探测器、差定温探测器和缆式定温探测器。火焰探测器有红外火焰探测器、紫外火焰探测器和复合火焰探测器。现在有的火灾探测器为复合探测器，它不只可以测试一个物理参数，而且能够测试多个参数来判断是否有火灾发生。

火灾自动报警系统按火灾探测器与火灾报警器的连线可划分为N+I线制、4线制、3线制和二总线制。由于受施工的限制，前几种火灾报警系统都已被淘汰。目前生产的火灾报警系统大部分为二总线制。按火灾报警系统判断火灾的方式，火灾报警系统可分为开关量火灾报警系统和模拟量火灾报警系统。开关量火灾报警系统的火灾探测器为开关量探测器，其报警原理是在火灾探测器内有一比较器，当火灾探测器探测的烟浓度、温度或其他物理参数达到一定阈值时，火灾探测器变为火警状态，当火灾报警器巡检到该探测器时，探测器把火警状态报告给火灾报警控制器。模拟量火灾报警系统使用模拟量火灾探测器，模拟量火灾探测器不断把采集到的现场数据报告给火灾报警控制器，由火灾报警控制器通过一定的算法，判断是否为火警。如果确定有火警发生，遂发出火警命令，点亮火灾探测器上的确认灯。火灾报警器的算法很重要，好的算法可以大幅度降低火灾报警系统的误报，而有些算法，如在火灾报警控制器上设置一个报警阈值，实际与开关量火灾报警系统区别不大，只是把原来火灾探测器上的报警阈值改在了火灾报警控制器上。模拟量火灾报警系统能够根据环境的变化改变系统的探测零点并且选用最佳的探测算法，减少火灾报警系统的误报。还有的火灾报警控制器使用智能型火灾探测器，这种探测器可以根据环境的变化而改变自身的探测零点，对自身进行补偿，使用合适的算法判断是否有火警发生。这种火灾报警控制器也可以减少误报，但由于受成本和体积限制，火灾探测器不可能设计得太复杂，其算法也不可能像模拟量火灾报警控制器那样复杂。在一个火灾报警系统中，火灾报警控制器的人机界面是非常重要的，如果人机界面设计得好，操作人员可以很方便地监视火灾报警系统的运行情况。火灾报警控制器的状态显示主要有指示灯显示、数码管显示和液晶显示。由于液晶耗电少，可以显示汉字和图形，所以很多火灾报警控制器都使用液晶显示器显示火警信息和火灾报警控制器的各种状态。有的火灾报警控制器显示和操作都为中文提示，学习和使用都很方便。由于探测器地址一般为二进制编码，所以，显示火灾探测器所处部位有火警时，都显示为一个数字，然后由这个数字再查找火警部位，比较麻烦。现在有的火灾报警控制器已经能够在发生火警后，用汉字直接显示出发生火警的部位，这就很容易确定火警部位（并及时采取有效措施）。

火灾自动联动系统用于控制各种联动设备，有多线制联动控制系统和总线制联动控制系统。多线制联动控制系统中，从联动控制器到每一台联动设备都要连接2～4条线，一般适用于联动设备少的建筑。对于联动设备比较多的建筑，如果使用多线制联动控制系统，工程施工比较困难，最好使用总线制联动控制系统。在总线制联动控制系统中，火灾自动联动系统由联动控制器和控制模块组成。在联动控制器和控制模块之间为二总线或四总线，每一组总线可以连接多个控制模块，在需要启动联动设备时，联动控制器发出启动命令，控制模块动作，控制模块再启动联动设备。一般一台联动设备为一个动作，但有的设备如卷帘门为两个动作。有的模块输出一个动作，有的模块输出多个动作。在设计时就要确定联动设备需要几个模块控制。

2. 消防报警及其联动控制系统综合检测引用的规范性文件

《火灾自动报警系统设计规范》GB 50116—2013；

《火灾自动报警系统施工及验收规范》GB 50116—2007；

《建筑设计防火规范》GB 50016—2014；

《智能建筑设计标准》GB 50314—2015；

《建筑工程施工质量验收统一标准》GB 50300—2013；

《建筑设备安装分项工程施工工艺标准》；

《自动喷水灭火系统施工及验收规范》GB 50261—2005；

《建筑安装工程资料管理规程》DB11/T 695—2009；

《室内给水管道安装分项工程质量检验评定表》；

《室内给水管道附件及卫生器具给水配件安装分项工程质量检验评定表》；

《室内给水附属设备安装分项工程质量检验评定表》；

《电缆线路分项工程质量检验评定表》；

《配管及管内穿线分项工程质量检验评定表》；

《成套配电柜（盘）及动力开关柜安装分项工程质量检验评定表》。

3. 检测机构的组成、责任及义务

（1）消防设施检测机构是一个获得消防监督机构批准并具有法人资格的专业机构，由各个专业的消防技术人员组成；

（2）消防设施检测机构依法对建筑工程的消防系统的各项技术指标进行检测检查，提出初步检测意见书和检测合格报告书。

4. 检测的基本条件

火灾自动报警及其联动控制系统是相对独立的系统，由具备消防安装施工资质的施工单位施工完成，检测前应具备：

（1）调试后正常运行，已经连续运行时间应达到15～30d，有符合行业要求的系统运行记录；

（2）系统竣工调试报告及完备的竣工技术文件；

（3）提供检测申请报告并签订检测合同协议书。

5. 检测的基本内容

（1）消防控制室位置，并测绘系统设备设施平面布置。

（2）消防控制室与119台或公安专用网联网情况。

（3）消防用电设备电源的自动切换功能，切换试验3次均应正常。

(4) 火灾自动报警控制系统的基本功能

火灾报警控制器应按下列要求进行功能抽验：

1) 实际安装数量在5台以下者，全部抽验；

2) 实际安装数量在6～10台者，抽验5台；

3) 实际安装数量超过10台者，按实际安装数量30%～50%的比例抽验，但不应少于5台。

火灾探测器（包括手动报警按钮）应按下列要求进行模拟火灾响应试验和故障报警抽验：

1) 实际安装数量在100只以下者，抽验10只；

2) 实际安装数量超过100只，按实际安装数量5%～10%的比例抽验，但不应少于10只，试验均应正常。

(5) 室内消火栓系统的功能应在出水压力符合现行国家有关建筑设计防火规范的条件下进行，并应符合下列要求：

1) 工作泵、备用泵转换运行1～3次；

2) 消防控制室内操作启、停泵1～3次；

3) 消火栓处操作启泵按钮按5%～10%的比例抽验。

(6) 自动喷水灭火系统的抽验，应在符合现行国家标准的条件下，抽验下列控制功能：

1) 工作泵与备用泵转换运行1～3次；

2) 消防控制室内操作启、停泵1%～3次；

3) 水流指示器、闸阀关闭器及电动阀等按实际安装数量10%～30%的比例进行末端放水试验。

(7) 卤代烷、泡沫、二氧化碳、干粉等灭火系统的抽验，应在符合设计规范的条件下，按实际安装数量的20%～30%抽验下列控制功能：

1) 人工启动和紧急切断试验1～3次；

2) 与固定灭火设备联动控制的其他设备（包括关闭防火门窗、停止空调风机、关闭防火阀、落下防火卷帘）试验1～3次；

3) 抽一个防护区进行冷喷放试验（可用氮气代替）。

(8) 电动防火门、防火卷帘的抽验，应按10%～20%抽验联动控制功能，其控制功能及信号均应正常。

(9) 通风空调和防排烟设备应按10%～20%抽验联动控制功能，其控制功能及信号均应正常。

(10) 消防电梯应进行1～2次的人工和自动控制功能及信号的检验。

(11) 火灾应急广播设备的抽验应按实际安装数量的10%～20%进行下列功能检验（各项功能应正常，语音清晰）：

1) 在消防控制室选区、选层广播；

2) 共用的扬声器强切试验；

3) 备用扩音机控制功能试验。

(12) 消防通信设备的检验应符合下列要求（各项功能应正常，语音清晰）：

1）对讲电话进行1～3次通话试验；

2）电话插孔按5%～10%进行通话试验；

3）消防控制室与119台进行1～3次通话试验。

(13) 强制切断非消防电源功能试验。

(14) 检测汉化图形化的CRT显示、中文屏幕菜单等功能，并进行操作试验。

(15) 检测消防控制室显示火灾报警信息的一致性、可靠性。

(16) 火灾自动报警系统的电磁兼容性防护功能。

(17) 新型消防设施的设置及功能：早期烟雾探测火灾报警系统；大空间红外矩阵计算机火灾报警系统及灭火系统；煤气等可燃气体泄漏报警及联动控制系统。

(18) 智能型火灾探测器的性能、数量及安装位置；普通型火灾探测器的数量及安装位置。

(19) 公共广播与消防广播系统共用时，应满足现行消防规范、标准的要求。

6. 检测所需设备

消防系统（火灾自动报警系统，自动喷水灭火系统，卤代烷，泡沫，二氧化碳，干粉等灭火系统，通风空调和防排烟设备，室内消火栓系统，消防应急广播设备和电源系统，消防应急照明系统，电动防火门、防火卷帘泵等）所需的工程检测仪器及相关检测设备（公安消防监督机构认可）。

7. 检测报告

检测报告应包括检测依据、检测设备、检测结论及检测结果列表等。

五、消防报警及其联动控制系统的验收

1. 验收条件

(1) 申报建筑工程竣工消防验收的基础条件是建筑物内各项消防系统施工、调试完毕，经建设、监理单位自检自验合格后，方可申报消防验收；

(2) 申报消防验收的工程应是经消防监督机构审核并将审核意见全部整改，经建设、设计、施工、监理单位自验合格的工程；

(3) 申报消防验收的工程应以系统为单元，保证系统施工、安装、调试工作完毕。系统单元内施工、安装、调试内容不得甩项或缺省；

(4) 申报消防验收的工程必须得到该工程建设、设计、施工、监理、监督等单位的认可。建设单位必须以文字形式承诺所申报消防验收内容严格按照已经审核的设计图纸进行施工、安装、调试，消防产品符合《中华人民共和国质量法》、公安部有关消防产品的管理规定，消防设计及施工符合相关的消防技术规范要求；

(5) 参加消防验收的除消防监督机构外还应包括：建设、设计、施工、监理、产品供货单位。

2. 验收形式

从一般意义上讲，消防验收可分为隐蔽工程消防验收、粗装修消防验收、精装修消防验收三种验收形式。

(1) 隐蔽工程消防验收是指对建筑物投入使用后，无法进行消防检查和验收的消防设施及耐火构件，在施工阶段进行的消防验收。例如：钢结构防火喷涂，消防管线及连接等。

（2）粗装修消防验收是指对建筑物内消防系统及设施的功能性验收。主要针对消防系统及设施已安装、调试完毕，但尚未进行室内装修的建筑工程。粗装修消防验收适用于建筑物主体施工完成后，建筑物待租、待售前的消防系统验收。粗装修消防验收合格后，建筑物尚不具备投入使用的条件，须进一步完成精装修消防审核验收后方可投入使用。

（3）精装修消防验收是指对建筑物全面竣工并准备投入使用前的消防验收。精装修消防验收内容包括各项消防系统及设施、安全疏散、室内装修等诸项。

3. 申报文件

（1）系统检测报告书：例如由中介消防检测机构对报验工程进行消防检测后出具的《建筑工程消防设施检测报告》以及针对《建筑工程消防设施检测报告》所提出的问题的整改报告；

（2）系统调试运行报告；

（3）工程设计文件及变更说明文件：例如建设过程中消防监督机构签发的相关消防审核文件（包括初步设计审核意见、施工图审核意见、内装修图纸审核意见、煤气图纸审核意见、备忘录等）、建设及设计单位针对消防审核文件所提问题的整改和落实情况报告；

（4）隐蔽工程记录（监理签字）：例如隐蔽工程的检查记录、消防系统自检自验和施工单位的安装调试记录、打压试验记录等文字材料；

（5）工程竣工图（蓝图）；

（6）设备器材合格证、检测认证报告、随机资料等。

4. 验收的主要内容和方法

（1）消防报警及其联动控制系统的验收内容与检测内容应一致，这部分验收内容仅仅是消防工程整体验收的组成部分之一；

（2）对文字内容应按规范性文件要求结合具体项目逐项逐条审核；对竣工图纸应按规范与建审意见相结合，对实际执行情况进行审核；

（3）对具体的施工内容进行抽检。例如：通过对某一消火栓的实际操作实现对报警及其联动控制系统的性能抽检；通过对某一感烟探测器的抽检实现对报警及其联动控制系统以及与“119”网络连接状态等的测试。

5. 验收程序

火灾自动报警及其消防联动控制系统的验收由国家或行业认可的消防监督机构执行。验收在检测合格的基础上进行，验收单位应事先编制验收大纲、检测报告（表格），包括检测依据、检测设备、检测项目和结果列表。当验收中出现不合格项时，应限期纠正，直至检测合格。

验收的主要工作是审议系统检测报告和系统运行报告，并审查建设方出具的全部技术文档（见北京市地方标准《建筑及住宅小区智能化工程检测验收规范》DB11/146—2002第7.2.3条）。验收结论为合格、基本合格、不合格三种情况。如果有不合格项应限期整改（当涉及检测项目时，如有必要应重新组织检测），直至没有不合格项方能通过验收。

六、火灾自动报警及消防联动控制系统工程验收中的特点

（1）火灾自动报警及消防联动控制系统在建筑及住宅小区智能化系统中是一个相对独立的系统。国家对系统中的主导产品有一系列的标准规定（归口全国消防标准化技术委员会第六分委员会）。对各类工程的建筑防火系统的设计、施工、验收、管理等也有明确的标准规定（归口全国建筑工程标准化技术委员会）。国家和地方也都设有专门的机构进行相应的监督、检测和管理。因此，对建筑及住宅小区智能化系统进行检测及验收时，火灾自动报警及消防联动控制系统应已通过了专项检测和验收；

（2）消防工程的检测和验收是以国家正式法律《中华人民共和国消防法》为依据的，它是一项强制性的要求。而智能化系统中的其他子系统尚无相应的国家法律对此提出明确要求；

（3）由专设的监测机构进行检测，由国家公安消防机关专设的建筑工程监督审核机构来实施验收监督和审核；

（4）它是唯一具有完整性、可操作性和实用性，并经受过时间考验的检测和验收标准。建筑与楼宇住宅智能化系统中的其他子系统的相应各种规范在完整性和可操作性方面还需强化，许多规范还在制定、补充阶段；

（5）智能化系统中的其他子系统很容易实现并且有许多子系统已经实现在同一网络、同一软件平台上的开发和运行，唯独消防报警及其联动控制系统的网络和软件平台是相对独立的。

七、火灾自动报警及消防联动控制系统工程验收中的重点

对火灾自动报警及消防联动控制系统的验收，应以检测其系统联动功能和基本功能为主。不论系统在以前的专项检测验收中的结果如何，在建筑及住宅小区智能化系统检测验收中，对火灾自动报警及消防联动控制系统的检测还应检查或抽测以下项目：

（1）消防用电设备电源的自动切换功能，包括直流电源与备用电源之间的自动切换，以及双路交流电源之间的自动切换（根据需要进行）；

（2）火灾报警系统的检测功能，包括火灾报警的优先级、火灾报警的延迟时间、信号的传输、故障的报警、火灾事件的记载等；

（3）火灾的探测功能，点型感烟、点型感温、线型感烟、线型感温及火焰探测器对现场火灾参数的响应情况；

（4）消防泵的启停、运行、双泵转换以及在消火栓处的启停功能；

（5）喷淋泵的启停、运行、双泵转换；

（6）其他灭火系统（包括卤代烷、二氧化碳、泡沫等）的人工启动和紧急切断、辅助灭火设备（关闭门窗、切断空调、通风等）的联动，以及对一个防护区的代用气体喷洒试验；

（7）电动防火门、防火卷帘的一步、两步动作及相应的联动功能；

（8）空调设备和防排烟设备（包括送新风机、排烟风机和相应的阀门）动作及相应的联动功能；

（9）消防电梯的人工控制和相应的联动控制；

（10）火灾应急广播设备的选区、选层广播，扬声器的切换，备用扩音器的控制；

（11）消防通信设备的控制室与现场的对讲（包括用电话插孔的对讲）以及与“119”的通话；

（12）消防电源的强制切断；

（13）系统 CRT 屏幕的中文菜单功能和操作；

（14）消防控制室向建筑设备自动化系统（BAS）的信息传播；

(15) 消防控制室与安全防范系统(SAS)及其他系统间的通信;

(16) 系统的电磁兼容性防护功能;

(17) 其他新型火灾探测、报警、联动设备的功能。

7.12 二氧化碳灭火系统的验收要求有哪些

二氧化碳灭火系统安装完毕后,使用单位应会同工程设计、设备制造和施工安装等单位根据工程验收规定对灭火系统工程进行验收,验收合格后方可允许投入使用。

1. 设置二氧化碳贮气瓶组站(室)的验收要求

(1) 站(室)要安装有足够亮度的照明装置。

(2) 贮气瓶组设置应尽量靠近保护区,设在不受火焰威胁的专用站(室)内。

(3) 站(室)须用耐火极限不低于3h的墙和耐火极限不低于2h的楼板与其他房间隔开。房间应有通向安全门的出口。

(4) 站(室)内设备不得受到冲击、机械损伤和化学物质腐蚀。

(5) 站(室)内温度应保持在0~45℃之间。若使用采暖设备时,启动瓶、贮气瓶应与热源保持一定的距离。

(6) 站(室)内贮气瓶组及其附属设备的布置应便于操作、检查、维护和补充灭火剂。

(7) 贮气瓶组应按设计要求或安装图定位,并固定牢靠。

(8) 站(室)门口应有明显的指示标志,不允许无关人员进入。

(9) 启动瓶应安装在贮气瓶组站(室)或其附近的安全地点,并固定牢靠。

2. 二氧化碳灭火设备的验收要求

(1) 设备各部位规格、数量要符合设计要求并与设备清单一致。

(2) 设备外观质量完好,无腐蚀和机械损伤。

(3) 瓶头阀、电磁阀、选择阀、火灾探测器、检测控制器、贮气瓶、启动瓶等均有合格证。

(4) 每只贮气瓶灭火剂充装量、总量以及启动瓶驱动气体压力(或二氧化碳充装量)均符合设计要求。

(5) 贮气瓶和启动瓶每隔5年应进行一次水压试验。该两种气瓶均应在有效使用期内。

3. 二氧化碳灭火系统设备安装的验收要求

(1) 全淹没系统保护区不能封闭的开口、缝隙的面积不应超过保护区四周墙壁、顶棚、地板总面积的10%。必须封闭的开口,要有在灭火时能自动开关的设施。

(2) 保护区有足够的走道、出口以及照明设备和疏散指示标志,以利人员撤离。

(3) 保护区要设置警报装置,区内及出入口处设警告和指示牌,说明危险情况和注意事项。

(4) 火灾探测器和喷嘴的安装位置应符合设计和安装图的要求。

(5) 管道、选择阀、控制操作设备等的安装位置应符合设计和安装图的要求。

(6) 贮气瓶、启动瓶、管道等要固定牢靠。

（7）从瓶头阀到喷嘴全部管路要畅通，接头连接处无漏气现象，必要时可通气检查。

（8）切断灭火剂释放系统，对火灾探测器、气体灭火控制器、电磁阀等分别进行性能检查，检查结果应符合设计要求。

（9）必要时要进行二氧化碳喷射试验，一般释放设计总用量的10%，以测定灭火剂释放时间、灭火剂分布情况和保留时间等，如试验符合要求，应立即使灭火系统恢复正常状态。

7.13　细水雾灭火系统组件安装、调试与检测验收

细水雾灭火系统安装调试包括供水设施、管网及系统组件的安装、系统试压和冲洗、系统调试等内容。

一、供水设施安装

供水设施安装。主要包括泵组、储水箱、储水瓶组与储气瓶组的安装准备、安装要求和检查方法。

（一）泵组

1. 安装条件

安装前，设计单位需要向施工单位进行技术交底，并具备下列安装条件：

（1）经审核批准的设计施工图、设计说明书及设计变更等技术文件齐全；

（2）泵组及其控制柜的安装使用、维护说明书等资料齐全；

（3）待安装的泵组及其控制柜具备符合市场准入制度要求的有效证明文件和产品出厂合格证；

（4）待安装的泵组及其控制柜的规格、型号符合设计要求；

（5）防护区或防护对象及设备间的设置条件与设计文件相符，系统所需的预埋件和预留孔洞等符合设计要求；

（6）使用的水、电、气等满足现场安装要求。

2. 安装要求

（1）用焊接或螺栓连接的方法直接将泵组安装在泵基础上，或者将泵组用螺栓连接的方式连接到角铁架上。泵组吸水管上的变径处采用偏心大小头连接；

（2）高压水泵与原动机之间联轴器的形式及安装符合制造商的要求，底座的刚度保证同轴性要求；

（3）系统采用柱塞泵时，泵组安装后需要充装和检查曲轴箱内的油位；

（4）控制柜与基座采用直径不小于12mm的螺栓固定，每只柜不少于4只螺栓；控制柜基座的水平度误差不大于±2mm，并做防腐处理及采取防水措施；做控制柜的上下进出线口时，不破坏控制柜的防护等级；

（5）符合现行国家标准《机械设备安装工程施工及验收通用规范》GB 50231—2009和《风机、压缩机、泵安装工程施工及验收规范》GB 50275—2010的有关规定。

3. 检查方法

采用观察检查，高压泵组启泵检查。

（二）储水箱

1. 安装要求

（1）储水箱的安装、固定和支撑要求稳固，且符合制造商使用说明书的相关要求；

（2）安装在便于检查、测试和维护维修的位置；

（3）避免暴露于恶劣气象条件及化学的、物理的或是其他形式的损坏条件下；

（4）储水箱所处的环境温度满足制造商使用说明书相关内容的要求。必要时可采用外部加热或冷却装置，以确保温度保持在规定的范围内。

2. 检查方法

尺量和观察检查。

（三）储水瓶组与储气瓶组

1. 安装要求

（1）按设计要求确定瓶组的安装位置；

（2）确保瓶组的安装、固定和支撑稳固；

（3）对瓶组的固定支框架进行防腐处理；

（4）瓶组容器上的压力表朝向操作面，安装高度和方向保持一致。

2. 检查方法

尺量和观察检查。

二、管道安装

管道是细水雾灭火系统的重要组成部分，管道安装也是整个系统安装工程中工作量最大、较容易出问题的环节，返修也较繁杂。因而在管道安装时需要采取行之有效的技术措施，依据管道的材质和工作压力等自身特性，按照现行国家标准《工业金属管道工程施工规范》GB 50235—2010 和《现场设备、工业管道焊接工程施工规范》GB 50236—2011 的相关规定进行，并注意满足管网工作压力的要求。管道的安装主要包括管道清洗、管道固定、管道焊接加工、管道穿过墙体、楼板安装等。

（一）管道清洗

1. 安装要求

（1）管道安装前需要进行分段清洗。对于管道在工厂进行加工焊接操作，再运至使用地点安装的情况，若在加工地点即完成管道清洗，需要将清洗过的管道两端用塑料塞堵住。当采用此类管道进行系统安装前，必须检查所有的塞子是否完好，否则需要重新进行清洗工作；

（2）管道安装过程中，要求保证管道内部清洁，不得留有焊渣、焊瘤、氧化皮、杂质或其他异物，并及时封闭施工过程中的开口；

（3）所有管道安装好后，需要对整个系统管道进行冲洗，当系统较大时，也可分区进行管道冲洗。

2. 检查方法

观察检查，具体管道清洗方法详见“系统冲洗、试压”的相关内容。

（二）管道固定

1. 安装要求

（1）系统管道采用防晃的金属支、吊架固定在建筑构件上；

（2）根据表7-4给出的最大间距进行支、吊架的安装，并尽量使安装间距均匀；

系统管道支、吊架的最大间距　　表7-4

管道外径（mm）	最大间距（m）
≤16	1.5
20	1.8
24	2.0
28	2.2
32	2.5
40	2.8
48	2.8
60	3.2
≥76	3.8

（3）支、吊架要求安装牢固，能够承受管道充满水时的重量及冲击；

（4）对支、吊架进行防腐蚀处理，并采取防止与管道发生电化学腐蚀的措施。

2. 检查方法

观察检查和尺量检查。

（三）管道焊接加工

1. 安装要求

（1）管道焊接的坡口形式、加工方法和尺寸等，符合现行国家标准《气焊、焊条电弧焊、气体保护焊和高能束焊的推荐坡口》GB/T 985.1—2008的有关规定；

（2）管道之间或管道与管接头之间的焊接采用对口焊接；

（3）同排管道法兰的间距不宜小于100mm，以方便拆装为原则；

（4）对管道采取导除静电的措施。

2. 检查方法

观察检查和尺量检查。

（四）管道穿过墙体、楼板的安装

1. 安装要求

（1）在管道穿过墙体、楼板处使用套管；穿过墙体的套管长度不小于该墙体的厚度，穿过楼板的套管长度高出楼地面50mm；

（2）采用防火封堵材料填塞管道与套管间的空隙，保证填塞密实。

2. 检查方法

观察检查和尺量检查。

三、系统主要组件安装

（一）喷头

1. 安装条件

（1）喷头安装必须在系统管道试压、吹扫合格后进行；

（2）应采用专用扳手进行安装。

2. 安装要求

（1）安装时，应根据设计文件逐个核对其生产厂标志、型号、规格和喷孔方向；

（2）安装时不得对喷头进行拆装、改动，并严禁给喷头附加任何装饰性涂层；

(3) 喷头安装高度、间距，与吊顶、门、窗、洞口或障碍物的距离符合设计要求；

(4) 不带装饰罩的喷头，其连接管管端螺纹不应露出吊顶；带装饰罩的喷头应紧贴吊顶；

(5) 带有外置式过滤网的喷头，其过滤网不应伸入支干管内；

(6) 喷头与管道的连接宜采用端面密封或O形橡胶圈密封，不应采用聚四氟乙烯、麻丝、黏结剂等作密封材料；

(7) 安装在易受机械损伤处的喷头，应加设喷头保护罩。

3. 检查方法

观察检查和尺量检查。

(二) 控制阀组

1. 安装要求

(1) 阀组的安装应符合《工业金属管道工程施工规范》GB 50235—2010 的相关规定；

(2) 阀组的观测仪表和操作阀门的安装位置应符合设计要求，应避免机械、化学或其他损伤，并便于观测、操作、检查和维护；

(3) 阀组上的启闭标志应便于识别；

(4) 阀组前后管道、瓶组支撑架、电控箱需要固定牢固，不得晃动；

(5) 分区控制阀的安装高度宜为1.2～1.6m，操作面与墙或其他设备的距离不应小于0.8m，并应满足操作要求；

(6) 分区控制阀开启控制装置的安装应安全可靠。

2. 检查方法

观察检查、尺量检查和操作阀门检查。

(三) 其他组件

1. 安装要求

(1) 在管网压力可能超过系统或系统组件最大额定工作压力的情况下，应在适当的位置安装压力调节阀。阀门应在系统压力达到95%系统组件最大额定工作压力时开启；

(2) 在压力调节阀的两侧、供水设备的压力侧、自动控水阀门的压力侧应安装压力表。压力表的测量范围应为1.5～2倍的系统工作压力；

(3) 当供给细水雾灭火系统的压缩气体压力大于系统的设计工作压力时，应安装压缩气体泄压调压阀门。阀门的设定值由制造商设定，且应有防止误操作的措施和正确操作的永久标识；

(4) 闭式系统试水阀的安装位置应便于检查、试验；

(5) 细水雾灭火系统的控制线路布置、防护，与系统联动的火灾自动报警系统和其他联动控制装置的安装等均应符合国家标准《火灾自动报警系统施工及验收规范》GB 50166—2007 的规定。

2. 检查方法

观察检查、尺量检查和操作阀门检查。

四、系统冲洗、试压

为了避免喷头堵塞，细水雾灭火系统对管道的清洁度要求较高。同时由于细水雾灭火系统管网工作压力较高，也需要确保管道安装后不出现漏水，避免管道及管件承压能力不足等影响系统正常工作的问题出现。要求系统在管道安装完毕并冲洗合格后进行水压试验，以检查管道系统及其各连接部位的工程质量；同时，要求在系统管道水压试验合格后进行吹扫，以清除管道内的铁锈、灰尘、水渍等脏物，保证管道内部的清洁，避免管道内因为残存水渍而导致生锈。

（一）系统管网冲洗、试压和吹扫的基本要求

在具备下列条件的情况下，方可在管网安装完毕后进行冲洗、试压和吹扫：

（1）经复查，埋地管道的位置及管道基础、支吊架等符合设计文件要求。

检查方法：对照图纸，观察检查、尺量检查。

（2）准备不少于2只的试压用压力表，精度不低于1.5级，量程为试验压力值的1.5～2倍。

（3）试压冲洗方案已获批准。

（4）隔离或者拆除不能参与试压的设备、仪表、阀门及附件；加设的临时盲板具有凸出于法兰的边耳，且有明显标志，并对临时盲板的数量、位置进行记录。

（5）采用符合设计要求水质的水进行水压试验和管网冲洗，不得使用海水或者含有腐蚀性化学物质的水进行试压试验和管网冲洗。

（6）系统的试压和冲洗参考国家标准《细水雾灭火系统技术规范》GB 50898—2013和《工业金属管道工程施工规范》GB 50235—2010的相关规定进行。

（二）管网冲洗

管网冲洗在系统管道安装固定后分段进行，管网冲洗通常采用水为介质。冲洗顺序为先室外、后室内，先地下、后地上；室内部分的冲洗按照配水干管、配水管、配水支管的顺序进行。管网的地上管道与地下管道连接前，在配水干管底部加设堵头后，对地下管道进行冲洗。管网冲洗合格后，将管网内的水排除干净，并填写冲洗记录。

1. 管网冲洗准备

（1）对系统的仪表采取保护措施。

（2）对管道支、吊架进行检查，必要时采取加固措施。

（3）将管网冲洗所采用的排水管道与排水系统可靠连接，选择截面积不小于被冲洗管道截面积60%的管道作为排水管道。

2. 管网冲洗

（1）冲洗要求

1）管网冲洗的水流速度、流量不小于系统设计的流速、流量；

2）管网冲洗分区、分段进行；水平管网冲洗时，其排水管位置低于配水支管；

3）管网冲洗的水流方向与灭火时管网的水流方向一致；

4）管网冲洗要连续进行。出口处水的颜色、透明度与入口处水的颜色、透明度基本一致，用白布检查无杂质，冲洗方可结束。

（2）操作方法

采用最大设计流量，沿灭火时管网内的水流方向分区、分段进行，使用流量计和观察检查。

（三）管网试压

1. 水压试验

（1）试验条件

1）环境温度不低于5℃，当低于5℃时，采取防冻措施，以确保水压试验正常进行；

2）试验压力为系统工作压力的 1.5 倍；

3）试验用水的水质与管道的冲洗水一致，水中氯离子含量不超过 25mg/L。

（2）试验要求

1）试验的测试点设在系统管网的最低点；

2）管网注水时，将管网内的空气排净，缓慢升压；

3）当压力升至试验压力后，稳压 5min，管道无损坏、变形，再将试验压力降至设计压力，稳压 120min。

（3）操作方法

试验前用温度计测试环境温度，对照设计文件核算试压试验压力。试验中，目测观察管网外观和测压用压力表，以压力不降、无渗漏、目测管道无变形为合格。系统试压过程中出现泄漏时，停止试压，放空管网中的试验用水；消除缺陷后，重新试验。

2. 气压试验

对于干式和预作用灭火系统，除了要进行水压试验外，还需要进行气压试验。双流体系统的气体管道需进行气压强度试验。

（1）试验要求

1）试验介质为空气或氮气；

2）干式和预作用灭火系统的试验压力为 0.28MPa，且稳压 24h，压力降不大于 0.01MPa；

3）双流体系统气体管道的试验压力为水压强度试验压力的 0.8 倍。

（2）操作方法

采用试压装置进行试验，目测观察测压用压力表的压降。系统试压过程中，压降超过规定的，停止试验，放空管网中的气体；消除缺陷后，重新试验。

（四）管网吹扫

1. 吹扫要求

（1）采用压缩空气或氮气吹扫；

（2）吹扫压力不大于管道的设计压力；

（3）吹扫气体流速不小于 20m/s。

2. 操作方法

在管道末端设置贴有白布或涂白漆的靶板，以 5min 内靶板上无锈渣、灰尘、水渍及其他杂物为合格。

五、系统调试与现场功能测试

细水雾灭火系统的调试在系统施工完毕，各项技术参数符合设计要求，且火灾自动报警系统调试完毕后进行。系统调试主要包括泵组、稳压泵、分区控制阀的调试和联动试验。

系统调试由熟知细水雾灭火系统原理和运行操作方法的专业技术人员担任，并按国家工程质量监督检验要求，准备必要的调试装备。系统调试前需要根据系统的具体情况编写调试大纲，调试大纲包括调试内容、调试方法、调试步骤和调试检验装备。系统调试合格后，施工单位需要填写调试记录，并向建设单位提供质量控制资料和全部施工过程检查记录。同时，调试后要用压缩空气或氮气吹扫，使系统恢复至准工作状态。

（一）系统调试准备

系统调试需要具备下列条件：

（1）系统及与系统联动的火灾报警系统或其他装置、电源等均处于准工作状态，现场安全条件符合调试要求；

（2）系统调试所需的检查设备齐全，调试所需仪器、仪表经校验合格并与系统连接和固定；

（3）具备经监理单位批准的调试方案。

（二）系统调试要求

1. 分区控制阀调试

分区控制阀调试按照开式系统和闭式系统分区控制阀的各自特点进行调试。调试前，首先要检查分区控制阀或阀组的各组件安装是否齐全，组件安装是否正确，在确认安装符合设计要求和消防技术标准规定后，进行调试。

（1）开式系统分区控制阀

开式系统分区控制阀需要在接到动作指令后立即启动，并发出相应的阀门动作信号。

检查方法：采用自动和手动方式启动分区控制阀，水通过泄放试验阀排出，观察检查。

（2）闭式系统分区控制阀

对于闭式系统，当分区控制阀采用信号阀时，能够反馈阀门的启闭状态和故障信号。

检查方法：采用在试水阀处放水或手动关闭分区控制阀，观察检查。

2. 联动试验

对于允许喷雾的防护区或保护对象，至少在 1 个区进行实际细水雾喷放试验；对于不允许喷雾的防护区或保护对象，进行模拟细水雾喷放试验。

（1）开式系统的联动试验内容与要求

进行实际细水雾喷放试验时，采用模拟火灾信号启动系统，检查分区控制阀、泵组或瓶组能否及时动作并发出相应的动作信号，系统的动作信号反馈装置能否及时发出系统启动的反馈信号，相应防护区或保护对象保护面积内的喷头是否喷出细水雾，相应场所入口处的警示灯是否动作。

进行模拟细水雾喷放试验时，手动开启泄放试验阀，采用模拟火灾信号启动系统，检查泵组或瓶组能否及时动作并发出相应的动作信号，系统的动作信号反馈装置能否及时发出系统启动的反馈信号，相应场所入口处的警示灯是否动作。

检查方法：观察检查。

（2）闭式系统的联动试验内容与要求

闭式系统的联动试验可利用试水阀放水进行模拟。打开试水阀，查看泵组能否及时启动并发出相应的动作信号；系统的动作信号反馈装置能否及时发出系统启动的反馈信号。

检查方法：打开试水阀放水，观察检查。

（3）火灾报警系统联动功能测试

当系统需与火灾自动报警系统联动时，可利用模拟火灾信号进行试验。给出模拟火灾信号，查看火灾报警装置能否自动发出报警信号，系统是否动作，相关联动控制装置能否发出自动关断指令，火灾时需要关闭的相关可燃气体或液体供给源等设施是否联动关断。

检查方法：模拟火灾信号，观察检查。

六、系统验收

系统验收由建设单位组织监理、设计、施工等单位共同进行。

系统验收主要包括对供水水源、泵组、储气瓶组和储水瓶组、控制阀、管网和喷头等主要组件的安装质量验收以及对系统的功能验收。通过系统验收来保证系统主要组件的功能达到设计要求，为以后系统的正常运行提供可靠保障。

系统验收合格后，需要将系统恢复至正常运行状态，并同建设单位移交竣工验收文件资料和系统工程验收记录。系统验收不合格者，经整改后重新验收。

（一）主要组件的验收

1. 储气瓶组和储水瓶组

（1）验收内容与要求

1）瓶组的数量、型号、规格、安装位置、固定方式和标志符合设计和安装要求；

2）储水容器内水的充装量和储气容器内氮气或压缩空气的储存压力符合设计要求；

3）瓶组的机械应急操作处的标志符合设计要求。应急操作装有铅封的安全销或保护罩。

（2）验收方法

验收内容“1）项”，采用对照设计资料和产品说明书等进行观察检查；验收内容“2）项”，采用称重、用液位计或压力计测量；验收内容“3）项”，采用观察检查和测量检查。

2. 控制阀组

（1）验收内容与要求

1）控制阀的型号、规格、安装位置、固定方式和启闭标志等符合设计和安装要求；

2）开式系统分区控制阀组能采用手动和自动方式可靠动作；

3）闭式系统分区控制阀组能采用手动方式可靠动作；

4）分区控制阀前后的阀门均处于常开位置。

（2）验收方法

验收内容“1）项”，采用对照设计资料和产品说明书等进行观察检查；验收内容“2）项”，采用手动和自动启动分区控制阀，观察检查阀门启闭反馈情况；验收内容“3）项”，将处于常开位置的分区控制阀手动关闭，观察检查；验收内容“4）项”，观察检查。

（二）现场抽样检查及功能性测试

1. 模拟联动功能试验

（1）试验要求

1）动作信号反馈装置应能正常动作，并应能在动作后启动泵组或开启瓶组及与其联动的相关设备，可正确发出反馈信号；

2）开式系统分区控制阀应能正常开启，并可正确发出反馈信号；

3）系统的流量、压力均应符合设计要求；

4）泵组或瓶组及其他消防联动控制设备应能正常启动，并应有反馈信号显示；

5）主、备电源应能在规定时间内正常切换。

（2）检查方法

试验要求“1）、2）项和4）项”，利用模拟信号试验观察检查；试验要求“3）项”，利用系统流量压力检测装置通过泄放试验观察检查；试验要求“5）项”，模拟主、备电源切换，采用秒表计时检查。

2. 开式系统冷喷试验

（1）试验要求

除符合“模拟联动功能试验”的试验要求以外，冷喷试验的响应时间应符合设计要求。

（2）检查方法

自动启动系统，采用秒表等观察检查。

7.14　室内给水排水、消防水系统验收要点

一、室内生活给水系统

（1）给水立管采用PP—S套钢一体内外涂镀锌镍合金钢塑复合管，卡套或丝扣连接。

（2）给水支管采用PP—R管，电热熔连接。

（3）金属管与PP—R管连接时应采用专用的过渡管件或过渡接头。

（4）给水支管用水口处必须安装PP—R管专用嵌铜管件，堵头封闭。

（5）管道穿梁、板、墙时均应设比相应管道管径大2号的钢套管。

（6）埋地管道要按设计及规范要求进行防腐。

（7）供水管道试验压力0.9MPa，管道冲洗和消毒符合《生活饮用水卫生标准》GB 5749—2006。

（8）水表井由自来水公司统一设计安装，在管道安装时应做好管道预留及配合工作。

二、室内消防给水系统

（1）消防给水管道安装及材料必须符合设计及消防技术规范要求。

（2）消防管道按设计选用焊接钢管，安装前要进行除锈，工作压力必须达到0.45MPa。

（3）按设计要求在室外两个消防给水管进口处设置倒流防止器和一台地下式水泵接合器。

（4）埋地部分采用两布三油做防腐处理。明装部分刷防锈漆一遍，银粉漆两遍。

（5）消火栓箱为暗装，每个室内消火栓箱内设置直接启动消防水泵的按钮和指示灯各一只。

（6）消火栓水龙带选用衬胶水带，长25m，口径65mm，水枪喷嘴口径16mm。

（7）消火栓口中心安装高度距地面1.1m，一、二层为减压稳压型消火栓。

（8）消防管道、成套消火栓箱、启泵按钮和指示灯安装要符合消防验收标准。

（9）对于灭火等级为严重危险级，火灾种类为A类火灾，选用MF—ABC5手提式磷酸铵盐干粉灭火器，按灭火器布置平面图分别设置。灭火器顶部离地应小于1.5m。

三、室内排水系统

（1）排水管道采用UPVC塑料排水管，承插粘接连接。

（2）排水管道安装应符合《建筑排水塑料管道工程技术规程》CJJ/T 29—2010的要求。

（3）排水立管施工时每层应设伸缩节。

（4）排水立管一、三层及顶层设检查口，检查口距地面1m。

（5）排水支管的坡度为0.026，排水支管的坡度坡向立管，严禁倒坡。

（6）地漏应比所处地面低 5mm，有效水封深度不小于 50mm。

（7）埋地排水管道应在土建地面回填夯实后再开挖敷设。

（8）排水横支管末端未设置清扫口者，应设带清扫口弯头的配件。

（9）排水横干管与立管交汇处必须采用两个 45°弯头连接，严禁使用 90°弯头连接。

7.15 【心得】包括消防图纸审验直到工程验收的消防知识

一、程序

有资质的设计单位出图→报消防部门审批（3～15 天）→出审核意见→按审核意见修改图纸→重新报审→出同意施工意见→把施工图原件及审校意见复印件报物管公司存档→施工→调试→专业单位检测→出检测报告（2～7d）→报原审核单位验收→现场验收→出合格意见→开业前消防检查→出同意开业意见→开业。

二、消防报审时应提供的资料

装修平面图及施工图；照明、用电平面图及施工图；装修材料清单，防火材料合格证；装修单位资质证明书．

三、消防基础知识

1. 消防工作的基本方针及宗旨是什么？

消防工作的基本方针是：预防为主，防消结合。宗旨是：

（1）人人必须遵守消防规章制度；

（2）爱护消防设施和器材，学会使用灭火器；

（3）把消防工作与生产放在同等重要的位置；

（4）加强消防意识，时刻保持警惕；

（5）预防为主。

2. 消防工作的基本原则是什么？

“谁主管，谁负责”和“专门机关与群众相结合”。

3. 火灾的概念什么？

火灾是指在时间和空间上失去控制的燃烧造成的损失。

4. 燃烧的概念是什么？

燃烧是可燃物与氧化剂发生的一种氧化放热反应，通常伴有光、烟或火焰。

5. 燃烧的三要素及防火的主要措施有哪些？

燃烧的三要素：可燃物、助燃物及着火源。

防火的主要措施就是：控制可燃物、隔绝助燃物、消除着火源。

6. 建筑物耐火等级分几级？

根据建筑物各部位燃烧性能及耐火时间一共分四级，一级最高，四级最低。

7. 商业物业消防安全布局有什么要求？

（1）附设在其他建筑物内的商场，宜采用耐火极限不低于 2h 的不燃烧墙体和耐火极限不低于 1h 的楼板与其他场所隔开。

（2）食品加工、家电维修部位应避开主要安全出口。

(3) 自选商品超市宜设置在商场的首层、二层或三层。

(4) 住宅建筑底层设置的商场，应采用耐火极限不低于3h的不燃烧墙体和耐火极限不低于1h的楼板与住宅部分隔开。商场的安全出口应与住宅部分隔开。

(5) 商场营业厅、仓库区不应设置员工集体宿舍。

8. 商业物业安全出口有什么规定?

(1) 商场的安全出口数量不应少于2个。

(2) 商场的安全出口或疏散出口应分散布置，相邻2个安全出口或疏散出口最近边缘之间的水平距离不应小于5m。

9. 商业物业对各种走道、楼梯、通道的疏散宽度有哪些要求?

(1) 商场内疏散楼梯、走道的净宽应按实际疏散人数确定。

(2) 单层、多层商场楼梯和走道最小净宽不应小于1.1m；高层商场楼梯最小净宽不应小于1.2m，走道最小净宽不应小于1.3m（走道单面布房）或1.4m（走道双面布房）；地下人防商场楼梯最小净宽不应小于1.4m，走道最小净宽不应小于1.5m（走道单面布房）或1.6m（走道双面布房）。首层疏散外门最小净宽不应小于1.4m。

(3) 商场营业厅货架、柜台的布置应便于人员安全疏散，主要疏散通道净宽不应小于3m，其他疏散通道净宽不应小于1.8m。

10. 商业物业的疏散距离有哪些要求?

(1) 最远点至最近安全出口的最大直线距离不应超过30m。

(2) 办公等其他房间内最远点至该房间门的最大直线距离不应大于15m（单层、多层商场不应大于22m）。

(3) 房间门至最近安全出口的最大直线距离不应超过40m。位于袋形走道两侧或尽端的房间，其最大直线距离应为上述距离的一半。

11. 商业物业对疏散楼梯间有什么要求?

(1) 设在超过5层的公共建筑、建筑高度不超过32m的二类高层民用建筑、高层民用建筑裙房及建筑面积大于1000m^{2}且底层室内地坪与室外出入口地面高差大于10m的地下人防工程内时，应设有封闭楼梯间。

(2) 封闭楼梯间、防烟楼梯间的门应采用不低于乙级的防火门。疏散门应向疏散方向开启，不应采用卷帘门、转门、吊门、侧拉门。

(3) 疏散楼梯和走道上的阶梯不应采用螺旋楼梯和扇形踏步，疏散走道上不应设置少于3个踏步的台阶。

(4) 安全出口处不应设置门坎、台阶、屏风等影响疏散的遮挡物。

(5) 疏散门内外1.4m范围内不应设置踏步。

12. 装修材料分几级，分别指什么?

装修材料根据燃烧性能分为四级：A级为不燃性材料；B1级为难燃性材料；B2级为可燃性材料；B3级为易燃性材料。

13. 商业物业对装修材料有什么要求?

(1) 商场地下营业厅的顶棚、墙面、地面以及售货柜台、固定货架应采用A级装修材料，隔断、固定家具、装饰织物应采用不低于B1级的装修材料。

(2) 每层建筑面积3000m^{2}或总建筑面积9000m^{2}的商场营业厅，其顶棚、地面、隔断应采用A级装修材料，墙面、固定家具、窗帘应采用不低于B1级的装修材料。

（3）每层建筑面积1000～3000m^2或总建筑面积3000～9000m^2的商场营业厅，其顶棚应采用A级装修材料，墙面、地面、隔断、窗帘应采用不低于B1级的装修材料。

（4）其他商场营业厅，其顶棚、墙面、地面应采用不低于B1级的装修材料。

（5）当单层、多层商场装有自动灭火系统时，除顶棚外，其内部装修材料的燃烧性能等级可降低一级；当同时装有火灾自动报警装置和自动灭火系统时，其顶棚装修材料的燃烧性能等级可降低一级，其他装修材料的燃烧性能等级可不限制。

14. 商业物业对消火栓配置有什么要求？

（1）设有单层或多层商场的公共建筑超过5层、底层设有商业服务网点的住宅建筑超过6层、其他民用建筑体积≥10000m^3的应设有消火栓系统。

（2）高层商场和建筑面积大于300m^2的地下人防商场应设有消火栓系统。

（3）室内消火栓的布置，应保证有两支水枪的充实水柱同时到达室内任何部位。（消防箱水带按20m计，水柱按10m计）。

15. 商业物业对自动喷水灭火系统有什么要求？

（1）每层建筑面积3000m^2或总建筑面积9000m^2的单层、多层商场应设有自动喷水灭火系统。

（2）建筑面积大于500m^2的地下商场应设有自动喷水灭火系统。

（3）设置在地下、半地下；设置在建筑的首层、二层和三层，且建筑面积超过300m^2；设置在建筑的地上四层及四层以上的歌舞娱乐放映游艺场所应设有自动喷水灭火系统。

16. 商业物业对火灾自动报警系统有什么要求？

（1）每层建筑面积超过3000m^2的单层、多层商场应设有火灾自动报警系统。

（2）建筑面积大于500m^2的地下商场应设有火灾自动报警系统。

（3）设置在地下、半地下及设置在建筑的地上四层及四层以上的歌舞娱乐放映游艺场所应设有火灾自动报警系统。

17. 商业物业对火灾应急照明系统有什么要求？

（1）下列部位应设有火灾应急照明：

1）封闭楼梯间、防烟楼梯间及其前室、消防电梯间及其前室或合用前室；

2）设有封闭楼梯间或防烟楼梯间的建筑物的疏散走道及其转角处；

3）疏散出口和安全出口；

4）单层、多层商场建筑面积1500m^2的营业厅、建筑面积300m^2的地下商场及高层商场营业厅；

5）消防控制室、自备发电机房、消防水泵房以及发生火灾仍需坚持工作的其他房间。

（2）火灾应急照明的设置应符合下列要求：

1）火灾应急照明灯宜设置在墙面或顶棚上；

2）应急照明灯间距不应大于20m；

3）火灾应急照明灯应设玻璃或其他不燃烧材料制作的保护罩；

4）火灾应急照明灯的电源除正常电源外，应另有一路电源供电，当采用蓄电池作备用电源时，其连续供电时间不应少于20min（设置在高度超过100m的高层民用建筑和地下建筑内，不应少于30min）；或选用自带电源型应急灯具。

18. 商业物业对疏散指示标志有什么要求？

（1）下列部位应设有疏散指示标志

1）商场的安全出口或疏散出口的上方、疏散走道应设有灯光疏散指示标志；

2）每层建筑面积大于1000m^2的商场，疏散楼梯间的墙面上应连续设置蓄光自发光型疏散指示标志；

3）地下商场的疏散走道和主要疏散路线的地面或靠近地面的墙上应设有发光疏散指示标志。

（2）疏散指示标志的设置应符合下列要求：

1）疏散指示标志的方向指示标志图形应指向最近的疏散出口或安全出口；

2）设置在安全出口或疏散出口上方的疏散指示标志，其下边缘距门的上边缘不宜大于0.3m；

3）设置在墙面上的疏散指示标志，标志中心线距室内地坪不应大于1m（不易安装的部位可安装在上部），蓄光自发光型疏散指示标志间距不应大于5m，灯光疏散指示标志间距不应大于20m（设置在地下建筑内，不应大于15m）；

4）设置在地面上的疏散指示标志，宜沿疏散走道或主要疏散路线连续设置；当间断设置时，蓄光自发光型疏散指示标志间距不应大于1.5m，灯光疏散指示标志间距不应大于3m；

5）灯光疏散指示标志应设玻璃或其他不燃烧材料制作的保护罩；

6）灯光疏散指示标志可采用蓄电池作备用电源，其连续供电时间不应少于20min（设置在高度超过100m的高层民用建筑和地下建筑内，不应少于30min）。工作电源断电后，应能自动接合备用电源。

19. 商业物业对灭火器的配置有什么要求？

（1）应选用ABC干粉灭火器等适于扑救商场火灾的灭火器。

（2）一个灭火器配置场所内的灭火器不应少于2具，每个设置点的灭火器不宜多于5具。

20. 灭火器的数量怎样确定？

（1）灭火器配置场所的灭火级别按下式计算：

$$Q=K\times S\div U \tag{7-1}$$

式中　Q——灭火器配置场所的灭火级别，A或B；

S——灭火器配置场所的保护面积，m^2；

U——A类或B类火灾的灭火器配置场所相应危险等级的灭火器配置基准，m^2/A或m^2/B；（见表一、二）

K——修正系数。无消火栓和灭火系统的，$K=1.0$；设有消火栓的，$K=0.7$；设有灭火系统的，$K=0.5$；

设有消火栓和灭火系统的或为可燃物露天堆垛，甲、乙、丙类液体贮罐的，$K=0.3$。

（2）地下建筑灭火器配置场所所需的灭火级别应按下式计算：

$$Q=1.3K\times S\div U$$

A类火灾配置场所灭火器的配置基准见表7-5。

A类火灾配置场所灭火器的配置基准 **表 7-5**

危险等级	严重危险级	中危险级	轻危险级
每具灭火器最小配置灭火级别	5A	5A	3A
最大保护面积（m^2/A）	10	15	20

B类火灾配置场所灭火器的配置基准见表 7-6。

B类火灾配置场所灭火器的配置业基准 **表 7-6**

危险等级	严重危险级	中危险级	轻危险级
每具灭火器最小配置灭火级别	8B	4B	1B
最大保护面积（m^2/B）	5	7.5	10

C类火灾配置场所灭火器的配置基准，应按B类火灾配置场所的规定执行。

四、灭火救援

1. 发生火灾时的处理程序是什么？

（1）报警；

（2）疏散，救援，灭火；

（3）安全警戒和防护；

（4）善后处理。

2. 发生火灾时的“三查，九步骤”具体指什么？

（1）三查指：

1）查火源——烟雾、发光点、起火位置、起火周边的环境等。

2）查火质——燃烧物的性质（固体物质、化学物质、气体、油料等），有无易燃易爆品，助燃物是什么。

3）查火势——即查火灾处于燃烧的哪个阶段。

燃烧分三个阶段：A起火阶段——5～7min内，是扑灭火灾的最佳时间；B蔓延阶段——7～15min内；C扩大阶段——15min以上。

（2）九步骤指：报警、灭火、救人、疏散物资、防爆、防塌、排烟、警戒、救护。

3. 发生火灾时怎样报警？

（1）一般情况下，发生火灾后应一边组织灭火一边及时报警；

（2）当现场只有一个人时，应一边呼救，一边进行处理，必须尽快报警，边跑边呼叫，以便取得群众的帮助；

（3）报警电话：119。

4. 报警时应注意什么问题？

发现火灾迅速拨打火警电话119。报警时沉着冷静，要讲清详细地址、起火部位、着火物质、火势大小、报警人姓名及电话号码，并派人到路口迎候消防车。

5. 灭火的基本方法有哪些？

（1）窒息灭火法——使燃烧物质断绝氧气的助燃而熄灭。

（2）冷却灭火法——使可燃烧物质的温度降低到燃点以下而终止燃烧。

（3）隔离灭火法——将燃烧物体附近的可燃烧物质隔离或疏散开，使燃烧停止。

（4）抑制灭火法——使灭火剂参与到燃烧反应过程中去，使燃烧中产生的游离基消失而使燃烧反应停止。

6. 灭火时应注意什么问题？

（1）首先要搞清起火的物质，再决定采用什么灭火器材。

（2）运用一切能灭火的工具，就地取材。

（3）灭火器应对着火焰的根部喷射。

（4）人员应站立在上风口。

（5）应注意周围的环境，防止塌陷和爆炸。

注：火灾种类应根据物质及其燃烧特性划分为以下几类：

A 类火灾：指含碳固体可燃物，如木材、棉、毛、麻、纸张等燃烧的火灾；

B 类火灾：指甲、乙、丙类液体，如汽油、煤油、甲醇、乙醚、丙酮等燃烧的火灾；

C 类火灾：指可燃气体，如煤气、天然气、甲烷、乙炔、氢气等燃烧的火灾；

D 类火灾：指可燃金属，如钾、钠、镁、钛、锆、锂、铝镁合金等燃烧的火灾。

灭火器类型的选择应符合下列规定：

扑救 A 类火灾应选用水型、泡沫、磷酸铵盐干粉、卤代烷型灭火器；

扑救 B 类火灾应选用干粉、泡沫、卤代烷、二氧化碳型灭火器，扑救极性溶剂 B 类火灾不得选用化学泡沫灭火器；

扑救 C 类火灾应选用干粉、卤代烷、二氧化碳型灭火器；

扑救带电火灾应选用卤代烷、二氧化碳、干粉型灭火器；

扑救 A、B、C 类火灾和带电火灾应选用磷酸铵盐干粉、卤代烷型灭火器；

扑救 D 类火灾的灭火器材应由设计单位和当地公安消防监督部门协商解决。

7. 发生火灾时如何救人？

（1）缓和救人法：当被火围困人员较多时，可先将人员疏散到本楼相对较安全的其他地方，再设法转移到地面。

（2）转移救人法：引导被困人员从屋顶到另一单元的楼梯转移到地面。

（3）架梯救人法：利用各种梯和登高工具抢救被困人员。

（4）绳管救人法：利用建筑物室外的各种管道或室内可利用的绳索实施滑降。

（5）控制救人法：用消防水枪控制防火楼梯的火势，将人员从防火楼梯疏散下来。

（6）缓降救人法：利用专用的缓降器将被困人员抢救至地面。

（7）拉网救人法：发生有人急欲纵身跳楼时，可用大衣、被褥、帆布等拉成一个“救生网”抢救人员。

8. 发生火灾时如何逃生？

（1）当你处于烟火中时，首先要想办法逃走。如烟不浓，可俯身行走；如烟太浓，须卧地爬行，并用湿毛巾捂住口鼻，以减少烟毒危害。

（2）不要朝下风向跑，最好是迂回绕过燃烧区，并向上风向跑。

（3）当楼房发生火灾时，如火势不大，可用湿棉被、毯子等披在身上，从火中冲过去，如楼梯已被火封堵，应立即通过屋顶由另一单元的楼梯脱险；如其他方法无效，可用绳子或撕开的被单连接起来，顺着往下滑；如时间来不及欲跳楼应先往地上抛一些棉被、沙发垫等物，以增加缓冲。（适用于低层建筑）

9. 发生火警时如何疏散人员？

（1）开启火灾应急广播，说明起火部位、疏散路线。

（2）组织处于着火层等受火灾威胁的楼层人员，沿火灾蔓延的相反方向，向疏散走道、安全出口部位有序疏散。

（3）疏散过程中，应开启自然排烟窗，启动防排烟设施，保护疏散人员的安全；若没有排烟设施，则要提醒被疏散人员用湿毛巾捂住口鼻靠近地面有秩序地往安全出口前行。

（4）情况危急时，可利用逃生器材疏散人员。

10. 火场上怎样防爆？

（1）应首先查明燃烧区内有无发生爆炸的可能性。

（2）扑救密闭室内火灾时，应先用手摸门的金属把手，如门把手很热，绝不能冒然开门或站在门的正面灭火，以防爆炸。

（3）扑救储存有易燃易爆物质的容器时，应及时关闭阀门或采用水冷却容器的方法。

（4）装有油品的油桶如膨胀至椭圆形时，可能很快就会爆燃，救火人员不能站在油桶接口处和正面，且应加强对油桶进行冷却保护。

（5）竖立的液化石油气瓶发生泄漏燃烧时，如火焰从橘红变成银白，声音从“吼”声变成“嗞”声，那很快就会爆炸，应及时采取有力的应急措施并撤离在场人员。

11. 几种常见初起火灾的扑救方法有哪些？

（1）油锅起火。千万不能用水浇，因为水遇到热油会形成“炸锅”，使油火到处飞溅。扑救方法是，迅速将切好的冷菜沿边倒入锅内，火就自动熄灭了。另一种方法是用锅盖或能遮住油锅的大块湿布遮盖到起火的油锅上，使燃烧的油火接触不到空气缺氧窒息。

（2）电器。电器发生火灾时，首先要切断电源。在无法断电的情况下千万不能用水和泡沫扑救，因为水和泡沫都能导电。应选用二氧化碳、1211、干粉灭火器或者干沙土进行扑救，而且要与电器设备和电线保持2m以上的距离，高压设备还应防止跨步电压伤人。

（3）燃气罐着火。要用浸湿的被褥、衣物等捂盖火，并迅速关闭阀门。

12. 干粉灭火器适用于哪些火灾？使用方法有哪些？

磷酸铵盐（ABC）干粉灭火器适用于固体类物质，易燃、可燃液体和气体及带电设备的初起火灾，但不能扑救金属燃烧火灾。

灭火时，手提灭火器快速奔赴火场，操作者边跑边将开启把上的保险销拔下，然后握住喷射软管前端喷嘴部，站在上风向，另一只手将开启压把压下，打开灭火器对准火焰根部左右扫射进行灭火，应始终压下压把，不能放开，否则会中断喷射。

13. 电器火灾发生的原因有哪些？

电路老化、超负荷、潮湿、环境欠佳（主要指粉尘太大）等引起的电路短路、超载而发热起火。常见起火地方：电制开关、导线的接驳位置、保险、照明灯具、电热器具。

14. 作为公司的一员在预防火灾及灭火过程中应具体知道哪些知识？

（1）应懂得本公司有几种消防系统及分布情况；

（2）应明了各种救火工具的摆放位置；

（3）应学会报火警；

（4）应学会最基本的灭火器的使用；

（5）应学会最基本的灭火方法和逃生方法。

15. 发生火灾时怎么办？

（1）首先报警和报告公司领导；

（2）争取时间就地取材组织灭火；

（3）迅速安排受困人员从安全通道向安全的地方疏散。